普通高等教育教材

固体废物处理处置工程

Solid Waste Treatment and Disposal Engineering

杜长明　薛志亮　沈逍江　主编

化学工业出版社
·北京·

内容简介

本书共分为13章，主要介绍了固体废物分类与管理、固体废物性质及采样、固体废物贮存、收集及运输、固体废物的预处理、固体废物的堆肥化处理、固体废物的厌氧消化处理、固体废物的焚烧处理、危险废物的固化与稳定化处理、固体废物填埋处置等内容。内容设置上充分体现理论基础知识和工程实际相结合，纳入了国际上先进且具有前瞻性的理论与技术，兼顾理论推演与工程实际设计的说明，并侧重计算与工程案例分析。另外，每章都设有例题和课后习题。

本书具有较强的系统性和可操作性，可用作高等学校环境科学与工程、市政工程、生态工程及相关专业本科生教材，也可作为固体废物处置及资源化等领域工程技术人员、科研人员等的参考资料。

图书在版编目（CIP）数据

固体废物处理处置工程 / 杜长明，薛志亮，沈逍江主编. -- 北京：化学工业出版社，2025. 9. --（普通高等教育教材）. -- ISBN 978-7-122-49107-7

Ⅰ. X705

中国国家版本馆CIP数据核字第20253U8S25号

责任编辑：刘兴春　杜　熠　　　文字编辑：李晓畅
责任校对：宋　夏　　　装帧设计：刘丽华

出版发行：化学工业出版社
（北京市东城区青年湖南街13号　邮政编码100011）
印　　装：北京天宇星印刷厂
787mm×1092mm　1/16　印张14½　字数332千字
2025年9月北京第1版第1次印刷

购书咨询：010-64518888　　　售后服务：010-64518899
网　　址：http://www.cip.com.cn
凡购买本书，如有缺损质量问题，本社销售中心负责调换。

定　　价：58.00元

前言

在生态文明建设上升为国家战略的新时期，为响应教育部对强化复杂环境问题系统解决能力的要求，适应“新工科”背景下人才培养向“技术-管理-创新”复合型转型的需求，并弥合当前固体废物处理领域产学研的技术代差，本书坚定贯彻“立德树人”根本任务，秉持“专业教育与课程思政同向同行”的核心理念。在系统构建固体废物处理处置科学理论体系与技术框架的同时，着力于思想价值引领，将习近平生态文明思想、可持续发展观以及环境伦理深植于专业知识传授全过程，引导青年学子树立正确的生态价值观，培养家国情怀与历史使命感，强化守护绿水青山、建设生态文明的职业担当与时代责任。

编者基于多年教学、科研和工程实践积累的知识与经验，借鉴国内外在固体废物处理领域的教材和专业著作，参考国内院校和科研机构等的宝贵教学经验和科研成果，并结合我国固体废物处理处置的实际情况，完成了本书的编写工作。全书共分为 13 章，每章都设有例题和课后习题。第 1 章为固体废物分类与管理，重点概述固体废物定义、种类、污染特性及处理的意义；第 2 章为固体废物性质及采样，重点讲述固体废物的物理化学性质；第 3 章为固体废物贮存、收集及运输，重点从城市垃圾方面讨论固体废物的贮存、收集及运输问题；第 4 章和第 5 章为固体废物的预处理，是本书的重点内容，讲述固体废物破碎、分选、压实、脱水及干燥等预处理技术；第 6 章为固体废物好氧堆肥化处理，详细介绍了堆肥的定义、原理、控制条件、品质测定及工程等；第 7 章为固体废物厌氧消化处理，主要介绍了厌氧消化的基本原理、工艺和设备以及厌氧消化的影响因素等；第 8 章～第 11 章重点介绍焚烧处理技术的基本原理、焚烧炉型、空气污染防治技术、热解技术和熔融技术等；第 12 章为危险废物固化与稳定化处理；第 13 章为固体废物填埋处置，重点讲述填埋场的基本知识、场址选择和填埋容量以及填埋的基本原理和填埋场的污染防治。

本书具有如下特色：

① 在内容设置上充分体现理论基础知识和工程实际相结合，尽量纳入国际先进及具有前瞻性的理论与技术；

② 重点突出，文字论述简练，尽量用图例说明；

③ 兼顾理论推演和工程实际设计的说明，计算实例与工程案例丰富；

④ 在满足高等学校本科生教学需求的基础上，兼顾了科研人员与工程技术人员的参考需要。

本书由杜长明、薛志亮、沈逍江主编，另外，吴日枫、张路路、王静等参与了本书部分内容的编写，全书最后由杜长明统稿并定稿。本书的编写和出版得到中山大学校级质量工程建设项目教材建设类项目“固体废弃物处理处置工程”的资助，在此表示感谢！同时感谢浙江大学“电感应加热废轮胎热裂解技术开发”和“2 万吨每年废旧轮胎连续热裂解资源循环利用装备及系统研制”项目对本书的支持。

限于编者水平及编写时间，书中不足及疏漏之处在所难免，敬请读者提出修改建议。

杜长明

2025 年 6 月

目录

第 2 章

固体废物性质及采样 / 10

第 3 章

固体废物贮存、收集及运输 / 17

第 4 章
固体废物破碎、分选与压实 / 33

第 5 章
固体废物干燥与脱水处理 / 57

第 6 章
固体废物好氧堆肥化处理 / 66

第 12 章
危险废物固化与稳定化处理 / 179

第 13 章
固体废物填埋处置 / 191

第1章

固体废物分类与管理

1.1 固体废物定义

在《中华人民共和国固体废物污染环境防治法》中明确提出：固体废物，是指在生产、生活和其他活动中产生的丧失原有利用价值或者虽未丧失利用价值但被抛弃或者放弃的固态、半固态和置于容器中的气态的物品、物质以及法律、行政法规规定纳入固体废物管理的物品、物质。

1.2 固体废物种类

固体废物可按其形态、燃烧性及来源等进行分类。

1.2.1 按固体废物的形态分类

（1）液状

废物呈液态，如废酸、废碱、废油等。

（2）泥状

废物呈半固态，如污泥等。

（3）固状

废物呈固态，如废纸、灰渣等。

1.2.2 按固体废物的燃烧性分类

（1）可燃性

废物可以燃烧，如废纸、废油等。

（2）不燃性

废物不具有可燃烧性，如炉渣、金属、玻璃等。

（3）难燃性

废物具有可燃性，但因含水量高或含有其他不燃性杂质，导致其可燃度降低而难以燃烧，如厨余垃圾、污泥等。

1.2.3 按固体废物的来源分类

固体废物的种类繁多、成分复杂、性质各异，根据固体废物的来源可将其分为工业固体废物、城市生活垃圾、农林渔业固体废物和放射性固体废物。

1.2.3.1 工业固体废物

工业固体废物是指在工业生产、交通运输、采矿等生产活动中产生的固体废物。就各工业部门所产生的固体废物类型和性质做适当归并，主要有下列几种。

（1）矿冶工业固体废物

主要包括矿山开采、选矿、冶炼成型等加工过程所排出的固体废物，如尾矿、废矿石、废渣、剥离物等。

（2）能源工业固体废物

主要包括煤炭、电力等部门所排出的固体废物，如煤矸石、粉煤灰、炉渣、废金属、烟尘等。

（3）钢铁工业固体废物

主要包括黑色冶金工业等部门在钢铁冶炼、粗铁坯、轧钢、精炼、铁合金、烧结等加工过程中所排出的固体废物，如炉渣、废金属、废建材、废模具、废橡胶等。

（4）化学工业固体废物

主要包括无机盐、氯碱、磷肥、纯碱、有机合成染料等原料和材料生产过程中所产生的固体废物，如废催化剂、废化学药品、废酸碱、废三泥（底泥、浮渣、污泥）、废纤维丝、废片基等。

（5）石油化学工业固体废物

主要包括石油炼制、石油化工、石油化纤等生产过程中所产生的固体废物，如废化学药剂、废催化剂、废三泥、聚合单体废块、废酸碱、废丝等。

（6）有色金属工业固体废物

主要包括有色金属冶炼、稀有金属提取、铝合金合成等生产过程中产生的固体废物，如浸出渣、净化渣、炉渣、阳极泥、金属废渣、熔炼渣、赤泥、残极、浮渣等。

1.2.3.2 城市生活垃圾

城市生活垃圾是指在城市日常生活中，以及在为城市日常生活提供服务的活动中产生的固体废物，还包括法律、行政法规规定视为城市生活垃圾的其他固体废物。其主要来自城市居民家庭，城市商业、餐饮、旅馆、旅游、服务等经营性活动，市政环卫、交通运输、文教卫生、行政事业单位等公共服务领域，以及工业企业建筑施工过程，还包括水处理污泥和其他零散垃圾等。城市生活垃圾的成分复杂，主要包括厨余垃圾、废纸、废塑料、废织物、废金属、废玻璃陶瓷碎片、砖瓦渣土、废旧电池、废旧家用电器等。影响城市生活垃圾成分的主要因素有居民生活水平和习惯、季节、气候等。

我国的城市生活垃圾主要是根据其产生或来源进行分类，通常可分为：

① 家庭垃圾，是指居民住户排出的包括厨余垃圾和纸类、废塑料、罐头盒、玻璃、陶瓷、木片等零散垃圾在内的日常生活废物；

② 庭院垃圾，包括植物残余、树叶、树杈及庭院其他清扫杂物；

③ 清扫垃圾，指城市道路、桥梁、广场、公园及其他露天公共场所由环卫系统清扫收集的垃圾；

④ 商业垃圾，指城市商业领域中，各类商业性服务网点或专业性营业场所（如菜市场、饮食店等）产生的垃圾；

⑤ 建筑垃圾，指城市建筑物、构筑物进行维修或兴建过程中，施工现场产生的垃圾；

⑥ 其他垃圾，是除以上各类产生源以外，场所排放的垃圾的统称。

1.2.3.3 农林渔业固体废物

农林渔业固体废物是指在农林渔业的生产、养殖、加工环节以及农民日常生活中所排出的固体废物。这类固体废物多分布于城郊以外，通常会就地进行综合利用，或用作沤肥，或作为燃料处理。

1.2.3.4 放射性固体废物

放射性固体废物包括核燃料生产、加工，同位素应用，核电站、核研究机构、医疗单位、放射性废物处理设施产生的废物，如尾矿、受污染的废旧设备和防护用品、废树脂、水处理污泥以及蒸发残渣等。

1.3 国内外固体废物的排放量与环境影响

1.3.1 固体废物的排放量

根据联合国环境规划署和国际固体废弃物协会联合发布的《2024 年全球废弃物管理展望》报告，全球每年产生超过 20 亿吨城市垃圾，预计到 2050 年这一数字将增加到 38 亿吨。随着我国城市化进程的加快和人民生活水平的不断提高，每年产生的城市垃圾总量已达约 4 亿吨，尤其是在东南部地区，垃圾产生量巨大。由于土地资源有限，垃圾处置存在很大的困难，“垃圾围城”现象不断发生并且仍未得到解决。

1.3.2 固体废物的环境影响

固体废物特别是有害的固体废物，若处理处置不当，能够通过多种途径污染环境和危害人体健康，主要表现在以下几个方面。

1.3.2.1 侵占土地

固体废物若不加以处理及利用，就需占用土地进行堆放，且堆积量越大，占地面积越大。我国许多城市在四郊设置垃圾堆场，此做法侵占了大量农田。

1.3.2.2 污染土壤

废物堆置时，其中的有害组分容易污染土壤。如果直接利用来自医院、肉类联合加工厂、生物制品厂的废渣作为肥料施入农田，其中的病菌、寄生虫等就会污染土壤。土壤是许多细菌、真菌等微生物聚居的场所，这些微生物形成了一个生态系统，在大自然的物质循环中承担着碳循环和氮循环的一部分重要任务。工业固体废物，特别是含有重金属、农药的有害固体废物，经过风化、雨淋，产生高温、有毒渗滤液或发生其他反应，能杀伤土壤中的微生物和动物，降低土壤微生物活性，还会改变土壤的成分和结构，最终造成土壤污染。

1.3.2.3 污染水体

固体废物会随天然降水径流进入河流、湖泊，造成水体污染；较小颗粒随风飘移，落入河流、湖泊，造成地表水污染；固体废物随渗滤液渗入土壤中，再进入地下水，使地下水受污染；此外，废渣若直接排入河流、湖泊或海洋，也会造成上述水体的污染。

1.3.2.4 污染大气

在适宜的温度和湿度下，某些有机固体废物会被微生物分解，释放出有害气体；细粒、粉末受到风吹日晒会加重大气的粉尘污染，如粉煤灰堆在四级以上风力作用下，表层可被剥离 1～1.5cm，灰尘飞扬高度可达 20～50m；有些煤矸石堆积过多会发生自燃，产生大量的二氧化硫；此外，采用焚烧法处理固体废物也会污染大气。

1.3.2.5 影响公共环境卫生

堆放的垃圾不仅有碍观瞻，而且含有不少有害物质，如城市垃圾中含有有机物和大量微生物，若清理不及时，不仅容易腐烂变质，散发臭气，而且会滋生病菌、病毒，传播疾病，影响人们的健康。

1.4 固体废物管理理念的演变

传统固体废物的管理多采用“末端处理”方式，作业内容包括固体废物处理、固体废物处置、污染控制等，主要是针对已产生的固体废物进行处理，其重点在于污染防治技术的改进，此为最基础的固体废物管理方式。更高级的固体废物管理方式则会延伸到产品生命周期，融入回收、减量化理念，并兼顾生产过程中的污染预防等概念。因此，厂商在进行环境管理时，不仅应考量后端废物处理工作，还应更进一步地从源头，如原料、生产过程、产品设计等处，进行污染减量工作。最早的环境管理整体考虑了产业的清洁生产、工业生态以及可持续发展等概念。各项概念简要说明如下。

1.4.1 固体废物处理与处置

（1）固体废物处理

固体废物处理是指应用物理、化学、生物等处理方法，将固体废物转变成适于运输、利用、贮存或最终处置的过程。

（2）固体废物处置

固体废物处置是指采取能将已无回收价值或确属不能再利用的固体废物长期置于与生物圈隔离地带的技术措施，也是解决固体废物最终去向的手段，故也称为最终处置。

1.4.2 污染控制与回收

（1）污染控制

污染控制是指利用行政或技术手段来控制污染源，减少固体废物排放量。

（2）回收

回收是指将固体废物转化为有用物质或能量。

1.4.3 减废

减废是指针对有害废物采取的减量、减毒措施，所有能减少有害废物储存、处理或处置的方法均属其中。

1.4.4 污染预防

污染预防的概念在企业中早已萌芽。例如，美国3M公司在20世纪80年代初就提出了“污染预防有回报”的倡议。然而，直到1990年美国国会通过《污染预防法案》后，这一理念才正式成为美国环境管理政策的核心内容。该法案确立了污染物管理的四个优先次序层级：首先为源头减废，其次为回收与再利用，再次为处理，最后为最终处置。

1.4.5 清洁生产

1997年，联合国环境规划署对清洁生产的定义为：清洁生产是将综合性、预防性的环境战略持续地应用于生产过程、产品和服务中，以提高效率和降低对人类和环境的危害。

对生产过程来说，清洁生产指节约能源和原材料，淘汰有害原材料，减少污染物和废物的排放，降低它们的有害性。

对产品来说，清洁生产指降低产品在整个生命周期（包括从原材料的生产到产品报废处置的全过程）对环境的有害影响。

对服务来说，清洁生产指将预防性的战略融入服务的设计和提供过程中。

《中华人民共和国清洁生产促进法》中规定，所谓清洁生产，是指不断采取改进设计、使用清洁的能源和原料、采用先进的工艺技术与设备、改善管理、综合利用等措施，从源头削减污染，提高资源利用效率，减少或者避免生产、服务和产品使用过程中污染物的产生和排放，以减轻或消除对人类健康和环境的危害。

1.4.6 工业生态

最早提出并实际建造的生态工业体系位于丹麦的卡伦堡市。该市地处丹麦西兰岛西部，距哥本哈根约 100km，其构建的生态工业区全球闻名。该体系以火力发电厂、炼油厂、石膏板厂、制药公司和市政府为核心节点，通过地表水、地下水、能源的循环使用，以及废热、各类废物的交换，形成了闭合式的产业共生体系。此产业共生体系已经运行多年，不但可节省成本、促进经济发展，还可兼顾环境保护，最重要的是可降低企业对环境的负荷，使环境生态的承载力能够支撑更多企业在同一地区更长久发展。

1.4.7 可持续发展

1987 年，挪威首相布伦特兰夫人在其任主席的联合国世界环境与发展委员会的报告《我们共同的未来》中，把可持续发展定义为“既满足当代人的需要，又不对后代人满足其需要的能力构成危害的发展”，这一定义被广泛接受，并在 1992 年联合国环境与发展大会上取得共识。我国部分学者对这一定义做了如下补充：可持续发展是不断提高人群生活质量和环境承载能力的、满足当代人需求又不损害子孙后代满足其需求能力的、满足一个地区或一个国家需求又未损害别的地区或国家人群满足其需求能力的发展。

1.5 固体废物处理的意义

固体废物处理是指应用物理、化学、生物、热处理等处理方法，将废物转变成适于运输、利用、贮存或最终处置的过程，以达到减量化、资源化、无害化及稳定化的目标，符合可持续发展的要求。

1.5.1 固体废物处理方法

根据处理原理可将固体废物处理方法分为物理、化学、生物、热处理四大类，具体说明如下。

1.5.1.1 物理处理

物理处理是通过浓缩或相变改变固体废物的结构，使之成为便于运输、贮存、利用和处置的形态。物理处理方法包括压实、破碎、分选、增稠、吸附、萃取、固化等。物理处理也常用作回收固体废物中有用物质的重要手段。

1.5.1.2 化学处理

化学处理是采用化学方法破坏固体废物中的有害成分以达到无害化目的，或将其转变成为适于进一步处理处置的形态。由于化学反应条件复杂，影响因素较多，故化学处理方法通常只用在所含成分单一或所含几种化学成分特性相似的废物处理方面。对于混合废物，化学处理可能达不到预期的目的。化学处理方法包括氧化、还原、中和、化学沉淀和化学溶出等。有些有害固体废物经过化学处理还可能会产生富含毒性成分的残渣，需对残渣进行解毒处理或安全处置。

1.5.1.3 生物处理

生物处理是利用微生物分解固体废物中可降解的有机物，从而达到无害化和综合利用的目的。固体废物经过生物处理，在体积、形态、组成等方面，均会发生重大变化，因而便于运输、贮存、利用和处置。生物处理方法包括好氧处理、厌氧处理等。与化学处理方法相比，生物处理一般成本较低，应用也相当普遍，但处理过程所需时间较长，处理效率有时不够稳定。

1.5.1.4 热处理

热处理是通过高温破坏与改变固体废物的组成与结构，从而达到减容、无害化或综合利用的目的。热处理方法包括焚烧、热解、湿式氧化以及熔盐、热等离子体分解等。

1.5.2 固体废物处理目标

《中华人民共和国固体废物污染环境防治法》第一条叙述了防治固体废物污染环境的宗旨：保护和改善生态环境，防治固体废物污染环境，保障公众健康，维护生态安全，推进生态文明建设，促进经济社会可持续发展。这也是固体废物处理的宗旨，固体废物处理的具体目标为减量化、资源化、无害化及稳定化，符合可持续发展的政策。

1.5.2.1 减量化

对于固体废物，最好是从源头避免产生，若无法避免，也应尽量减少其产生量，从产生源就要做好减量考量。在处理过程中，废物往往疏松膨胀、体积庞大，这不仅会增加搬运成本，还会缩短填埋场的使用年限。废物处理的关键在于减量化，例如将固体废物予以压缩，或采用焚烧处理方式将废物烧成灰烬，可使其体积缩小至原来的十分之一以下，以利于运输或填埋。

1.5.2.2 资源化

在一般固体废物中，若含有可再利用的物料应予以回收再用。废物中含有的废纸、废塑料、废金属、废玻璃等，可循环回收、重新炼制，予以再利用。此外，废物在焚烧处理时会产生大量热能，可用于发电，实现能源回收。厨余垃圾通过发酵制成堆肥，则属于能源转换利用。

1.5.2.3 无害化

固体废物中常含有许多具有生物毒害性或化学毒性的有害物质。固体废物处理的目标，在于通过各种处理方法，将这些有害物质完全无害化。例如，利用焚烧处理或化学法，将微生物杀灭，将有毒物质氧化或分解；用水泥固化法，将水银废电池中的有害成分固化在水泥块内而不渗漏，以免造成环境污染。

1.5.2.4 稳定化

固体废物中所含的有机物质常会继续腐化分解，进而产生臭味或衍生出有害微生物。固体废物处理的最终目标在于使这些有机物质稳定化，不再继续发生变化。例如，对动物的排泄物、粪尿进行厌氧处理，可使其产生甲烷气，经处理后的残余物也已腐熟稳定，不再继续发酵分解；又例如，采用好氧分解法处理有机废物可得腐熟稳定的堆肥。

可持续发展的核心是让资源的利用能够源远流长，不仅当代人可享用，子孙后代也能拥有足够的可用资源。

1.6 我国固体废物环境管理体系

1979 年实施的《中华人民共和国环境保护法（试行）》是我国第一部环境保护法律，其中明确指出了“三废”（废水、废气、废渣）污染的综合治理问题。1989 年公布施行的《中华人民共和国环境保护法》，是我国正式实施的环境保护基本法，它废止了此前试行的相关法令。此后，1995 年颁布的《中华人民共和国固体废物污染环境防治法》进一步为我国建立完整的固体废物管理体系奠定了坚实的法律基础。

1.6.1 固体废物环境管理的制度

根据我国的国情并借鉴国外的经验，《中华人民共和国固体废物污染环境防治法》制定了一些行之有效的固体废物管理制度，例如：生活垃圾分类制度，固体废物污染环境防治目标责任制和考核评价制度，排污许可管理制度，生活垃圾处理收费制度，建筑垃圾分类处理制度，建筑垃圾全过程管理制度，生产者责任延伸制度，多渠道回收和集中处理制度等。

1.6.2 固体废物环境管理的污染控制标准

目前，我国有关固体废物的标准主要包括固体废物分类标准、固体废物监测标准、固体废物污染控制标准。

1.6.2.1 固体废物分类标准

这类标准主要包括《国家危险废物名录》《危险废物鉴别标准》。

1.6.2.2 固体废物监测标准

这类标准包括已经制定颁布的固体废物中各类污染物的测定方法，以及《固体废物 浸出毒性浸出方法 翻转法》《工业固体废物采样制样技术规范》《生活垃圾采样和分析方法》《生活垃圾填埋场环境监测技术标准》。

1.6.2.3 固体废物污染控制标准

固体废物污染控制标准分为两大类。一类是废物处置控制标准，包括《含多氯联苯废物污染控制标准》等。另一类是设施控制标准，包括《生活垃圾填埋场污染控制标准》《生活垃圾焚烧污染控制标准》《一般工业固体废物贮存和填埋污染控制标准》《危险废物填埋污染控制标准》《危险废物焚烧污染控制标准》《危险废物贮存污染控制标准》。

习 题

1. 请简述固体废物的定义。

2. 请简述固体废物按来源不同可分为哪几类，每一类列举 3～4 个固体废物来说明。

3. 请简述固体废物对环境有何危害。

4. 请简述固体废物管理理念的演变过程。

5. 请简述固体废物处理的定义、方法与目标。

第2章

固体废物性质及采样

2.1 固体废物产量

2.1.1 固体废物的产量单位及表示方法

固体废物的产量一般用质量表示，其原因在于：易于直接测定；不受压实程度的影响；与输运计量方法一致，使用方便。

某城市或地区的垃圾总产量常用 10^4t/d、10^4t/月和 10^4t/a 表示，单位产量用 kg/(人·d) 和 kg/(人·a) 表示，平均年增长率用质量分数（%）表示。

2.1.2 固体废物产量的测量方法

2.1.2.1 载重实测法

用地磅称量每次清运车辆的承载质量，记录数据后统计出特定时间内的垃圾总产生量，再除以收集范围内的人口数，可得单位产量[kg/(人·a)]。

2.1.2.2 载重计算法

一定时间内，通过观察各种载运车辆的平均容积和清运次数，结合估算出的各种车辆的单位载重，求得总质量后，再除以收集范围内的人口数，即可推算出单位产量［kg/(人·a)］。

【例题 2.1】假设需计算某地区约 4000 户居民在 1 周内的人均垃圾产生量。已调查得知该地区每户平均为 4 人，每日运入垃圾站的车次有：手推车 65 辆次，每车次平均载重 600kg；三轮车 50 辆次，平均载重 500kg/车；后装垃圾车 35 辆次，平均载重 1400kg/车。

解：该地区的人均垃圾产生量（W）可按下式计算：

$W=(65\times600+50\times500+35\times1400)/(4000\times4\times7)=1.01$kg/(人·d)

2.1.2.3 物料平衡法

对每一种原料来源做详细的物料平衡分析，如图 2.1 所示，可用于研究特定资源在特定区域内的使用、转变及流量分配情况，但将其应用于大区域的开放系统（如家庭住户垃圾产生系统）时，由于系统界定难度较大，往往难以执行。

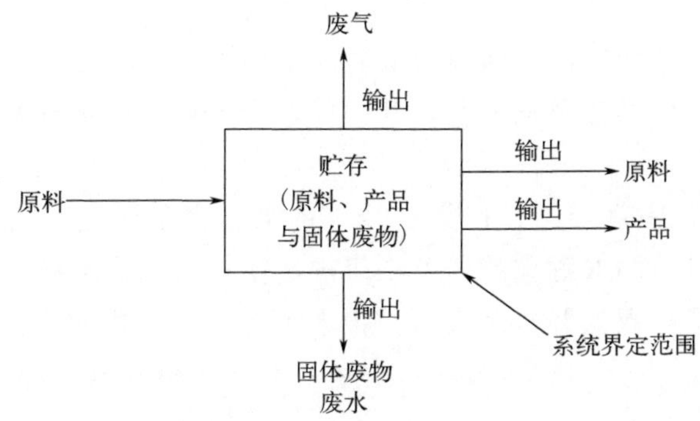

图 2.1 物料平衡分析示意图

2.2 固体废物的物理与化学性质

固体废物的性质主要包括物理性质、化学性质、生物化学性质及感官性能。感官性能是指废物的颜色、嗅味、新鲜度或者腐败程度等，往往可直接判断。分析垃圾性质非常重要，可作为评估所需设备、系统、管理、设计的依据。例如，一商业区中的固体废物皆为纸类，可应用特殊的剪碎切割机进行处理，并予以回收再利用。焚烧炉的适用性要依靠化学分析来评定。

一般而言，下列各项工作皆依据固体废物性质设计：

① 处理设施的管理方法；

② 公害防治对策的制定；

③ 处理技术的选用与开发；

④ 处理设备的设计容量与操作方法。

2.2.1 固体废物的物理性质

（1） 物理组成

物理组成也称物理成分，可采用湿基及干基表示。

（2） 容积密度

容积密度也称容重，其单位为 kg/m^3。

（3） 粒径

通常，粒径的表达方式是粒径分布，因废物组成复杂、大小不等，很难用单一尺寸来表示，加之几何形状也不一样，因此只能通过筛网的网目来表示其大小。

2.2.2 固体废物的化学性质

2.2.2.1 近似分析

在评估固体废物的处理方法及回收价值时，其化学组成是很重要的因素。近似分析的分析项目包括含水量、可燃分及灰分等，其中可燃分又可细分为挥发分及固定碳。

(1) 含水量

含水量是指废物在105℃±5℃下烘干2h（依水分含量而定）后所失去的水量，烘干需达到恒重状态，或最后两次称重的误差小于规定值，否则需继续烘干，此值常以单位质量的样品所含水的质量分数（%）来表示。含水量的计算公式如下：

$$\text{含水量}=\frac{\text{试样的最初质量}-\text{烘干后的试样质量}}{\text{试样的最初质量}} \tag{2.1}$$

城市固体废物的含水量会因气候、季节与区域状况的不同而存在很大差异。

(2) 挥发分

挥发分是指物质在标准温度试验中，以气体或蒸气形式散失的量，具体测定方法为：将定量的样品（已除去水分）置于已知重量的白金坩埚内，在无氧燃烧室内加热(950℃±20℃)7min，测量所散失的量。

(3) 固定碳

固定碳是指固体废物中除去水分、挥发分及灰分后剩余的可燃物质。固定碳的计算公式如下：

$$\text{固定碳}=100\%-(\text{含水量}+\text{灰分}+\text{挥发分}) \tag{2.2}$$

(4) 灰分

燃烧后的残留物即为灰分。对垃圾进行分类，将各组分粉碎至2mm以下，取一定量置于烘干箱中，105℃±5℃下烘干2h，冷却后称重，记为W_{0i}，再将烘干后的样品放入电弧炉中，在800℃下灼烧3h，冷却后再在105℃±5℃下烘干2h，置于干燥器中冷却30min后称重，记为W_{1i}。

各组分的灰分
$$B_i=\frac{W_{1i}}{W_{0i}}\times 100\% \tag{2.3}$$

干垃圾的灰分
$$B=\frac{\sum_{i=1}^{n}W_{1i}}{W_{0i}}\times 100\% \tag{2.4}$$

上述分析项目之间的关系如式(2.5)、式(2.6)所示。

$$\text{含水量}+\text{灰分}+\text{可燃分}=100\% \tag{2.5}$$

近似分析
$$\text{含水量}+\text{灰分}+\text{挥发分}+\text{固定碳}=100\% \tag{2.6}$$

【例题 2.2】某一物质燃烧前质量为150g，经105℃加热后质量变为100g，再于白金坩埚内，无氧加热至950℃持续7min，质量变为70g，再将70g样品放入电弧炉中，于氧气充分条件下加热并完全燃烧，质量变为15g，请问该物质的含水量、挥发分、固定碳、灰分分别是多少？

解：含水量＝(150－100)/150＝33.33％

挥发分＝(100－70)/150＝20％

固定碳＝(70－15)/150＝36.67％

灰分＝15/150＝10％

【例题 2.3】 某市垃圾经分析后得出，含水量为 56％，垃圾组成（干基）及各成分的灰分（干基）质量分数如表 2.1 所列。试求灰分及可燃分。

表 2.1 某市垃圾组成及成分

序号	垃圾组成	各成分占比/％	灰分/％
1	纸、布类	34.6	18.0
2	塑料、橡胶、皮革类	13.6	23.0
3	木、竹、稻草类	3.5	20.0
4	厨余类	24.3	21.0
5	不燃性物质	21.6	100.0
6	其他	2.4	26.0

解：干基灰分的计算：

① 18％×34.6％＝6.2％

② 23％×13.6％＝3.1％

③ 20％×3.5％＝0.7％

④ 21％×24.3％＝5.1％

⑤ 100％×21.6％＝21.6％

⑥ 26％×2.4％＝0.6％

合计＝37.3％

湿基灰分＝干基灰分×(100％－含水量)＝37.3％×(100％－56％)＝16.4％

可燃分＝100％－含水量－湿基灰分＝100％－56％－16.4％＝27.6％

2.2.2.2 元素分析

一般而言，若对固体废物进行焚烧处理，需进行碳、氢、氧、氮、硫及氯 6 种元素的分析，分析结果可作为助燃空气量计算、燃烧废气处理系统规划及低位热值估算的依据。若采用堆肥化处理，则可增加磷、钾分析项目。固体废物可燃分是由碳、氢、氧、氮、硫及氯等可燃性元素组成的，因此，各元素与可燃分的关系如式(2.7) 所示：

$$\mathrm{C+H+O+N+S+Cl}=\text{可燃分} \tag{2.7}$$

碳、氢、硫及氯元素的分析是将试样放置在氧气中燃烧，将产生的燃烧气体用各元素的吸收液分别吸收，测定其质量的增加量；氮元素的含量用氢氧化钠、硫酸来测定（凯氏定氮法）；氧元素不直接分析，可由可燃分减去上述 5 种元素的质量求得。

2.2.2.3 热值

废物的热值可用于废物适燃性的定性评估，还可为焚烧炉设计提供热量平衡计算所需的定量资料。一般来说，热值可分为高位热值（H_h）和低位热值（H_l）两种。废物燃烧后，若假设其生成的 H_2O 为气态，那么每千克废物燃烧所释放的热量称为低位热值；若其生成的 H_2O 为液态，则每千克废物燃烧后所释放的热量称为高位热值。高位热值

（H_h）和低位热值（H_l）间的差值，等于焚烧产生的 $H_2O(g)$ 凝结成 $H_2O(l)$ 所额外释放的热量，关系式如下：

$$H_l = H_h - 600(W + 9H) \tag{2.8}$$

式中　W，H——水分和氢含量。

废物焚烧处理时，其所形成的焚烧废气中 H_2O 多以 H_2O（g）存在且进料时潮湿，故湿基低位热值（H_l）$_W$ 应为实际上评估废物焚烧可行性及能量平衡计算所需热值的指标。湿基低位热值（H_l）$_W$ 和干基低位热值（H_l）$_D$ 之间的关系式可表示成：

$$(H_l)_W = (H_l)_D \times (1 - W) \tag{2.9}$$

式中　W——废物的水分含量。

实际上，废物湿基低位热值为每千克废物焚烧后所释放出的热量（kcal，1cal＝4.1868J），通常若（H_l）$_W$ 在 800kcal/kg 以上，则表示该废物适合进行焚烧处理；如在 800kcal/kg 以下，则需要额外给予辅助燃烧（如重油）才可使其顺利进行焚烧处理。

废物的热值可用热量计直接测量，也可依据废物的组分或元素组成来计算，具体方法如下。

（1）利用高位热值计算

$$H_l = H_h - 600(W + 9H) \tag{2.10}$$

式中　W，H——水分和氢含量。

（2）利用物理组成及含水量计算

若简单地将废物分成水分、可燃分（挥发分＋固定碳）和不可燃的灰分，则低位热值可由下式估算：

$$H_l = 4500V - 600W \tag{2.11}$$

式中　V，W——可燃分和水分含量。

若将废物粗略分成塑胶类可燃分（含量为 V_P）和非塑胶类可燃分（含量为 V_{NP}），则可由下式计算此类废物的低位热值：

$$H_l = (4500V_P + 8000V_{NP}) - 600W \tag{2.12}$$

式中　W——水分含量。

若将废物可燃分细分成纸类（含量为 P）、厨余类（含量为 G）和塑胶橡胶类（含量为 R），则计算其低位热值的经验式即为：

$$H_l = 8820R + 4050(G + P) - 600W \tag{2.13}$$

（3）利用元素组成计算

Steuer 在忽略氮、氯两元素成分下，提出以碳、氢、氧、硫和水分来估算废物的热值：

$$H_h = 8100(C - 3 \times O/8) + 2137.8O + 34500(H - O/16) + 2500S \tag{2.14}$$

$$H_l = 8100(C - 3 \times O/8) + 2137.8O + 34500(H - O/16) + 2500S - 600(W + 9H) \tag{2.15}$$

Dulong 则提出类似更简单的估算式：

$$H_h = 8100C + 34250(H - O/8) + 2250S \tag{2.16}$$

$$H_l = 8100C + 34250(H - O/8) + 2250S - 600(W + 9H) \tag{2.17}$$

事实上，氮和氯为废物中重要的组成元素，故下式为更复杂的估算式，式中 N、

W_{Cl}、C_1 和 C_2 分别表示氮、氯、有机碳和无机碳的组成（%），即：

$$H_h=7831C_1+3546C_2+35932(H-O/8-W_{Cl}/35.5)+2212S+1187C-578S-620W_{Cl} \tag{2.18}$$

在用式(2.18) 计算出废物的高位热值后，可以用下式来求得废物的低位热值，即

$$H_l=H_h-583[W+9(H-W_{Cl}/35.5)] \tag{2.19}$$

【例题 2.4】 对某废物进行分析，其组成和可燃分内各元素组成如表 2.2 和表 2.3 所列，试以 Steuer 方程式计算湿基低位热值。

表 2.2 废物组成（湿基）

组成	水分	灰分	C	H	O	S	Cl	N
含量/%	63	12	12.7	1.81	8.76	0.08	0.81	0.84

表 2.3 可燃分中各元素组成

组成	C	H	O	S	Cl	N
含量/%	50.8	7.2	35	0.32	3.24	3.4

解： 利用式(2.15)，将表 2.2 中各元素组成的数据代入即可求得：

$$\begin{aligned}H_l &=8100\times(0.127-3/8\times0.0876)+2137.8\times0.0876+34500\times(0.0181-1/16\times\\ &\quad 0.0876)+2500\times0.0008-600\times(9\times0.0181+0.63)\\ &=911.7\text{kcal/kg}\end{aligned}$$

另解：把可燃分中的元素组成代入式(2.14) 求得干基高位热值，即：

$$\begin{aligned}(H_h)_D &=8100\times(0.508-3/8\times0.35)+2137.8\times0.35+34500\times(0.072-1/16\times\\ &\quad 0.35)+2500\times0.0032\\ &=5537.2\text{kcal/kg}\end{aligned}$$

进一步求得湿基高位热值 $(H_h)_W$，即

$$(H_h)_W=(H_h)_D\times(1-W)=5537.2\times0.25=1384.3\text{kcal/kg}$$

最后以式(2.10) 计算湿基低位热值，即：

$$(H_l)_W=(H_h)_W-600(W+9H)=1384.3-600\times(0.63+9\times0.0181)=908.6\text{kcal/kg}$$

这两种计算方法可以得到十分相似的湿基低位热值。

2.2.2.4 灼烧损失量

灼烧损失量通常作为检测废物焚烧后灰渣品性的指标，当然也与灰分性质有某种程度上的关系，特别是与焚烧炉的燃烧性能有关。测定方法是将灰渣样品置于 600℃±25℃高温下加热 3h，称量其前后质量，并根据下式计算：

$$灼烧损失量=\frac{加热前质量-加热后质量}{加热前质量}\times100\% \tag{2.20}$$

2.2.2.5 闪火点与燃点

缓慢加热废物至某一温度，如出现火苗，即闪火而燃烧，但瞬间熄灭，此温度就称为闪火点。但若温度继续升高，其所产生的挥发组分足以继续维持燃烧，而火焰不再熄灭，此时的最低温度称为着火点或燃点。

2.3 固体废物的采样

在对废物进行组成或元素分析之前，采集得到具有代表性及正确的样品是最重要的工作。采样的方法和理论各不相同，采样方法可分成简单随机采样、分层随机采样、系统随机采样、阶段式采样、权威式采样、混合式采样 6 种，需依废物的种类和数量、人力的局限性、经费预算、精确度和准确度的要求等来决定适当的采样方法。表 2.4 为各种采样方法的优缺点。简单随机采样和分层随机采样比较常用，其准确性和精确度较高。

表 2.4 各种采样方法优缺点比较

采样方法	优点	缺点
简单随机采样	(1)方法简单； (2)因易估算族群总值及采样误差，准确度、精确度高	因采集的样品较为分散，故所需采样人力及经费较大
分层随机采样	(1)每层内的差异度越小，得到的精确度越高(比简单随机采样要高)； (2)可求得各层的估算值	(1)样品数据资料整理、推算工作比简单随机采样复杂； (2)族群分布为未知倾向时，会降低准确度及精确度
系统随机采样	(1)依随机方式只需采取一个，其余依序，故较方便； (2)污染物质分布均匀时，可得高准确度	(1)种群分布为未知倾向时会降低准确度； (2)样本个体呈周期循环，若与采样样品间隔相近，误差会较大
阶段式采样	采样手续较方便	(1)误差较大； (2)整理分析较复杂
权威式采样	简易、方便	由于错误的判断，误差可能较大，无法估算种群平均数及采样标准偏差
混合式采样	综合简易随机采样及阶段式采样的优点	为求更具有代表性，个别样品需采集较多，并没有显著节省人力经费

习 题

1. 工业固体废物产率测定方法有哪些？
2. 固体废物的化学性质主要有哪些？
3. 简述固体废物的挥发分定义。
4. 简述固体废物的灰分定义。
5. 简述固体废物的固定碳定义。
6. 简述固体废物的闪火点与燃点定义。
7. 简述固体废物的热值定义。热值测定方法有哪些？什么是高位热值？什么是低位热值？二者的换算关系式如何表达？
8. 对某废物分析得知，$W=65\%$，$C=10.2\%$，$H=1.1\%$，$O=7.8\%$，$N=0.8\%$，$S=0.1\%$，求废物的低位热值。
9. 简述灼烧损失量定义。

第3章

固体废物贮存、收集及运输

在我国，工业固体废物处理的原则是“谁污染，谁治理”。一般，产生废物较多的工厂均设有堆放场，收集、运输及处理工作由工厂负责。对那些没有处理能力的生产单位，或企业本身没有能力自行处置的废物，则交由第三方企业处理处置。近年来，我国在开展工业固体废物申报登记和各种处理处置技术研究的基础上，提出了对各类危险废物实行区域性集中管理的技术政策，从而保证了各类危险废物无害化管理的实施；还大力推广废物交换，提倡和鼓励固体废物的综合利用；对于各类废物的收集、运输和处理处置也逐步推行许可证制度和转移联单制度等。在城市环境中，产生的垃圾分散在每个街道、每幢住宅和每个家庭，并且垃圾的产生不仅有固定源，也有移动源，因此，进行垃圾的收集等工作有许多困难。本章重点从城市垃圾方面讨论固体废物的贮存、收集及运输问题。

3.1 贮存

城市垃圾的贮存需力求安全、卫生、便捷、高效及经济，达到维护环境品质与便利清运的目的，同时应考虑贮存容器的类型、容器设置数量和贮存容器的放置地点等重要因素。

3.1.1 贮存容器的类型

为了美化环境，无论是室内、室外还是公共场所，选用垃圾贮存容器时，必须兼顾实用、美丽、大方、耐用与廉价。适当的垃圾贮存容器不仅可节省收集人员的体力，提高收集效率，还可减少收集人数与收集、清运的费用。贮存容器的种类很多，选择时除了考虑容积外，还需考虑以下几个因素。

① 密闭性：避免使用封闭性不佳的容器，以免导致废物逸散、臭味及蚊虫病媒滋生，造成脏乱与臭气。

② 便捷性：必须与清运工具、收集方式等配合，采用构造简单、容易搬运与归位、易辨别、不易破裂的容器，以减轻清运工作负担及避免废物散落。

③ 废物的质量与特性：依废物的特性，如可回收与不可回收或可燃与不可燃等，来选择适当的容器。

④ 占地空间：应避免容器太大而浪费空间，但也应避免太小而导致废物溢出，散落满地。

⑤ 美观：除了易于鉴别外，还需将容器加以美化。

⑥ 卫生且无公害：贮存容器应易于清洗且不易渗漏。

⑦ 经济性：选择便利耐用且最具经济效益的容器。

目前，国内各城市使用的容器规格不一，通常为家庭自备垃圾篓等随意性容器。对于公共贮存，常见的有固定式砖砌垃圾箱、活动式带车轮的垃圾桶、铁制活底卫生箱、车厢式集装箱等。对于街道贮存，除使用公共贮存容器外，还配置各种供行人丢弃废纸、果壳、烟蒂等物的废物箱。对于单位贮存，则由产生者根据垃圾量及收集者的要求选择容器类型。

3.1.2 容器设置数量

对于某地段的配置容器数量，应考虑的主要因素有服务范围内居民人数、垃圾人均产量、垃圾容重、容器大小和收集次数等。

我国规定容器设置数量按以下方法计算。

首先求出容器服务范围内的垃圾日产生量，其公式为：

$$W = RCA_1A_2 \tag{3.1}$$

式中 W——垃圾日产生量，t/d；

R——服务范围内居住人口数，人；

C——实际垃圾单位产量，t/(人·d)；

A_1——垃圾日产量不均匀系数，取 1.1～1.05；

A_2——居住人口变动系数，取 1.02～1.05。

然后，折合为垃圾日产生体积：

$$V_{ave} = A_3(W/D_{ave}) \tag{3.2}$$

$$V_{max} = kV_{ave} \tag{3.3}$$

式中 V_{ave}——平均垃圾日产生体积，m^3/d；

A_3——垃圾容重变动系数，取 0.7～0.9；

D_{ave}——平均垃圾容重，t/m^3；

k——垃圾产生高峰时体积的变动系数，取 1.5～1.8；

V_{max}——垃圾产生高峰时的最大日产生体积，m^3/d。

最后，求出收集点所需设置的垃圾容器数量：

$$N_{ave} = V_{ave}/(EFA_4) \tag{3.4}$$

$$N_{max}=V_{max}/(EFA_4) \tag{3.5}$$

式中 N_{ave}——平时所需设置的垃圾容器数量；

E——单个垃圾容器的容积，m^3/个；

F——垃圾容器填充系数，取 0.75～0.9；

A_4——垃圾收集周期，d/次，当收集周期为 1 次/d 时 $A_4=1$，收集周期为 2 次/d 时 $A_4=0.5$，收集周期为 1 次/2d 时 $A_4=2$，以此类推；

N_{max}——垃圾产生高峰时所需设置的垃圾容器数量。

所求 N_{max} 即为服务地段应设置的垃圾贮存容器的数量，可再做适宜的配置。

容器最后集中于收集点，收集点的服务半径一般不应超过 70m。在规划建造新住宅时，未设垃圾通道的多层公寓一般每 4 幢应设置一个容器收集点，并建造垃圾容器间，安置垃圾容器。

3.1.3 贮存容器的放置地点

贮存容器的放置地点不宜远离居民住所，以免给民众使用带来不便，容器四周环境需维护清理，避免诱生蝇虫，或被猫犬撕散。在低高度（三楼以下）住宅区，放置地点有屋旁或近屋处、收集路线的巷口以及其他指定地点 3 个。高楼住宅区或商业区、工业区，可开辟专用地点放置，其位置需与废物清运单位协调。

贮存容器放置地点应考虑的因素如下：

① 应避免阳光直射，以防止废物分解加速而产生恶臭；

② 应避免置于潮湿阴暗处，以防蚊、蝇、蟑螂及老鼠等滋生；

③ 注意清运操作时的便利性；

④ 不阻碍交通，不妨碍观赏；

⑤ 尽量靠近产生源，方便使用。

3.2 收集

3.2.1 收集方式

垃圾的收集方式主要有混合收集和分类收集两种。

3.2.1.1 混合收集

混合收集是指统一收集未经任何处理的原生废物的方式。这种收集方式的主要优点是收集费用低、简便易行，缺点是各种废物相互混杂，降低了废物中有用物质的纯度和再生利用的价值，同时也增加了各类废物的处理难度，造成处理费用增大。从当前的趋势来看，该种垃圾收集方式正在逐渐被淘汰。

3.2.1.2 分类收集

分类收集是指根据废物的种类和组成分别进行收集的方式。主要优点是可以提高废物中有用物质的纯度，有利于废物的综合利用，同时通过分类收集，还可以减少需要后续处理处置的废物量，从而降低整个流程的管理费用和处理处置成本。在分类收集时，一般应遵循如下原则：

① 工业废物与城市垃圾分开；

② 危险废物与一般废物分开；

③ 可回收利用物质与不可回收利用物质分开；

④ 可燃物质与不可燃物质分开。

发达国家的垃圾分类收集工作已有数十年的历史，一般从有毒有害垃圾和大件垃圾的分类收集开始，目前有的按可燃、不可燃分，有的按资源、非资源分。其中，英国、德国和日本的垃圾分类收集程度较高。日本各地区垃圾分类收集方式各有不同，其推行步骤大概分为四个阶段，循序渐进：

第一阶段，将垃圾分为可燃物、不可燃物及大件垃圾三类；

第二阶段，考虑资源回收，将垃圾分为可燃物、不可燃物、大件垃圾及资源垃圾四类；

第三阶段，因温度计、日光灯、镜子及部分干电池等含汞等有害物质不宜与一般垃圾混合处理，因此将其另外分类处理，列为有害垃圾，共分五类，即除第二阶段的四类垃圾外，另加有害垃圾；

第四阶段，将可燃物中的塑料、橡胶、皮革等不适燃烧垃圾分列一项，即区分为可燃物、不可燃物、大件垃圾、资源垃圾、有害垃圾及不适燃垃圾六类，不适燃垃圾以填埋或热解方式处理。

近年来，我国城市垃圾分类收集已经提上议事日程，许多城市已经开始进行垃圾分类收集的试点工作。2000 年 4 月，建设部选定北京、上海、广州、南京、深圳、杭州、厦门、桂林这 8 个城市作为垃圾分类收集试点城市，各试点城市结合本地实际和后续垃圾处理方式，将生活垃圾划分为不同类别进行分类收集。

3.2.2 收集系统分析

收集系统有两种：一种是拖曳容器系统（hauled container system），另一种是固定容器系统（stationary container system）。

3.2.2.1 拖曳容器系统

拖曳容器系统是从收集点将装满垃圾的容器（垃圾桶）用牵引车拖曳到处置场（或转运站、加工场），倒空后再运回原收集点（简便模式）或下一收集点（交换模式），其收集过程如图 3.1 所示。本系统的收集时间可分为四个部分，即集装时间、运输时间、卸车时间和非收集时间。

（1）集装时间

每次行程的集装时间包括容器点之间行驶时间、满容器装车时间及卸空容器放回原处时间三部分。用公式表示为：

$$P_{hcs}=p_c+u_c+d_{bc} \tag{3.6}$$

式中 P_{hcs}——每次行程集装时间，h/次；

p_c——满容器装车时间，h/次；

u_c——卸空容器放回原处时间，h/次；

d_{bc}——容器点之间行驶时间，h/次。

如果容器点之间行驶时间未知，可用下述运输时间公式估算。

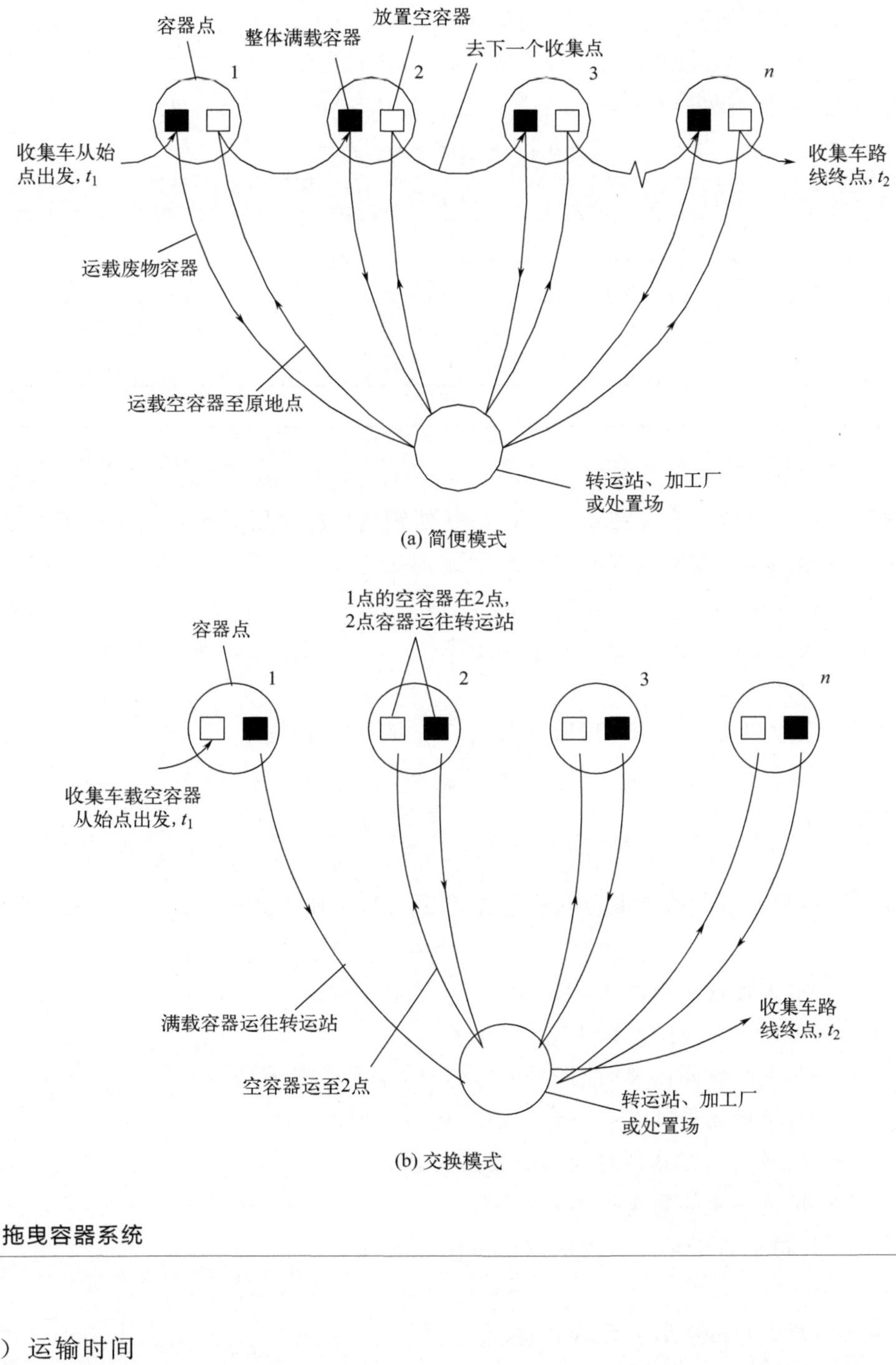

图 3.1 拖曳容器系统

（2）运输时间

运输时间指收集车从收集点行驶至终点所需的时间，包括离开终点驾驶回原处或下一个收集点的时间，不包括停在终点的时间。当装车和卸车时间相对恒定时，运输时间取决于运输距离和速度。对大量不同收集车的运输数据进行分析（表 3.1），得出运输时间可以用下式近似表示：

$$h=a+bx \tag{3.7}$$

式中 h——运输时间，h；

a——经验常数，h；

b——经验常数，h/km；

x——往返运输距离，km。

表 3.1 车辆速度常数数值

速度极限/(km/h)	a/h	b/(h/km)
88	0.016	0.0112
72	0.022	0.014
56	0.034	0.018
40	0.050	0.025
24	0.060	0.042

（3）卸车时间

卸车时间指垃圾收集车在终点（转运站或处置场）的停留时间，包括卸车及等待卸车时间。每一行程卸车时间用 S（h/次）表示。

（4）非收集时间

非收集时间指在收集操作全过程中非生产性活动所花费的时间。常用 ω（%）表示非生产时间占总时间的百分比。

因此，一次收集清运操作行程所需时间 T_{hcs} 可用下式表示：

$$T_{hcs}=P_{hcs}+S+h \tag{3.8}$$

也可用下式表示：

$$T_{hcs}=P_{hcs}+S+a+bx \tag{3.9}$$

每日每辆收集车的行程次数（包括非生产活动）可用下式求出：

$$N_d=[(1-\omega)H-(t_1+t_2)]/T_{hcs} \tag{3.10}$$

式中 N_d——每天行程次数，次/d；

H——每天工作时间，h/d；

ω——非生产时间占总时间的百分比，即非生产因子，%；

t_1——从垃圾场驾驶到第一容器位置所需的时间，h；

t_2——从最后一容器到垃圾场所需的时间，h；

T_{hcs}——垃圾一次收集清运时间，h/次。

另外，每日每辆收集车的行程次数也可由下式计算：

$$N_d=V_d/cf \tag{3.11}$$

式中 N_d——每天行程次数，次/d；

V_d——平均每天收集垃圾量，m^3/d；

c——平均容器体积，m^3/次；

f——加权平均容器利用率。

【例题 3.1】 某工业区的废物拟采用拖曳容器系统，即使用大型容器（垃圾箱）收集，同时使用固定压实机压实。根据分析，垃圾场到第一个容器的平均时间（t_1）为 15min，由最后一个容器至垃圾场的平均时间（t_2）为 20min。若容器点之间行驶时间为 6min，到垃圾场单程距离为 25km（车速为 88km/h），每天工作时间为 8h，求每天所需运送次数及每天所需工作时间。其他操作参数如下：$p_c+u_c=0.4$h/次；$S=0.133$h/次；$a=0.016$h、$b=0.011$h/km；$\omega=15\%$。

解：（1）确定每次收集时间

$P_{hcs}=p_c+u_c+d_{bc}$

$=0.4+(6/60)=0.5$h/次

（2）确定每次所花费的时间

$T_{hcs}=P_{hcs}+S+a+bx$

$=0.5+0.133+0.016+0.011\times50$

$=1.2$h/次

（3）确定每天所需运送的次数

$N_d=[(1-\omega)H-(t_1+t_2)]/T_{hcs}$

$=[(1-0.15)\times8-(0.25+0.33)]/1.2$

$=5.18$ 次/d

N_d(实际)$=5$ 次/d

（4）确定每天所需工作时间

5 次/d$=[(1-0.15)H$(实际)$-(0.25+0.33)]/1.2$

H(实际)$=[(5\times1.2)+0.58]/0.85$

$=7.74$h/d

3.2.2.2 固定容器系统

固定容器系统是指用垃圾车到各容器收集点装载垃圾，容器倒空后固定在原地不动，车装满后运往转运站或处置场，收集过程如图 3.2 所示。固定容器系统的一次运行中，装车时间是关键因素。因为装车有机械操作和人工操作之分，故计算方法也略有不同。

（1）机械装车

每一次收集行程时间可用下式表示：

$$T_{scs}=P_{scs}+S+a+bx \tag{3.12}$$

式中 T_{scs}——固定容器系统每一次收集行程时间，h/次；

P_{scs}——每次行程集装时间，h/次；

S——每次行程卸车时间，h/次；

a——经验常数，h/次；

b——经验常数，h/(km·次)；

x——往返运输距离，km。

此集装时间为：

$$P_{scs}=C_t u_c+(n_p-1)d_{bc} \tag{3.13}$$

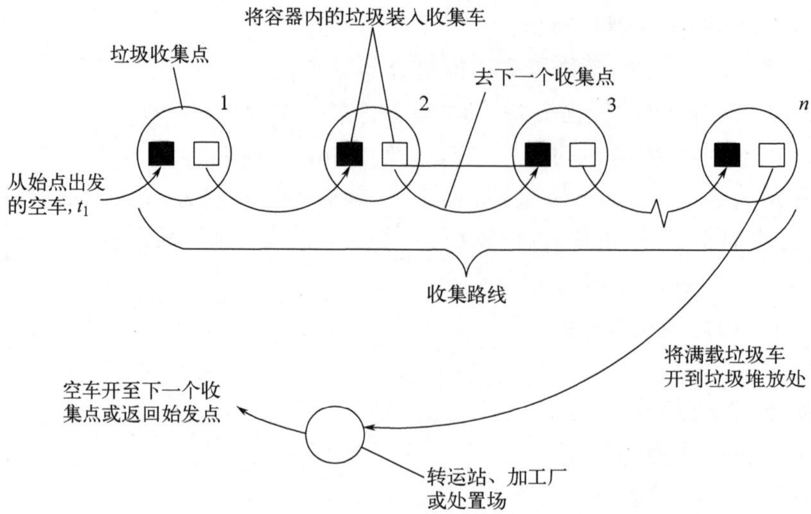

图 3.2 固定容器系统

式中 P_{scs}——每次行程集装时间，h/次；

C_t——每次行程倒空的容器数，个/次；

u_c——倒空一个容器的平均时间，h/个；

d_{bc}——每次行程各收集点之间的平均行驶时间，h/次；

n_p——每次行程经历的收集点数。

每次行程能倒空的容器数直接和收集车容积和压缩比以及容器体积有关，其关系式为：

$$C_t = vr/(cf) \tag{3.14}$$

式中 C_t——每次行程倒空的容器数，个/次；

v——收集车的容积，m^3/次；

r——压缩比；

c——平均容器体积，m^3/次；

f——容器利用率。

每天收集行程次数为：

$$N_d = V_d/vr \tag{3.15}$$

式中 N_d——每天收集行程次数，次/d；

V_d——平均每天收集垃圾量，m^3/d。

考虑到非生产因子 ω，每天要求的工作时间可以表示如下：

$$H = [(t_1 + t_2) + N_d(P_{scs} + S + a + bx)]/(1 - \omega) \tag{3.16}$$

式中 H——每天工作时间，h/d。

(2) 人工装车

如果 H 表示每天的工作时间，而且每天的行程次数已知，那么每天的工作时间可以由式(3.16) 算出。

每次行程能够收集垃圾的收集点数可以由下式估算：

$$N_p=60P_{scs}n/t_p \tag{3.17}$$

式中 N_p——每次行程的收集点数，点/次；

P_{scs}——每次集装时间，h/次；

n——工人数；

t_p——每个收集点的平均集装时间，min/点。

每个收集点的平均集装时间 t_p 可由下式计算：

$$t_p=d_{bc}+k_1C_n+k_2P_{RH} \tag{3.18}$$

式中 t_p——每个收集点的平均集装时间，min/点；

d_{bc}——两容器间的平均运输时间，h；

k_1——常数，收集一个容器的时间，min；

C_n——每个收集点处的容器平均数目；

k_2——常数，由住户分散点运至收集点所需的时间，min；

P_{RH}——分散收集点的百分比，%。

收集车所需容积可由下式计算：

$$v=V_pN_p/r \tag{3.19}$$

式中 v——收集车的体积，m^3/次；

V_p——每个收集点收集垃圾的体积，m^3/点；

N_p——每次行程的收集点数，点/次；

r——压缩比。

【例题 3.2】 对某商业区所产生的废物，使用体积为 $4m^3$ 的固定容器收集系统进行收集，求垃圾车所需的容积。操作条件如下：

①容器容积=$4m^3$；②容器利用率=0.75；③各收集点容器平均数=2；④垃圾车的压缩比=2.5；⑤容器装载所需时间=0.1h；⑥行驶于相邻位置间的平均时间=0.1h；⑦单程托运距离=30km；⑧限速=88km/h；⑨由垃圾场至第一个容器的位置所需的时间=0.33h；⑩在处理场所花费时间=0.1h/次；⑪最后容器位置至垃圾场所需时间=0.25h；⑫每天运送次数为 2 次；⑬工作时间=8h；⑭ω=15%，a=0.016h/次，b=0.011h/(km·次)。

解：(1) 计算每次运送所需的时间

$H=[(t_1+t_2)+N_dT_{scs}]/(1-\omega)$

已知 H=8h，t_1=0.33h，t_2=0.25h，N_d=2.0 次/d，ω=15%，代入：

$$\begin{aligned}T_{scs}&=[(1-0.15)\times 8-(0.33+0.25)]/2\\&=3.1\text{h/次}\end{aligned}$$

(2) 计算每次收集所需的时间

$T_{scs}=P_{scs}+S+a+bx$

已知 T_{scs}=3.1h/次，S=0.1h/次，a=0.016 h/次，b=0.011h/(km·次)，x=60km，代入：

$$\begin{aligned}P_{scs}&=T_{scs}-(S+a+bx)\\&=3.1-(0.1+0.016+0.011\times 60)\end{aligned}$$

$=2.32\mathrm{h}/$次

(3) 计算每次收集的垃圾桶数目

$P_{scs}=C_t u_c+(n_p-1)d_{bc}$

已知 $P_{scs}=2.32\mathrm{h}/$次，$u_c=0.1\mathrm{h}/$个，$n_p=C_t/2$（2 个/点），$d_{bc}=0.1\mathrm{h}/$次，代入：

$2.32=C_t\times0.1+(0.5C_t-1)\times0.1$

$C_t=16.13$ 个/次（实用 16 个/次）

(4) 确定垃圾车所需的容积

$C_t=vr/cf$

已知 $C_t=16$ 个/次，$r=2.5$，$c=4\mathrm{m}^3/$次，$f=0.75$，代入：

$v=19.2\mathrm{m}^3$

3.2.3 收集路线

垃圾车收集路线优化的目标是寻求一最优路径，避免空驶，合理的收集路线可节省时间及经费。不良的收集路线多由下列因素造成：

① 制定的路线未能缩短收集区域与垃圾处理场所间的行驶时间；

② 路线的安排设计欠妥，未能给收集人员提供最经济的收集路线，即无法在最短的距离及时间内涵盖所有的收集点；

③ 各收集路线作业互有差异，造成收集工作所需时间不同，各路线不能平衡。

因此制定垃圾收集路线时应考虑的因素如下：

① 必须考虑与收集有关的各种现行规定；

② 必须协调现行系统，如服务队的规模和车辆的类型；

③ 若有条件，制定出的收集线路应该根据地形和自然屏障作为路线边界，便于自始至终在主干街道附近操作；

④ 在多坡地区，收集路线应始于坡顶，沿坡而下进行装车；

⑤ 最后收集的垃圾桶应位于离处置点最近的位置；

⑥ 交通拥挤地区的垃圾应尽可能在凌晨收集；

⑦ 对于垃圾产生量特别大的地方，应在工作日优先进行清理；

⑧ 固体废物产生量少的焚烧收集点，应采用相同的频率进行收集，在同一天或同一个收集循环中，应尽可能对其进行收集。

制定收集路线应包括四个常规步骤：

① 准备能显示垃圾产生源相关数据和信息的地图；

② 对所需数据进行分析，必要时对相关信息进行摘要制表；

③ 路线的初步制定；

④ 通过连续性试验，对初步路线和改进的路线进行对比评估。

3.3 运输与转运

有些城市为了妥善处理垃圾，政府每年会花费巨资用于中间处理及最终处置过程中，但其所需经费仅占垃圾清理预算的20%～40%，其余经费都用在垃圾收集运输方面。由此可见，垃圾收集清理费用很高。

3.3.1 运输方式

3.3.1.1 车辆运输

以装车形式分，垃圾运输车大致可分为前装式、侧装式、后装式、顶装式、集装式等形式(图3.3)。车辆大小以所装质量分，额定量在10～30t。

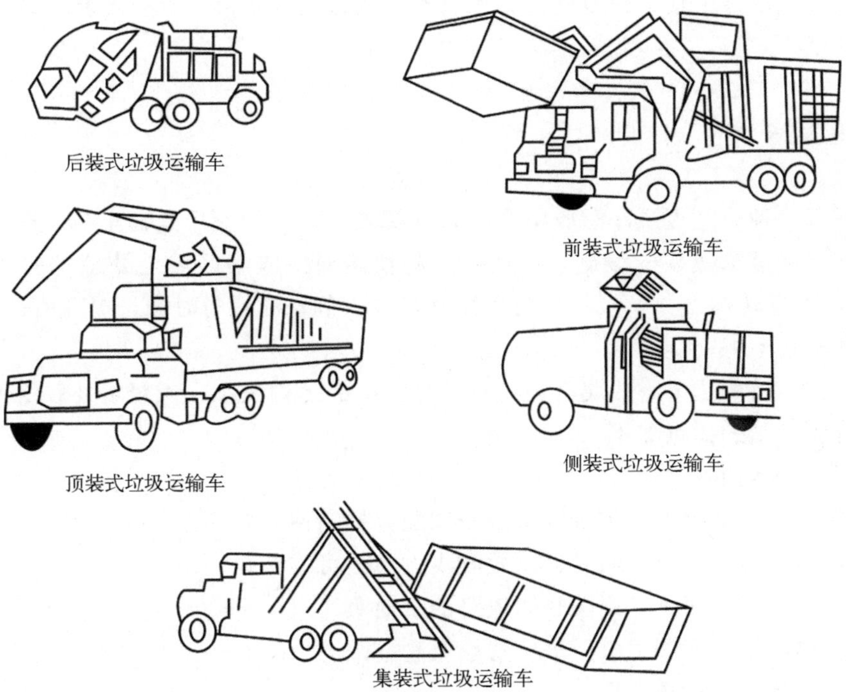

图3.3 几种典型的垃圾运输车

为了提高收集运输的效率，降低劳动强度，首先需要考虑收运过程的装卸机械化，而实现装卸机械化的前提是收运车辆与收集容器相匹配。车身的密封主要是为了防止运输过程中废物泄漏，对环境造成污染，废物的压缩主要与车辆的装载效率有关。

近年来，我国环卫部门引进配置了不少国外机械化、自动化程度较高的垃圾运输车，并自主研发了一些适合国内具体情况的专用垃圾运输车。目前，国内常使用的垃圾运输车包括简易车厢可卸式垃圾运输车、活动斗式垃圾运输车、侧装式垃圾运输车和集装箱半挂式垃圾转运车等。

3.3.1.2 船舶运输

船舶运输适用于大容量的废物运输场景，在水路交通方便的地区应用较多。船舶运输由于装载量大、动力消耗小，其运输成本一般比车辆运输和管道运输要低。但船舶运输一般需要采用集装箱方式，所以其中转码头及处置场码头必须配备集装箱装卸装置。另外，在船舶运输过程中，要特别注意防止废物泄漏对河流造成污染，尤其是在废物装卸的地点。

3.3.1.3 管道运输

管道运输分为空气输送和水力输送两种类型。与水力输送相比，空气输送的速度要大得多，但所需动力和对管道的磨损也较大，而且在长距离输运中容易发生堵塞。水力输送在安全性和动力消耗方面均优于空气输送，其主要问题是水源的保障和输送后的水处理费用。

管道运输的特点是：废物流与外界完全隔离，对环境的影响较小，属于无污染型输送方式，同时受外界的影响也较小，可以实现全天候运行；输送管道专用，容易实现自动化，有利于提高废物运输的效率；由于是连续输运，有利于实现大容量、长距离运输；设备投资较大；灵活性欠佳，一旦建成，不易改变其路线和长度；运行经验不足，可靠性有待进一步验证。

3.3.2 转运站

转运站是一种将垃圾从小型收集车装载（转载）到大型专用运输车，以形成单车运输经济规模、提高运输效率的设施。一般在废物清运时，收集区域至处理场的距离若超过20km，建议设置转运站，以减少垃圾车往返车次，节省油料与时间，提高清运效率。

3.3.2.1 设置转运站的优点

垃圾转运的目的是节省收集区与垃圾处理场间的运输成本，减轻场外联络道路的交通负荷。设置转运站的优点如下：

① 降低清运成本；

② 垃圾量大时，收集车与运输车分开调配，提高使用效率；

③ 若转运站选址适当，原有的高效收集方式仍可维持；

④ 减轻垃圾资源回收厂周围联络道路的交通负荷；

⑤ 缓冲调整垃圾资源回收厂进厂的垃圾量。

3.3.2.2 转运站选址的基本原则

一般而言，转运站选址的基本原则如下：

（1）设施规模

转运站选址的用地范围，应以能容纳各项设施及作业活动所需的面积为必要条件，不仅应包含主体运转厂房，也应涵盖管理中心、污水处理厂、磅秤室、警卫室、机电室、停车场及道路等附属设施。

（2）收集清运效率

转运站的位置以能发挥收集及清运效率为原则。由于垃圾收集清运费用在垃圾处理全部费用中占相当大的比例，故转运站选址必须配合收集路线设计做整体性的研究。通常转运站的场址应接近垃圾产生的中心，以减少垃圾收集的运送距离及成本。

（3）地质

转运站各项设施中，主体厂房需要较高的地基承载力，故转运站主体厂房应建于地质条件良好且承载力佳的地基上，以确保其安全性。

(4) 周围环境

转运站选址应考虑周围环境的协调性，以期减少对现有环境的影响，并避免引起民众的抗拒。故在站址堪选时应对周围环境进行评估，评估项目如下：

① 转运站进出道路及其附近主要联络道路的交通状况，应尽量避开交通拥挤的地区；

② 周围常住人口分布情况，应尽量避开人口密集的地区；

③ 废水排放点，注意邻近水体是否有适当的承受能力；

④ 自来水、电力及电话等公共设施；

⑤ 未来土地利用；

⑥ 设施未来计划；

⑦ 民众反映。

3.3.2.3 转运站的类型

根据转载运输车的类型不同，转运站可以分为直接装卸、贮存装卸和直接与贮存混合装卸 3 种常见的类型（图 3.4）。

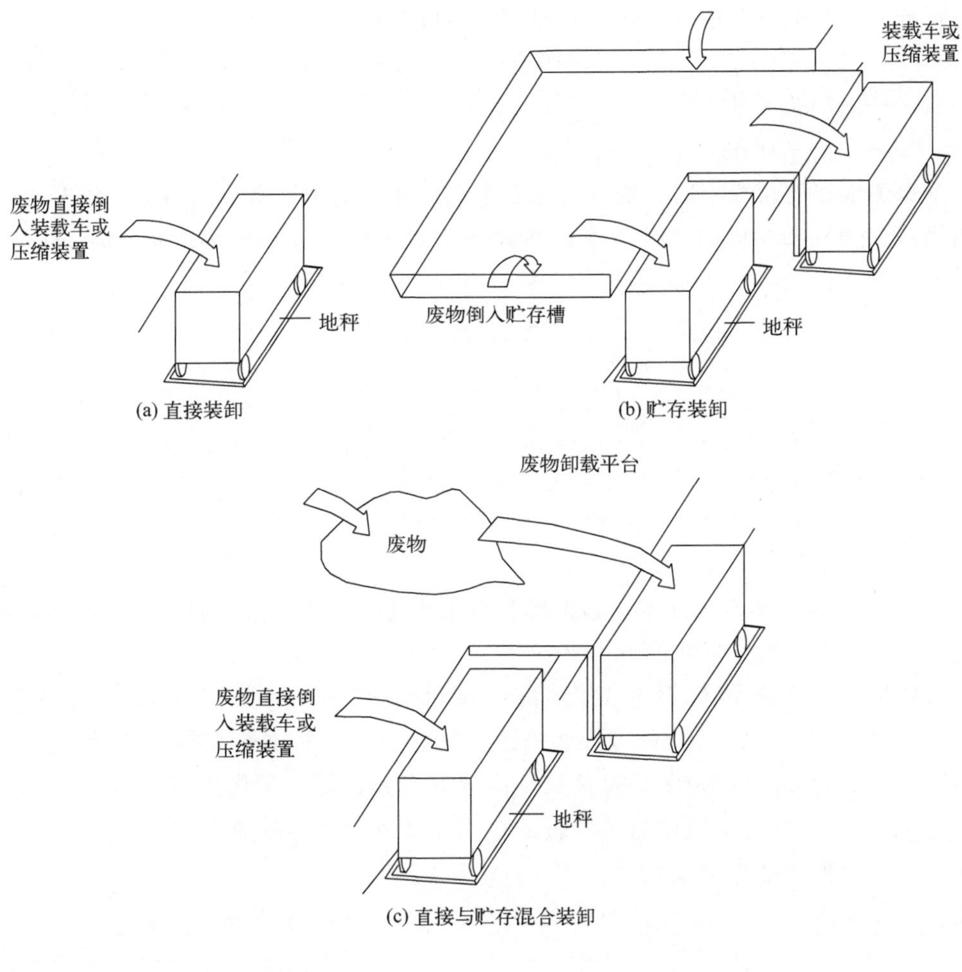

图 3.4 不同类型转运站系统示意图

（1）直接装卸

在直接装卸型转运站中，收集车把收集到的垃圾直接倒入大型的运输车中以便把垃圾运到最终的处置场，或将垃圾倒入压缩机中压缩后再送入运输车，或者把垃圾压缩成垃圾块后运往处置场。

（2）贮存装卸

在这种先贮存再装卸的转运站中，垃圾先被倒入一个贮存槽，然后通过各种辅助器械，将槽内的垃圾装入运输工具。其与直接装卸型转运站的差别在于其具有一定的贮存垃圾的能力（通常为 1～3d）。

（3）直接与贮存混合装卸

在一些转运站中，直接装卸和贮存装卸的方法是结合使用的。通常，这种多功能处理设施相比单一用途的处理设施，可以服务更多的用户。

3.3.3 收集经济学

垃圾集运作业在整个垃圾处理体系中花费得最多，一般收集所需费用与垃圾车体积有关，包括劳动及车辆购置成本、维修、保险等，可以用下式表示：

$$每年成本=\alpha+\beta v \tag{3.20}$$

式中 α，β——经验常数；

v——卡车体积。

在求每辆卡车的年成本时，通常会将卡车在生命周期中逐渐偿还的资本成本，与每年估算的维修及燃料成本相加。卡车等资本设备的购买价格与其每年摊余（amortized）成本间的关系如下：

$$A=P\left[\frac{i(1+i)^n}{(1+i)^n-1}\right] \tag{3.21}$$

式中 A——每年成本；

P——购置成本；

i——折旧因子；

n——摊余期。

【例题 3.3】若每年卡车成本（包括燃料及维修等）用下式表示：

每年卡车成本＝10000＋4000v

收集垃圾时卡车需两位清洁工人配合，劳动成本为 15 元/(h · 人)，卡车体积为 10.2m^3，每趟可收集 142.5 户的垃圾，每天收集两次（运至处置场两趟）。清洁工人每周工作 5d，每天工作 8h，每户每周可接受一次清运服务，每户每周丢弃的垃圾为 0.25m^3，密度为 120kg/m^3。试计算收集每吨垃圾的成本以及每户每年的成本。

解：（1）计算年度收集成本

年度劳动成本＝2 人×15 元/(h · 人)×8h/d×5d/周×52 周/a

＝62400 元/a

年度卡车成本＝10000＋4000×10.2＝50800 元/a

(2) 计算每吨垃圾及每户每年收集成本

计算每一卡车每年的总收集量：

卡车每天服务户数＝142.5 户/次×2 次/d＝285 户/d

每周服务户数＝5d/周×285 户/d＝1425 户/周

$$每卡车装载垃圾量=\frac{0.25m^3/(户·周)\times 120kg/m^3\times 1425户\times 52周/a}{1000kg/t}$$

$$=2223t/a$$

$$每吨垃圾成本=\frac{(62400+50800)(元/a)}{2223t/a}=50.92元/t$$

$$每户每年成本=\frac{50.92元/t\times 2223t/a}{1425户}=79.44元/(a·户)$$

3.4 实例分析：北京市小武基垃圾转运站

北京市小武基垃圾转运站位于北京市东南郊工业区，朝阳区十八里店乡，1997 年完成投产。该垃圾转运站距左安门 4.5km，与收集区的平均距离为 8km。西面紧靠农户，东面为四环绿化带，南面为萧太后河，北面为小武基路。占地面积 20000m^2，转运能力为 980t/d，服务区为崇文区全部及朝阳区部分垃圾。工程总投资为 7282.1 万元，年运行费用为 164.46 万元，单位运行成本为 4.65 元/t。

垃圾转运站拟建场区南北长 200m，东西宽 100m，建筑面积 5106m^2，其中主厂房建筑面积 2776m^2。工艺流程包括筛分和转运两部分。具体程序是：垃圾收集车（平均装载量为 3t）进站后，首先过磅记录，再进入主厂房，垃圾先经过人工分拣，剔除大块物质和回收有用物质；然后，通过筛分设备将其分成 3 部分，即 $\phi<15mm$、$15mm<\phi<60mm$、$\phi>60mm$，并分别装入容积为 32m^3 的特制集装箱，另有三轴重型转运车运往北神树垃圾卫生填埋场。其中，$\phi>60mm$ 的部分进行填埋处理，$\phi<15mm$ 的部分用作覆盖土，处于 $15mm<\phi<60mm$ 的部分在经过简单堆肥处理后出售或填埋。

收集车的平均装载量为 3t/辆。运行车次达 325 次/d，运输高峰出现在每班开始工作 1h 后。

转运车：采用三轴重型卡车，总质量＜28t，发动机功率 184kW，属站内管理的车辆有 10 辆。其中由小武基至北神树的转运车有 7 辆，转运车次 70 次/d，其余在站内周转运行或用作检修备用车。垃圾转运单体集装箱容积为 25～32m^3。

转运路线：工作路线为小武基至北神树，单程 15km。

转运车间配备的设备主要有板式输送机、皮带机、滚筒筛、磁选机、伸缩皮带机、压缩机等，共两套。配备带挂钩系统的三轴重型卡车 10 辆和加重型挂车 2 辆，此外，还备有专用集装箱 38 个，其中 32 个为敞开式，其余 6 个为压缩式。配备的辅助作业机械有小型装载机 1 部和桥式天车 1 部。布置的控制监测设备有地秤及其传感器、控制计算机和控制柜等。转运站整个装机容量为 420kW，生产用电负荷为 50%，车辆油耗为 1t/d。

站内生活污水管网系统采用雨污分流制，并采用小型中水处理设备对生活污水进行处理，经检验达标后，排入南侧萧太后河。将垃圾渗滤液引入收集池，定期用抽粪车运至填埋场处理。为了防止垃圾的渗滤液污染地下水和地表水，应在站内采取严格的防渗措施和完全通畅的收集系统，以防其渗入地下水或流入地表水。此外，还在站区周围设置地下水监测井，在周边水体设置固定监测点，定期取样，分析水质并做出判断。在站内进行封闭作业，在转运车间设置引风机，室内带有灰尘的气流需先经布袋除尘器过滤后方可向大气排放。整个过程在站区内进行，整个转运站坐落在密布的绿树丛林之中。由于众多收集车辆和大型转运车辆会进行昼夜作业，其噪声对周围居民生活必将带来影响，因此，在设计时应考虑的防范措施有：a. 对凡是有可能产生噪声的车辆和设备均设置防噪声和防震装置；b. 在转运站的四周围墙一带广植灌木林，以减小噪声的影响。

习　题

1. 请简述混合收集定义。混合收集优缺点有哪些？

2. 请简述分类收集定义。分类收集优缺点有哪些？

3. 分类收集应遵循的原则有哪些？

4. 生活垃圾收集系统分为哪几种？

5. 简述拖曳容器系统简便模式定义和固定容器系统定义。试通过对收集系统进行分析，比较拖曳容器系统和固定容器系统，确定废物回收站距离商业区的最大距离，并使得拖曳容器系统每周的收集费用不高于固定容器系统。

6. 固体废物运输方式主要有哪些？

7. 某市人口共 60 万，平均每户 4 人，垃圾单位质量为 $250kg/m^3$，以压缩式垃圾车进行逐站收集，车的容积为 $6m^3$，垃圾车的压缩比为 2，收集频率为 6 次/周，若每日每车收集 5 次，每车除司机外还有清洁工 2 人。试求：(1) 住宅垃圾贮存容器所需的容积；(2) 垃圾车每次收集的户数；(3) 所需垃圾车的数量；(4) 清洁工与垃圾车的每日垃圾清运量。假设每人每日垃圾产生量为 1.0kg。

8. 垃圾转运站选址的基本原则及转运站的类型有哪些？

第4章

固体废物破碎、分选与压实

固体废物在进行焚烧、热解、固化、堆肥等中间处理和最终处置之前，为了清运、资源回收，通常要进行破碎、分选、压实、干燥等预处理。预处理的主要目的是对资源性废物进行回收再利用，提高清运或处理的效率，减少填埋容量或降低处理成本，减少对后续处理设备或装置的损害及方便程序间的输送或贮存。

4.1 破碎

4.1.1 破碎的方法与目的

用机械力或其他作用力破坏废物以减小其体积的过程称为破碎处理。压碎、磨碎、剪切、撕裂或冲击是实现固体废物体积减小的主要机械力，固体废物的破碎减容主要通过这类机械破碎方式进行，其他方式还包括低温破碎（液态氮）和微波处理等。一般来说，抗压强度在250MPa以上的固体废物称为坚固固体废物，而抗压强度在40MPa以下的称为软性固体废物。对于坚硬的固体废物，采用压碎或冲击式破碎较为有效，而对于类似橡胶、塑料等具有塑性或韧性的废物，则应考虑采用切碎或磨碎的方式。撕裂、折断和冲击破碎的方式适于处理较脆的固体废物。粒径较小的固体废物通常比同材质的大颗粒废物裂缝更少，因此更为坚硬，故粒径较小的固体废物破碎起来相对困难。破碎是固体废物预处理中的重要环节，通常也是最开始的一个步骤。不论是家庭垃圾还是一般废物，在排出前进行破碎均可达到下列几个目的：

① 使垃圾体积减小，粒径均匀混合，有利于贮存和清运，可降低清运成本；

② 可增加压实密度，促进生物分解作用，以及底盘的稳定化；

③ 可回收破碎后资源（如干电池破碎后可将金属外壳回收），或可提高分选时的资源

回收能力；

④ 可提高后续处理（如焚烧、热裂解等）程序的处理效率，如粒径减小可避免阻塞焚烧炉的进料系统，比表面积增大可增加厌氧消化速率，从而提高堆肥处理的效率；

⑤ 防止粗大或锐利的固体废物损伤后续分选、焚烧等操作设备。

4.1.2 破碎比与破碎流程

若固体废物只经一次破碎设备的破碎处理便可进入下一步骤的处理环节，此破碎过程称为单段破碎；若后续需再经分选（如磁选、浮选等）过程，这类分选环节对破碎比的要求较高，故通常需让固体废物通过若干个串联的破碎设备进行多段式破碎。固体废物破碎前后粒径大小的比值便是所谓的破碎比，其中破碎前物料的最大粒径 d_{mi} 和破碎产品的最大粒径 d_{mf} 的比值便是粗略破碎比 γ_1，即：

$$\gamma_1 = \frac{d_{mi}}{d_{mf}} \tag{4.1}$$

此粗略破碎比 γ_1 在工程上较为实用，根据 γ_1 值可决定破碎机的进料口宽度（操作后产物最大粒径 d_{mf} 已知）。破碎前后的平均粒径比值可称为平均破碎比 γ_c，即：

$$\gamma_c = \frac{d_i}{d_f} \tag{4.2}$$

式中　d_i，d_f——破碎前后垃圾的平均粒径。

γ_c 值较能反映出破碎的结果。一般来说，破碎机（压碎式或切碎式）的 γ_c 在 3～30 之间，而磨碎机则可达到更高的平均破碎比（γ_c=40～400）。破碎操作和分选操作的关系密切，因此，破碎和筛分可适当组合成一个破碎流程，以确保达到一定的破碎比和产品满足最终粒径均匀化的要求，图 4.1 为一些破碎和筛分的流程图。其中，图 4.1(a) 为单纯破碎方式，可在对破碎产品粒径的均匀化要求不严格时采用，此方式具有组合简单、操控方便、占地面积小等优点；图 4.1(b) 是先筛分再行破碎的组合流程，其先筛出不需破碎的小颗粒，可减轻破碎机的负荷；图 4.1(c) 中先将固体废物破碎，再筛分出破碎不完全的较大物料进行破碎，此组合流程可确保破碎产品粒径大小的均匀化。

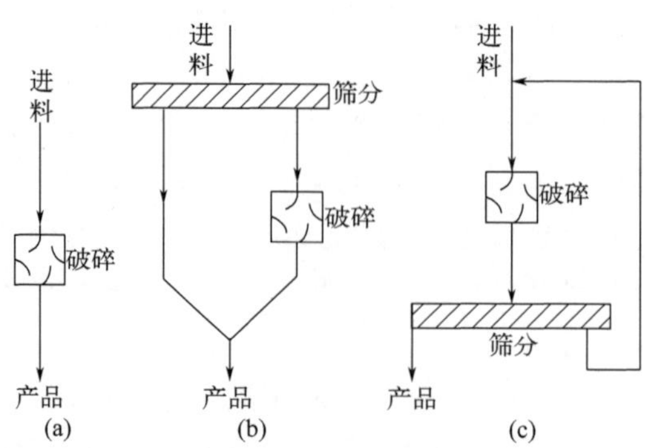

图 4.1　破碎和筛分的流程

若固体废物进行多段式破碎，则其总破碎比（γ_z）为各单段破碎比的乘积，即：

$$\gamma_z = \gamma_1 \times \gamma_2 \times \gamma_3 \times \cdots \times \gamma_n \tag{4.3}$$

破碎结果即粒径体积减小的程度不仅与破碎机种类、材料的特性有关，还与破碎垃圾本身的粒径大小分布有很大的关系，依据不同废物的种类和特性（n 值不同），其粒径大小 d 和其分率 y 之间有下列关系：

$$d/d_c = -[\ln(1-y)]^{\frac{1}{n}} = \left[\ln\left(\frac{1}{1-y}\right)\right]^{\frac{1}{n}} \tag{4.4}$$

式中　d_c——特性直径。

如 $n=1$（大部分的城市固体废物），则依式(4.4)，可得出 63.2%的粒径均在此特性直径 d_c 以下［将 $n=1.0$，$y=0.632$ 代入式(4.4)，即可得到 $d=d_c$］。在实际破碎中，通常以破碎至 90%的粒径均小于某一粒径值（操作目标值）为标准，将 $y=0.9$ 代入式(4.4)，便可得到此特性直径 d_c 和目标值（如 d_{90}）的关系式：

$$d_c = \frac{d_{90}}{(2.303)^{\frac{1}{n}}} \tag{4.5}$$

每吨粒径 80%小于 d_i（μm）的垃圾（物料），破碎至 80%粒径均小于 d_f（μm）的程度时，破碎机所需提供的能量 W（kW·h/t）为：

$$W = 10W_{Bi}\left(\frac{1}{d_f^{\frac{1}{2}}} - \frac{1}{d_i^{\frac{1}{2}}}\right) \tag{4.6}$$

将 $d=d_f$、$y=0.8$ 代入式(4.4)，可得到 d_f：

$$d_f = 1.61^{\frac{1}{n}} \times d_c \tag{4.7}$$

合并式(4.6) 和式(4.7)，可得将粒径 d_i 破碎至 d_f 所需的单位能量：

$$W = 10W_{Bi}\left[\frac{1}{(1.61^{\frac{1}{n}} \times d_c)^{\frac{1}{2}}} - \frac{1}{d_i^{\frac{1}{2}}}\right] \tag{4.8}$$

式中　W_{Bi}——邦德功指数，其值需通过试验求得，对城市固体废物来说，许多研究指出其 W_{Bi} 值在 400～500 之间。

n 值也是与垃圾种类、破碎装置有关的常数。

【例题 4.1】 某城市固体废物平均粒径为 20cm，设 $n=0.8$，$W_{Bi}=450$，欲将 40t/d 的城市垃圾破碎至 80%粒径均在 2.5cm 以下，求其特性直径（d_c）和其破碎装置所需提供的总能量。

解： 根据式(4.5)：

$$d_c = \frac{2.5}{(2.303)^{\frac{1}{0.8}}} = \frac{2.5}{2.837} = 0.881 \times 10^4 \mu\text{m}$$

将 $n=0.8$，$W_{Bi}=450$，$d_i=20\text{cm}=20\times10^4\mu\text{m}$ 代入式(4.8)：

$$W = 10 \times 450 \times \left[\frac{1}{(1.61^{\frac{1}{0.8}} \times 0.881 \times 10^4)^{\frac{1}{2}}} - \frac{1}{(20 \times 10^4)^{\frac{1}{2}}}\right]$$

$$W = 10 \times 450 \times \left[\frac{1}{126.4} - \frac{1}{447.2}\right] = 25.53\text{kW} \cdot \text{h/t}$$

故，所需总能量＝$W\times40\times1/24=42.55$kW

4.1.3 破碎装置

破碎处理后的废物尺寸减小，性质均匀一致，可提高后续处理（如焚烧、热裂解、堆肥等）的效率，便于压缩、输送，可减少废物处理量和促进资源回收再利用等。机械式破碎装置依其不同的破碎原理可区分成：

① 压碎机，常用的压碎机包括颚式压碎机和偏旋压碎机两种；

② 磨碎机，其中磨锤式磨碎机和磨球式磨碎机为两种常用的类型；

③ 切碎机，常用的为旋转式（飞刀式）切碎机；

④ 辊轴式破碎机，它又有单辊轴和双辊轴两种设计。

4.1.3.1 压碎机

利用机器中的硬体面将固体废物挤压、折断成较小的碎片，此便是颚式压碎机（图4.2）。其主要工作原理是偏心轴不断转动，由前后推力板前后运动牵动活动颚板的前进和后退，当它前进时便可使物料在两颚板间受挤压而折断，从而达到破碎的目的。颚式压碎机可用于处理硬度大、抗压强度大、具有腐蚀性的物料，其构造和操作原理简单，处理量大，可处理混杂的废物（如混杂玻璃、金属类），但其压碎后的成品粒径不均一且较大，有可能造成堵塞故障。

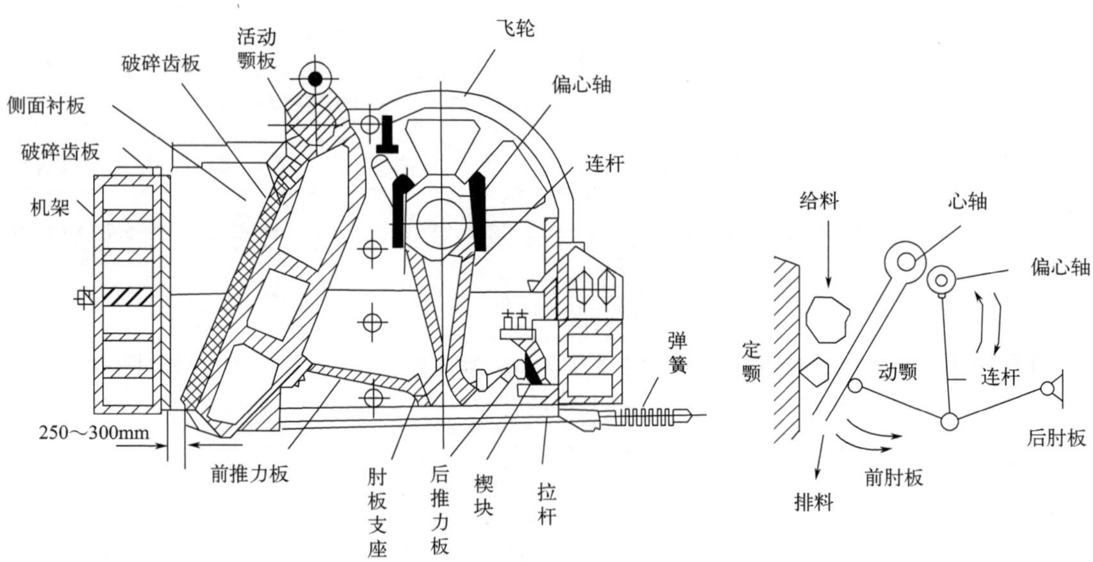

图 4.2 颚式压碎机

常用的压碎机还有偏旋压碎机（图 4.3）。

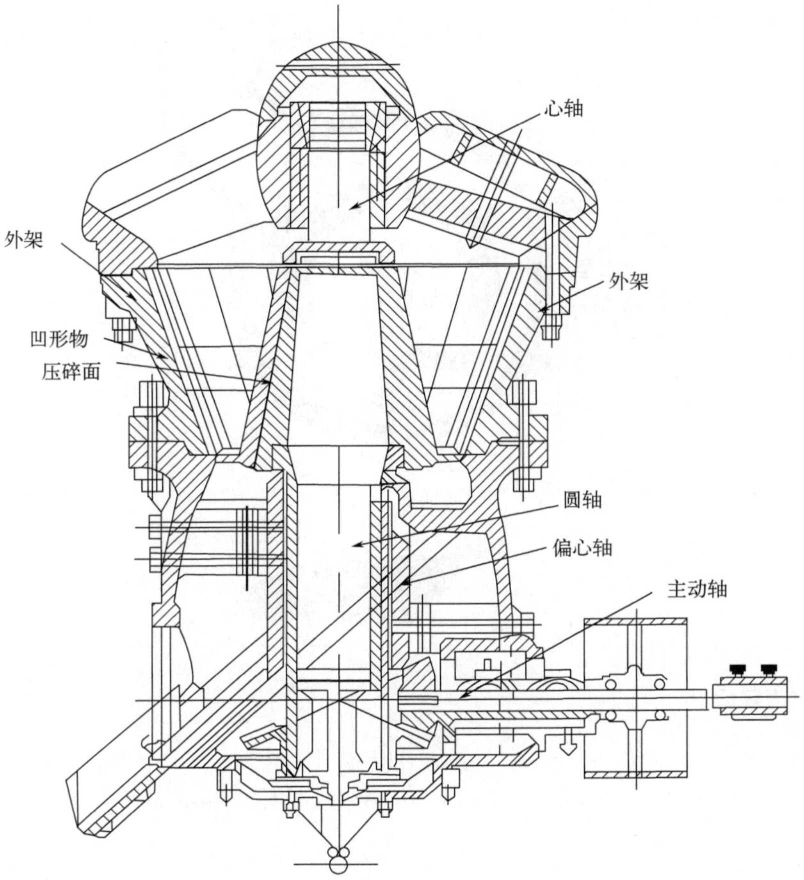

图 4.3　偏旋压碎机

4.1.3.2　磨碎机

利用设备内硬体面（如磨球或磨锤）将物料来回多次地破碎，此类磨碎机由于破碎较彻底，故其破碎成品的粒径较细。常用的磨碎机包括磨锤式磨碎机（图 4.4）和磨球式磨碎机（图 4.5）两种。前者在可高速旋转的转盘上设有磨锤，借旋转运动将物料在碎板上锤碎并经下方的筛孔掉落出来；后者是利用一可不断滚动于研磨腔内的球形研辊，将进入其间的物料加以研磨破碎后，经分类分机分类，较细碎的成品经出料螺旋送往上方的出料口，而较粗的碎片则再送回研磨腔进行研磨破碎。

4.1.3.3　切碎机

利用机器内不断旋转的飞刀，对进料进行剪切破碎。切碎机的优点有：产生的噪声较小（相对于压碎、磨碎或其他冲击式破碎装置），可用于处理塑性强的物料（如橡胶），产品粒径大小和形状可以达到均一化，操作时产生粉尘较少等。它的缺点为处理量小（通常每小时在 15t 以下）。另外，硬度较大的废物不适合在此类切碎机中进行破碎处理。图 4.6 为旋转式切碎机，回转盘上设有飞刀若干片，废物可由上方进料后被旋转的飞刀切碎，然后由下方的筛网筛出。

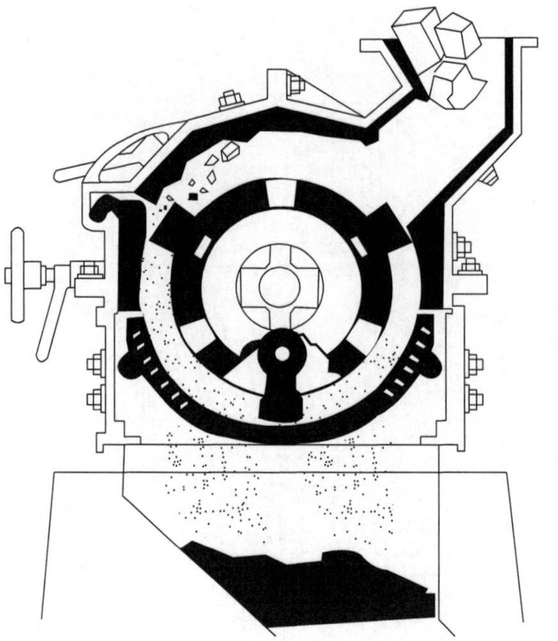

图 4.4　磨锤式磨碎机

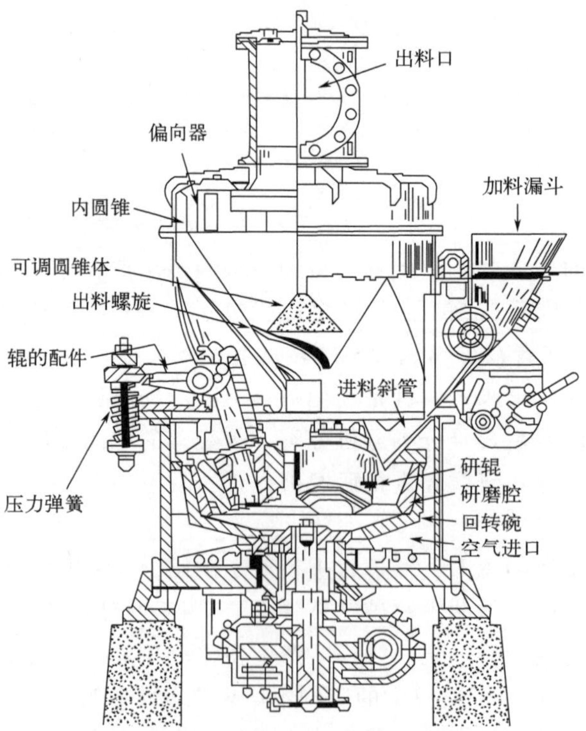

图 4.5　磨球式磨碎机

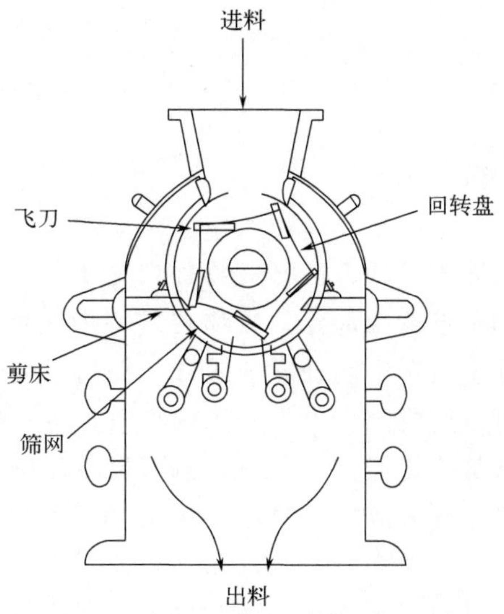

图 4.6 旋转式切碎机

4.1.3.4 辊轴式破碎机

利用光辊轴或齿辊轴（辊轴上有齿片），通过两同步转动辊轴之间的挤压，或其中一辊轴与另一固定弧状破碎板之间的挤压，对夹于其间的废物进行折断和磨碎的设备便是辊轴式破碎机（图 4.7）。此类破碎机构造简单、操作容易且耗能较少，可用于中度破碎或细破碎。光辊轴破碎机可用于较硬物料的破碎，但对于脆性或黏性物料，则应选择齿辊轴破碎机。辊轴式破碎机操作时粉尘产生较少，通常辊轴式破碎机有双辊轴和单辊轴之分。

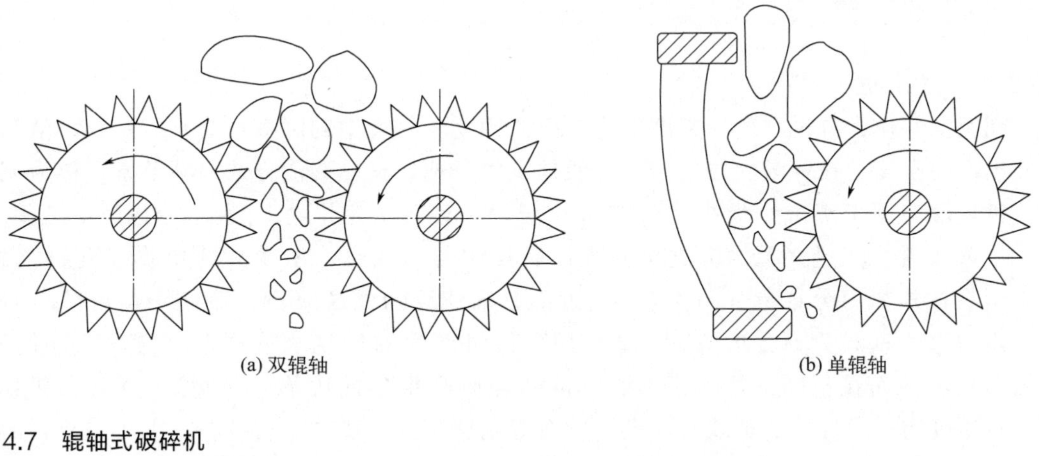

图 4.7 辊轴式破碎机

4.2 分选

4.2.1 分选的方法与目的

利用各种机械、电学、光学等的方法将废物加以分类或筛除，便是所谓的废物分选，分选操作可分为机械分离和筛选两大部分。废物在进行中间处理前需先进行分选预处理，其目的包括回收资源、剔除不适于中间处理的成分、提高后续中间处理的效率，以及避免二次污染的产生。分选后可以回收部分可再利用的物质，将不适合堆肥或焚烧的成分事先分选出来加以剔除，可降低焚烧等操作的负荷，也可提高焚烧效率或堆肥效果，且剔除了可能会在焚烧中产生二噁英等有害焚烧产物的各种废物（如电缆、电线等），从而避免二次污染的产生。

固体废物分选方法依据其应用原理和处理对象的不同可分为以下几大类。

① 风力分选：利用废物间的密度差异，借助风力实现分离，例如将轻质垃圾（如纸类等）与重质垃圾（如砂石、陶瓷等）分开。

② 磁选：利用磁力分选出具有磁性的废物（如铁罐等）。

③ 筛选：通过筛孔（筛网）对粒径不同的废物进行分类或分离。

④ 静电分选：依据废物在电场中的不同特性进行分选，适用于纤维或橡胶类废物的分离。

⑤ 涡电分离：利用废物在磁场中因电导率不同而产生的斥力差异来实现分离，可用于铜、锌等可回收物质的回收。

⑥ 光学分选：基于对光的折射率差异或色度差异，对废物（如玻璃类）进行分离。

⑦ 浮力分选（湿法）：将废物与水混合后，利用其亲水性与疏水性的差异，通过压入水中的气泡实现分离。

4.2.2 分选装置

4.2.2.1 风力分选

利用空气作为分选介质，密度不同的固体废物在气流中的沉降行为有所差异，借此可区分出不同密度、粒径的固体废物，此便是风力分选，又称气流分选，其设备可称为风力分选机，常应用于都市垃圾中，将有机垃圾（密度小）和无机垃圾（密度大）予以分离。一般来说，当进入风力分选机的废物粒径均匀一致时，密度大的物质（重质垃圾）可以留在横式风力分选机（图 4.8）的近端。固体废物先经破碎、筛分使其粒径均匀化后，定量进入横式风力分选机中，通常用鼓风机产生的气流水平送入，物料在设备里，可依密度不同而在不同位置的收集槽中得到轻质和重质的废物（垃圾）。纸类、塑胶等属于轻质废物，而金属、玻璃、陶瓷、砂石等则属于重质废物。另外，更细小、更轻的废物（如粉尘）则可在该设备后端加除尘设备去除。实际应用中，水平气流的流速大多在 5.0～20m/s 以内。

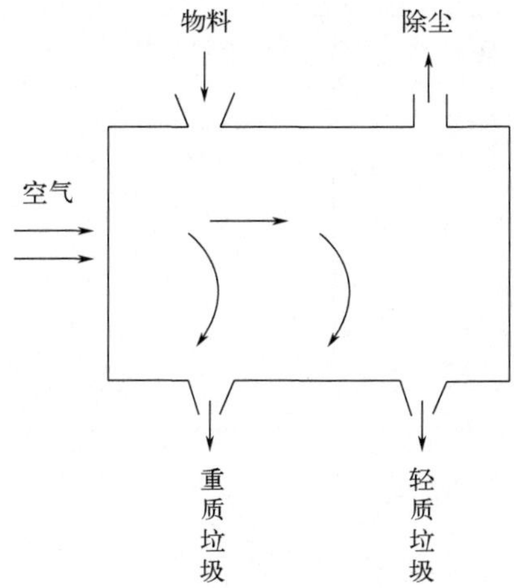

图 4.8 横式风力分选机

横式风力分选机的操作原理可说明如下。

各种不同密度（ρ_s）、粒径（d_p）的废物颗粒在空气中的沉降速度 u_s 可用下式表示（设符合斯托克斯定律）：

$$u_s = \frac{(\rho_s - \rho_f) g d_p^2}{18\mu} \tag{4.9}$$

式中 ρ_f——空气密度；

μ——空气的黏附系数；

g——重力加速度。

由于空气密度（$\rho_f = 1.18\text{kg/m}^3$，20℃）相对于固体废物的密度来说较小，故式(4.9) 可看成沉降速度（u_s）与固体废物的密度（ρ_s）及粒径（d_p）成正比。一般来说，为加强风力分选机的分选效果，通常先在进行风力分选前进行破碎处理，以使固体废物的粒径更加均匀化。风力分选机依据所采用空气气流的方向，可分为气流方向与废物掉落方向一致的上升气流和气流方向与废物呈水平方向运动的水平气流。如采用上升气流，则可使沉降速度减小，使风力分选机设备体积减小。对于水平气流来说，固体废物（密度 ρ_s，粒径 d_p）在一水平气流吹送下，同时承受动压力（P_D）和重力（G_f），可使其向合力的方向运动（图 4.9）。

P_D 和 G_f 可用下式计算：

$$P_D = \eta \rho u^2 d_p^2 \tag{4.10}$$

$$G_f = \frac{\pi}{6} d_p^3 \rho_s g \tag{4.11}$$

式中 η——动力黏滞系数；

ρ——气体密度；

u——气体流速。

图 4.9 中，α 可由式(4.10) 和式(4.11) 合并成下式表示：

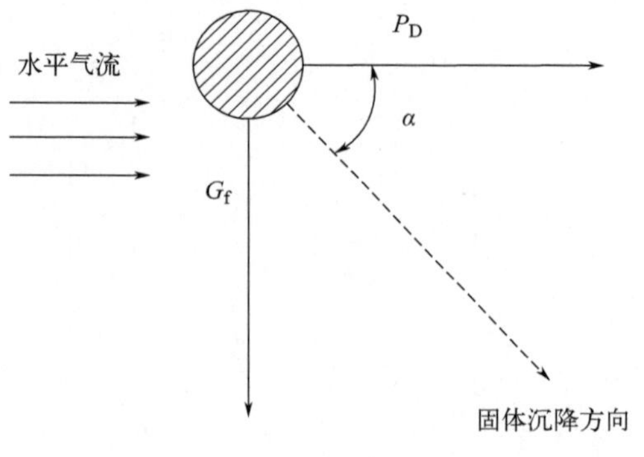

图 4.9 固体颗粒在水平气流中的运动方向
（α 表示合力方向和水平方向的夹角）

$$\tan\alpha=\frac{G_f}{P_D}=\frac{\frac{\pi}{6}d_p^3\rho_s g}{\eta\rho u^2 d_p^2}=\frac{\pi d_p\rho_s g}{6\eta\rho u^2} \tag{4.12}$$

由式(4.12) 可知，进入横式风力分选机的废物（经破碎处理）粒径均匀时，其密度越大，掉落在装置中的距离越近。

直立式风力分选机与横式的操作结构不同，但其基本原理是相似的，常用的直立式风力分选机有传统竖立型风力分选机（图 4.10）、锯齿型风力分选机（图 4.11）和开口振动型风力分选机（图 4.12）。不论何种形态的风力分选机，都应在进料前进行破碎。直立式风力分选机底部可调整空气进入孔道的流速大小，从而可调整各种不同废物的进料量。一般来说，直立式比横式的风力分选机分选效果好。在城市垃圾分选的过程中，上述两种风力分选机通常合并使用，其应用流程如图 4.13 所示，操作结果是，含水率在 45%左右的城市垃圾中，有机垃圾的纯度达到 95%以上。

开口振动型风力分选机分离轻质、重质废物的原理包括振动（重质废物下沉，轻质废物则上浮）、浮力（轻质废物改变移动方向，随排气流出）和惯性作用（当废物掉落时风力会使其得到加速度），借此可顺利将废物中的轻质和重质废物分离开来。

分离废物的大小、形状、种类等特性都会影响风力分选机的操作和设计。固气比（废物和空气的质量比）为一重要设计参数，此值通常在 0.25～0.85 之间，对纸类进行分离时可降至 0.02。横式和直立式风力分选机各有不同的经验式 [式(4.13) 为直立式，式(4.14) 为横式]，可以用来计算其风速，假设粒径为 d_p 的废物借风力分离时，所需的最小风速为 u（m/s）：

$$u=42\times\left(\frac{s}{s+1}\right)d^{0.6} \tag{4.13}$$

$$u=23\times\left(\frac{s}{s+1}\right)d^{0.4} \tag{4.14}$$

式中　s，d——废物的相对密度和最大粒径。

一般来说，在选择风力分选机时，需考虑如下因素：

① 破碎后垃圾的性质，如大小、颗粒等级、形状、湿度、凝聚性、纤维含量等；

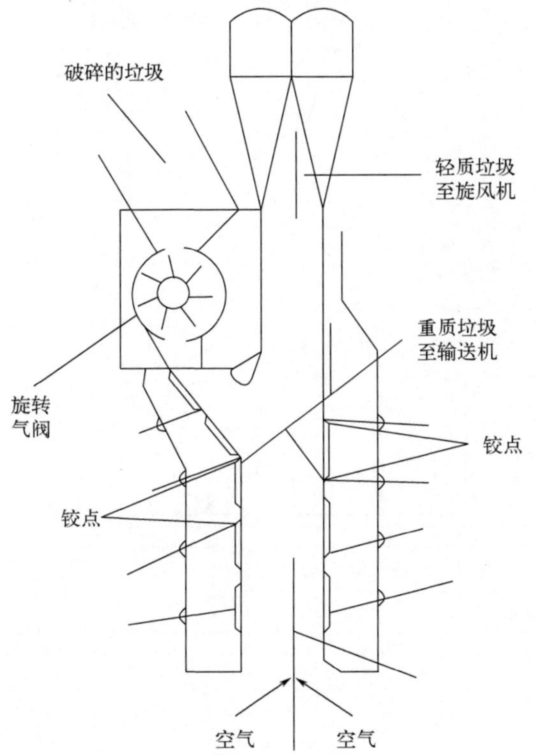

图 4.10　传统竖立型风力分选机

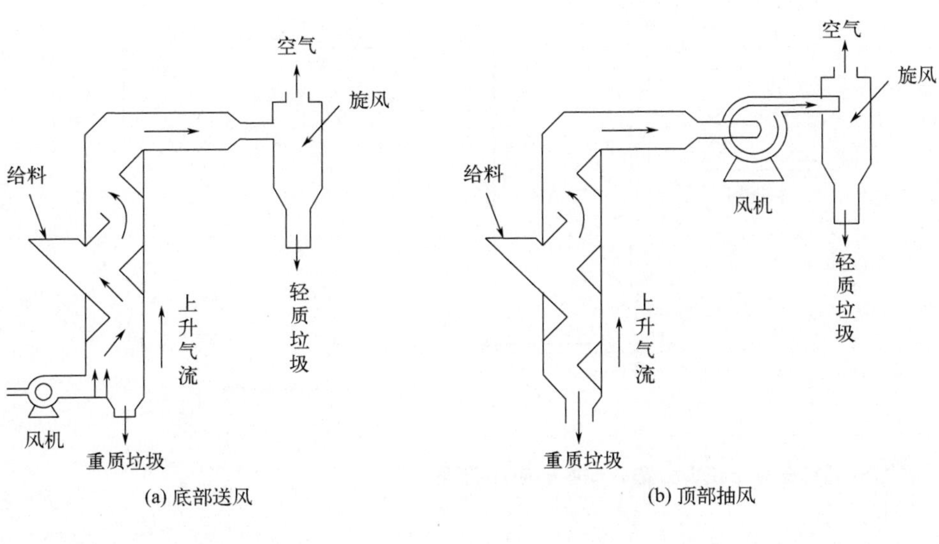

图 4.11　锯齿型风力分选机

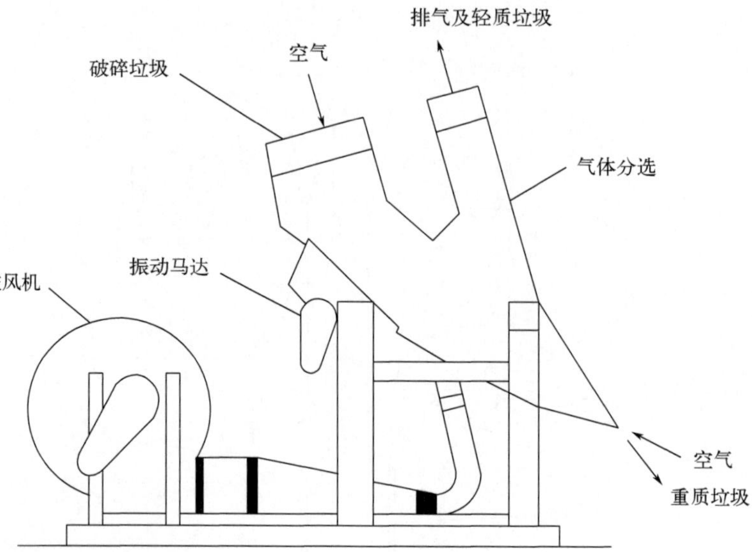

图 4.12　开口振动型风力分选机

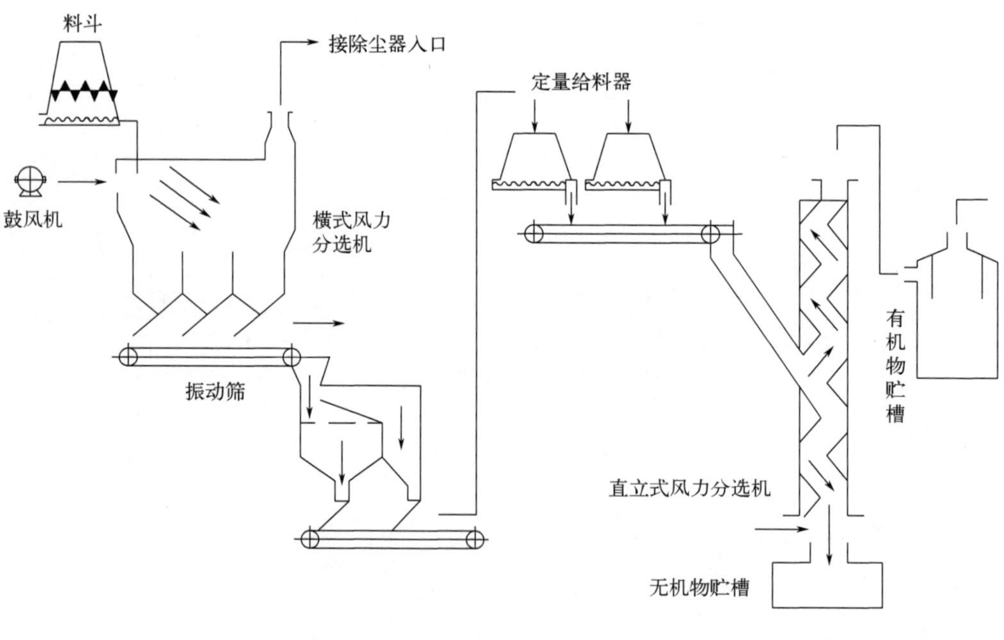

图 4.13　风力分选机在城市垃圾分选处理中的应用流程

② 轻质物的规格；

③ 输送及注入分离机的方法；

④ 分离机的设计特性，如固气比（kg 固体/kg 空气）、浮动流速（m/min）、单位容

积（m^3/h）、总气体流量（m^3/min）及压力损失等；

⑤ 操作特性，如动力大小、维护需要、操作难易、可靠度、噪声、对水和空气的污染等；

⑥ 地点考虑，如面积、高度、通道、噪声及其他环境限制等。

【例题 4.2】 某市垃圾最大粒径为 7.53cm，平均相对密度为 0.48，今欲利用风力分选机来回收其中的纸张、塑胶等轻质废物，送风管道直径为 50cm，请分别计算直立式和横式风力分选机的最小风量？

解： 直立式：

$$u = 42 \times \left(\frac{s}{s+1}\right) d^{0.6} = 42 \times \frac{0.48}{0.48+1} \times 7.35^{0.6} = 45.74\mathrm{m/s}$$

$$\text{最小风量} = u \times \frac{\pi}{4} D^2 = 45.74 \times \frac{\pi}{4} \times 0.5^2 = 8.98\mathrm{m^3/s}$$

横式：

$$u = 23 \times \left(\frac{s}{s+1}\right) d^{0.4} = 23 \times \frac{0.48}{0.48+1} \times 7.35^{0.4} = 16.73\mathrm{m/s}$$

$$\text{最小风量} = u \times \frac{\pi}{4} D^2 = 16.73 \times \frac{\pi}{4} \times 0.5^2 = 3.28\mathrm{m^3/s}$$

可以看出，横式风力分选机所需风量较小，但较占空间。

4.2.2.2 磁选

在焚烧前回收铁金属、堆肥前剔除非有机堆肥材料时，可使用磁选装置从废物中分离出铁金属，这种磁选操作可以在破碎工序之前或之后进行。此外，混烧式城市垃圾焚烧炉燃烧产生的灰渣中，也可通过磁选来分离其中的铁金属。在对废物进行填埋处理时，磁选机同样适用。磁选的原理是：磁性垃圾会被吸附在可产生磁场的圆筒（或滚筒）上，而非磁性垃圾则在其他位置被收集起来（图 4.14）。

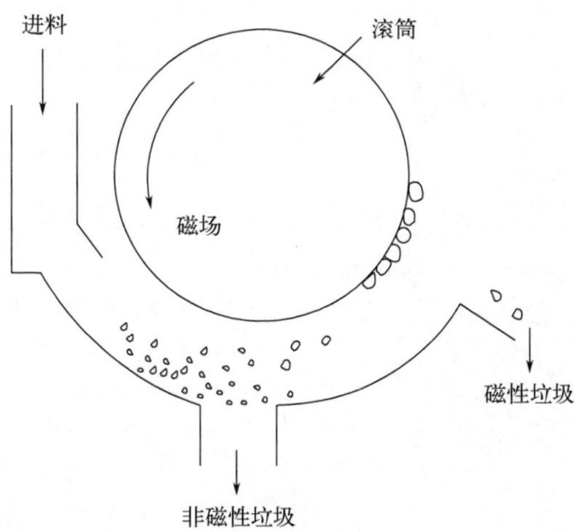

图 4.14 磁选的原理

根据磁场产生的位置及垃圾输送方式的不同，磁选装置可分为滑轮式、悬筒式和输送带式磁选机 3 种（图 4.15），其中以输送带式磁选机的处理量最大，常用于大规模的废物处理中（如每天处理 100t 以上）。磁选机所应用的磁场必须是非均匀磁场，如此才能将磁性垃圾吸附在滚筒上，从而达到分离的目的。

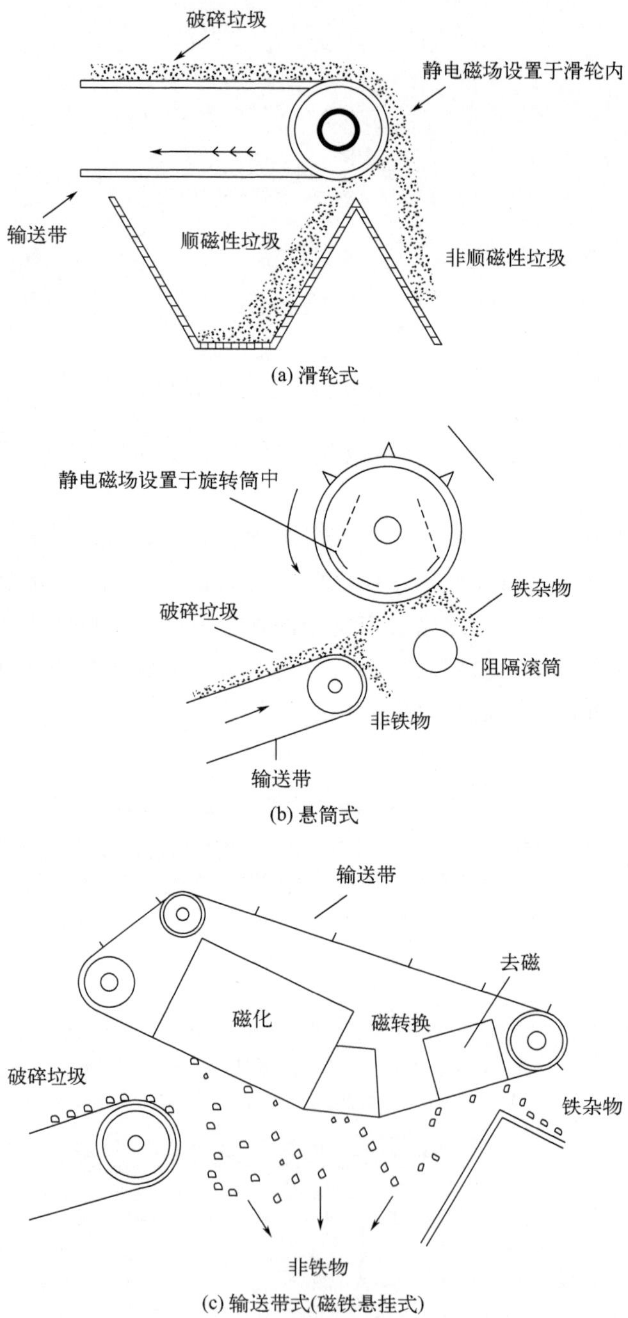

图 4.15　各种类型的磁选装置

4.2.2.3 静电分选

利用废物之间导电性的差异使其在高压电场中分选出来的方法，称为静电分选或电选分离。其原理是：当废物通过一高压电场时，导体物料（导电性好的物料）和非导体物料均会带上负电荷，但导体可向接地电极（滚筒）快速放电，最终因放电呈现正电性，与同样带正电的滚筒产生斥力，从而掉落在滚筒前方；而非导体由于无法快速放电，会保持带负电并吸附在滚筒上，直到被输送至滚筒后方才被毛刷刷落（图 4.16）。借助静电分选装置，可将纤维、玻璃等非导体垃圾与金属类导体垃圾区分开来。

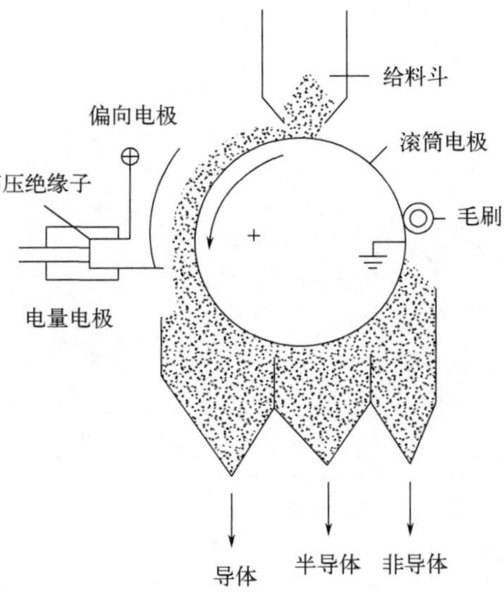

图 4.16 静电分选的原理

4.2.2.4 重力分选

除了上述分选装置外，实际中应用最广泛的是利用轻、重质垃圾在反弹力和重力上的差异进行分离的方法。轻质废物可以在滚轮或反弹板上获得较大的反弹力，而重质垃圾可在一倾斜的输送带上快速掉落，此种利用重力或反弹力来分选的装置称为重力（惯性）分选机（图 4.17）。

4.2.2.5 筛分

筛分是当粒径大小不同的废物颗粒通过一个或数个筛网时，粗的垃圾留在筛网上，而细的垃圾则可由筛孔掉落出来，借此将粒径大小不同的垃圾加以分类。可在进行破碎操作前先行筛分或是在垃圾破碎之后再筛分出不同粒径的组分。常在风力分选之前先行筛分，如此可提高风力分选的效果，精确地将轻质、重质垃圾区分开来。筛分既可用于分离不同大小的废物（如玻璃），也可用来评估粒径分选的效果。筛分装置主要可分为旋转筛、振动筛和半湿式破碎分选机（图 4.18）。

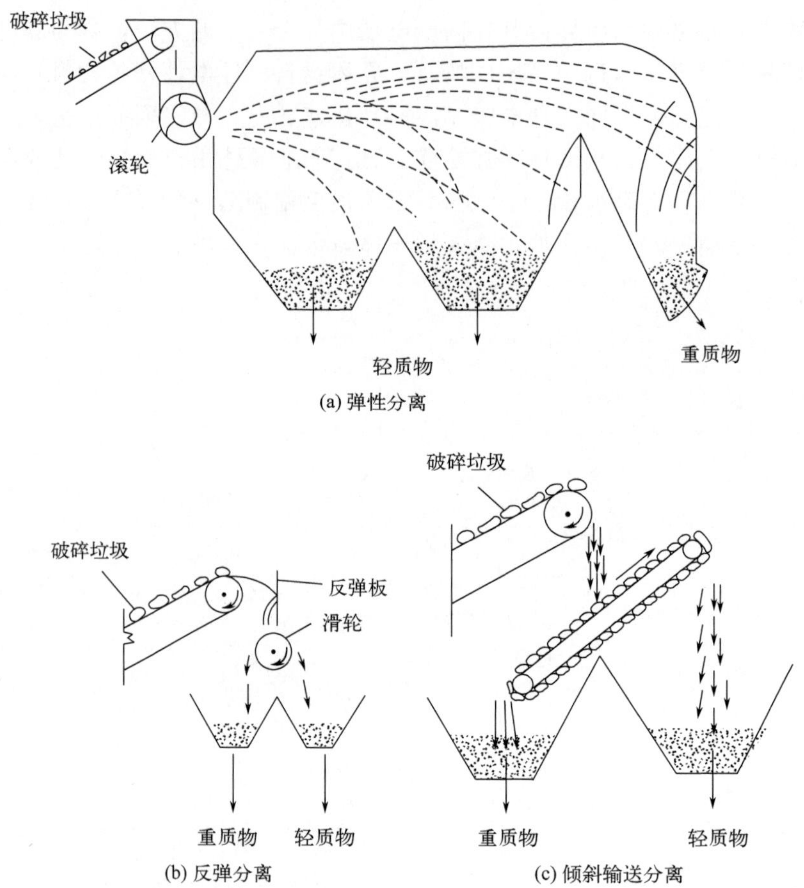

图 4.17 重力（惯性）分选机

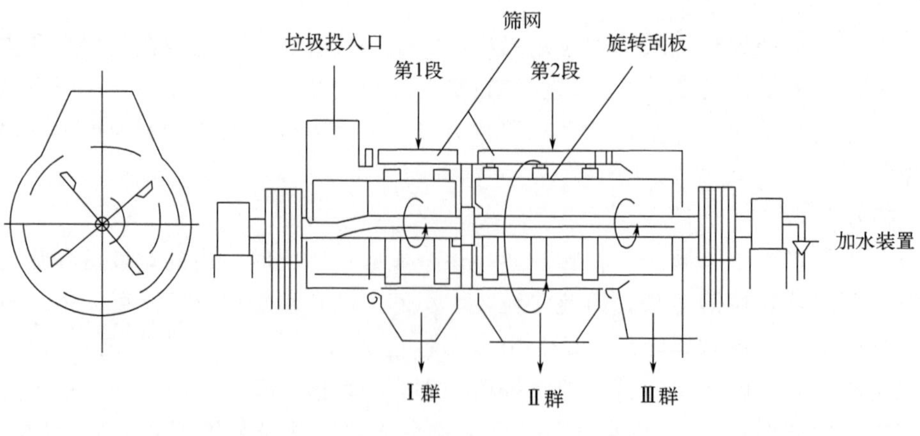

图 4.18 半湿式破碎分选机

图 4.19 所示为一种用于废物分类的二元分选装置（用于分离产品和非产品两类物体）。

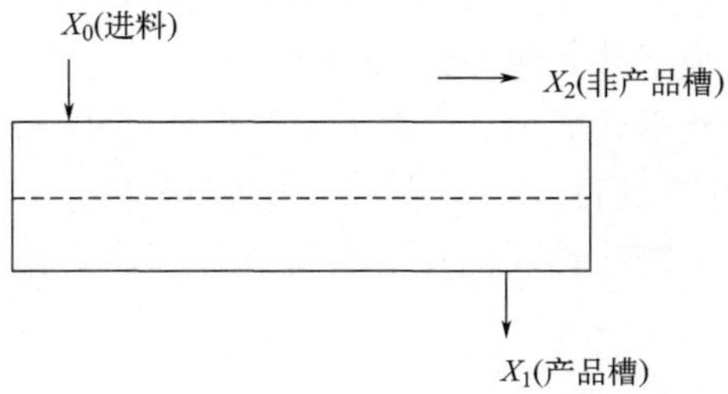

图 4.19 二元分选机

若 X_0、X_1、X_2 分别为进料前产品的量、进料后产品槽中产品的量、非产品槽中产品的量，则可以定义筛分的产品回收率 S：

$$S=\frac{X_1}{X_0}\times 100\% \tag{4.15}$$

若进料量和产品量分别为 I 和 P，且进料中与产品槽内目标成分的比例分别为 α_1 和 α_p，则：

$$X_1=\alpha_p P \tag{4.16}$$

$$X_0=\alpha_1 I \tag{4.17}$$

将式(4.16) 和式(4.17) 代入式(4.15)，可得产品回收率 S 为：

$$S=\frac{\alpha_p P}{\alpha_1 I}\times 100\% \tag{4.18}$$

产品槽中非产品的量和进料中非产品的量的比值为非产品在筛分装置中筛出的百分比，所以非产品的排斥率 E 可表示如下：

$$E=1-\frac{(1-\alpha_p)P}{(1-\alpha_1)I} \tag{4.19}$$

一个优良的筛分装置应该有良好的产品回收率和非产品排斥率，因此可定义筛分装置的操作效率 ε_s 为：

$$\varepsilon_s=SE \tag{4.20}$$

理论上，粒径小于筛孔的物料会从筛孔中掉落出来，是为负产品；而留在筛网上的则是粒径较大的正产品。但正产品中可能含有部分小粒径物料，此小粒径物料在正产品中所占的比例，可用来评估筛分效果，从而可评定此筛分设备的筛分效率。筛分效率可定义成负产品质量和进料中负产品质量的比值，则筛分效率 η_s 可表示为：

$$\eta_s=\frac{Q_1}{\alpha_m Q} \tag{4.21}$$

式中 Q_1，Q——负产品质量和进料总质量；

α_m——进料中粒径小于筛孔的物料所占比例。

筛网使用一段时间后可能因物料撞击而使筛孔变大，因此式(4.21）中 Q_1 应该减少，变为 βQ_1，也即筛分效率变为：

$$\eta_s = \frac{\beta Q_1}{\alpha_m Q} \tag{4.22}$$

式中　β——负产品中粒径小于筛孔物料的百分比。

图 4.20 为筛分结果示意图，图中 α_m 表示进料中粒径小于筛孔的物料所占比例，β 表示负产品中粒径小于筛孔物料的百分比（因长期磨损可能使孔洞变大），γ 则表示正产品（留在筛网上的物料）中小于筛孔物料的比例（被其他颗粒阻挡而无法筛出）。

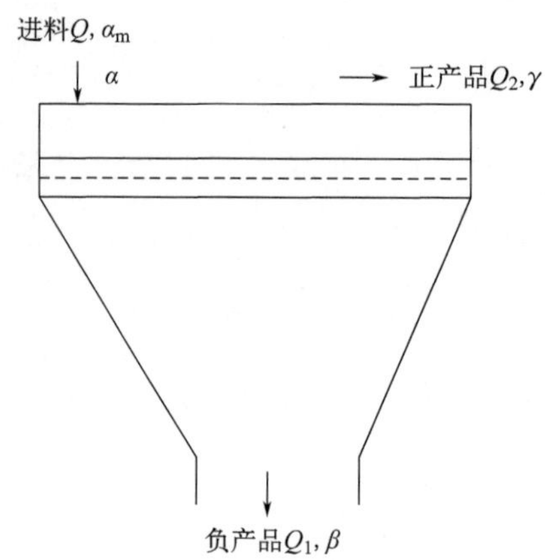

图 4.20　筛分结果示意图

依质量均衡原理，可列出下列两式：

$$Q = Q_1 + Q_2 \tag{4.23}$$

$$\alpha_m Q = \beta Q_1 + \gamma Q_2 \tag{4.24}$$

式中　Q_2——正产品质量。

利用式(4.23）和式(4.24）解出 Q_1 为：

$$Q_1 = \frac{\alpha_m - \gamma}{\beta - \gamma} Q \tag{4.25}$$

将式(4.25）代入式(4.22）可得：

$$\eta_s = \frac{\beta(\alpha_m - \gamma)}{\alpha_m(\beta - \gamma)} \tag{4.26}$$

利用式(4.26）便可计算筛分装置的筛分效率。

【例题 4.3】某固体废物质量为 600kg，其中铁金属废料占 25%，现以一磁选机进行筛分回收，筛分后产品槽内有 110kg，其中 95%为真正的铁金属废料，若此磁选机可视为二元分选装置，分别求其回收率、排斥率和操作效率。

解：依式(4.18) 计算回收率 S：

$$S=\frac{0.95\times110}{0.25\times600}\times100\%=69.67\%$$

依式(4.19) 计算排斥率 E：

$$E=1-\frac{(1-0.95)\times110}{(1-0.25)\times600}=98.78\%$$

所以操作效率 ε_s 为：

$$\varepsilon_s=0.6967\times0.9878=68.82\%$$

【例题 4.4】 某废物中，粒径小于某筛孔的物料占 45%，将这种废物以 100kg/h 的速率送入筛分装置后，得到的正产品中仍有 5%粒径小于筛孔的物料，而负产品中不符合原筛孔尺寸的大型物料占 8%，则此筛分装置的筛分效率为多少？如果负产品中不符合者仅占 3%，其筛分效率又是多少？

解：$\eta_s=\dfrac{0.92\times(0.45-0.05)}{0.45\times(0.92-0.05)}=93.99\%$

$$\eta_s=\frac{0.97\times(0.45-0.05)}{0.45\times(0.97-0.05)}=93.72\%$$

4.3 压实

4.3.1 压实的概念

压实是以压力或重力来使固体废物间距离减小，通过减小体积来增加密度的一种操作方法。其目的包括：

① 减小体积以便于清运和回收，可降低清运和回收成本，用压实式垃圾车收集清运垃圾，通常可使垃圾密度增加 80%以上（如由 $0.25t/m^3$ 增至 $0.45t/m^3$），纸类等在回收时经压实体积减小，可增加单次清运和回收的量，因此可降低成本，清运成本在整个废物处理费用中往往占比最大；

② 延长垃圾填埋场的使用年限；

③ 便于后续处理，固化处理时，压实可使其体积减小、密度增加，垃圾分选出的可燃性成分可再经破碎、压实后制成垃圾衍生燃料。

可以通过密度、孔隙率、体积减小百分比以及压缩比和压缩倍数等不同的参数来评价固体废物压实的效果。

多数固体废物是由多种固体颗粒物质组成的集合体，颗粒之间充满空隙。由于其本身具有一定空间体积，尽管其中可能含有一定量的水分，但水分存在的形式多种多样（毛细管水、空隙水等），对固体的体积并无较大影响，一般可不加考虑。这样固体废物的总体积就等于颗粒体积加上空隙体积，而固体废物的总质量等于颗粒质量加上水分质量，即：

$$V_m=V_s+V_v \tag{4.27}$$

$$W_m=W_s+W_v \tag{4.28}$$

式中　V_m，V_s，V_v——固体废物总体积、固体颗粒体积、空隙体积；

W_m，W_s，W_v——固体废物总质量、固体颗粒质量、水分质量。

固体废物的湿密度 ρ_w 和干密度 ρ_d，可分别由式(4.29) 和式(4.30) 计算：

$$\rho_w = W_m / V_m \tag{4.29}$$

$$\rho_d = W_s / V_m \tag{4.30}$$

实际上，废物收运和处理过程中测定的物料质量常包括水分，故一般所说固体废物容重指的是其湿密度。压实前固体废物密度及其变化率大小是评估压实效果的重要参数。

固体废物的空隙比 e 和空隙率 ε 可分别由式(4.31) 和式(4.32) 表示：

$$e = V_v / V_s \tag{4.31}$$

$$\varepsilon = V_v / V_m \tag{4.32}$$

固体废物压实后的压缩比 r 和压缩倍数 n 可分别由式 (4.33) 和式(4.34) 表示：

$$r = V_f / V_m (r \leqslant 1) \tag{4.33}$$

$$n = V_m / V_f (n \geqslant 1) \tag{4.34}$$

式中　V_f——压实后废物的体积。

显然，压缩比和压缩倍数互为倒数。n 值越大，说明废物的压缩倍数越高，其压实效果也越好，工程上压缩倍数的使用更为普遍。

4.3.2 压实设备

根据操作情况，用于固体废物和填埋场地的压实设备可分为固定式和移动式两类。凡用人工或机械方法（以液压方式为主）将废物送到压实机械中压实的设备，称为固定式压实设备。各种家用小型压实器、配备在废物收集车上的压实器以及废物中转站中所配置的专用压实机等，均属固定式压实设备。而移动式压实设备是指填埋现场使用的轮胎式或履带式压土机、钢轮式压实机，以及其他专门的压实设备。

4.3.2.1 固定式压实设备

压实器通常由一个容器单元和一个压实单元组成。容器单元通过料筒或料斗（视单位装料量大小而定）接收固体废物，并把它们供入压实单元，压实单元通常装有由液压（也可用气压）控制的挤压头，利用一定的挤压力把固体废物压成致密的状态。目前使用的压实器，有的为处理金属类废物而设计，有的为处理城市普通垃圾而设计，有的适用于塑料类物质的处理。城市垃圾收集车或中转站通常采用上述固定式挤压操作，可以水平进行，亦可垂直进行，常用的为水平压实器，如图 4.21 所示。废物首先被送进一个供料斗，然后压头通过手动控制或光学装置、声学装置的控制向前移动，把废物压进一个钢制容器。这个钢制容器一般是长方形或正方形的。当一个容器完全装满时，压实器的压头完全回缩。在装满压实废物的容器上系好起吊钢丝绳，通常还要盖上防水帆布，然后运到处置场，倒出其中的废物。

三向垂直式压实器适用于压实疏松的金属类废物，其结构如图 4.22 所示。此压实器具有互相垂直的压头。操作时，首先将固体废物置于容器单元中，而后依次启动压头，将固体废物压实成密实的块体，压实后的尺寸可以在 200～1000mm 之间。

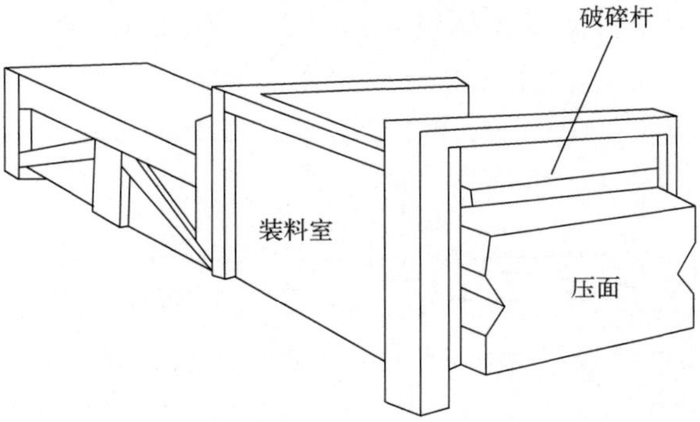

图 4.21 水平压实器

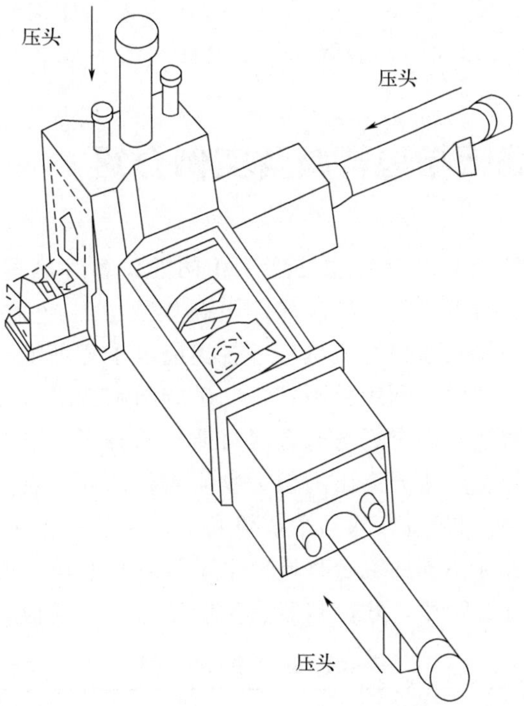

图 4.22 三向垂直式压实器

4.3.2.2 移动式压实设备

在填埋场中，为压实固体废物，增加填埋容量，可采用多种方式和各种类型的压实机具。最简单的办法是将废物平整后，用装载废物的运输车来回行驶将物料压实。物料可达到的密度由废物性质、运输车辆来回次数、车辆型号和载重而定，平均可达 500～600kg/m^3，如果用压实机具来压实填埋物料可将该数值提高 10%～30%。按压实过程的工作原理，移动式压实设备的作用可分为碾（滚）压、夯实、振动 3 种，相应有蹍（滚）压实机、夯实压实机（图 4.23）、振动压实机 3 大类。

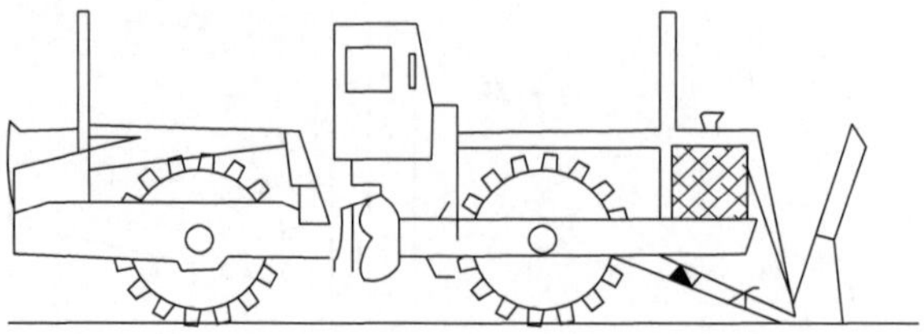

图 4.23　夯实压实机

选择或设计压实装置时，应考虑的主要因素包括废物压实后的用途或处理方式，废物本身的特性（如水分、密度、成分、硬度等），操作因素（如维修保养的难易程度、可靠性或造成公害的可能性），以及压实装置本身的性能。

4.4　废印刷电路板与边料减容实例介绍

A 厂采用与德国西门子电子废弃物处理厂相同的设备和制程，主要回收处理信息电子厂家产生的制程报废料与下脚料（以废印刷电路板及边料为主），该设备也可处理主机板、键盘、家电机板、手机及通信交换机板等各类废电子零部件。A 厂设备（表 4.1）与系统均为全套德国进口，主要是利用粗破碎、细破碎与筛选等过程，将废料尺寸逐渐地减小，使得废料中原本紧密结合的金属与非金属材质得以分开，搭配适当分选设备进一步分离混合的金属与非金属物质，所分离出的较大物质需再循环，重回粉碎、分选的程序，处理流程如图 4.24 所示。所用设备大致与采矿设备相同，主要差别在于矿石只有单一硬度材质，印刷电路板则有各种不同的混合材质。采矿设备只有单一的粉碎功能，处理印刷电路板则需要经过不同的分选阶段，才能将紧密黏附于玻璃纤维板材上的铜箔取下。

表 4.1　A 厂设备明细表

序号	设备名称	数量	主要功用
1	粗破碎机	1	进料并破碎筛选至 30mm 以下
2	包覆式输送带	1	连接粗破碎机至锤磨机，采包覆式主要是为了避免粉尘外泄
3	振动式进料导槽	1	将物料均匀地送入锤磨机，以免因进料不均而造成锤磨机损伤
4	锤磨机	1	内有 32 支 80mm×80mm×1800mm 高碳钢铁锤，利用旋转产生的离心力将粗破碎物料进一步粉碎研磨
5	卸料振动导槽	1	将从锤磨机送出的物料均匀地送至锯齿型筛选机
6	锯齿型筛选机	1	利用负压将粉碎物料分为轻质物与重质物，轻质物送至多圆锥分选器，重质物送至磁选机
7	磁选机	1	将重质物中含铁的物料成分吸出

续表

序号	设备名称	数量	主要功用
8	振动式进料斗槽	1	将重质物均匀进料
9	螺旋输送带	7	除了主输送带为包覆式输送带外，其他所有输送带皆采用螺旋输送带，目的是均匀输送粉碎物料
10	振动筛分离器（重质物）	1	主要筛选 2～8mm 间的物料
11	多圆锥分选器	1	轻质物经风机抽送至多圆锥分选器中，由吹气阀送出的气体吹除粉末后，排料至振动筛分离器
12	振动筛分离器（轻质物）	1	主要筛选 1.5～8mm 间的物料
13	逆洗袋式集尘器	1	经多圆锥分选器除尘后，被吹除的含尘气体经此处过滤集尘后排放
14	负压抽风机	1	将锯齿型筛选机中的轻质物抽出，送至多圆锥分选器除尘，然后在逆洗袋式集尘器中过滤集尘后排放
15	风选机	1	根据物质密度不同，将金属成分与塑料成分的颗粒进行有效分离。风选时被风机抽出的粉尘，经袋滤器过滤后，由旋转阀排入收集桶内回收
16	摇振式除尘过滤器	1	过滤风选机在输送过程中所排出的含尘气体，并将其收集至集尘袋中
17	静电分选机	1	针对因轻而微细、无法在风选阶段分离的物质，需进一步实现金属与非金属的有效分离。静电分选阶段，导电性粒子（如金属微粒）会因滚筒离心力从滚筒表面被抛出；而非导电性粒子（如塑料）则会因电场作用被吸附在滚筒表面，从而实现金属与塑料的分离
18	PLC 自动控制系统	4	粗破碎机、磁选机与风选机各 1 台，主系统 1 台，负责整合各系统
19	摇振式除尘过滤器	1	为避免因粉尘阻断电压而影响静电分选器的分选作业，物料进入静电分选器之前需先用抽风机将粉尘抽引至过滤器除尘

注：PLC 为可编程控制器。

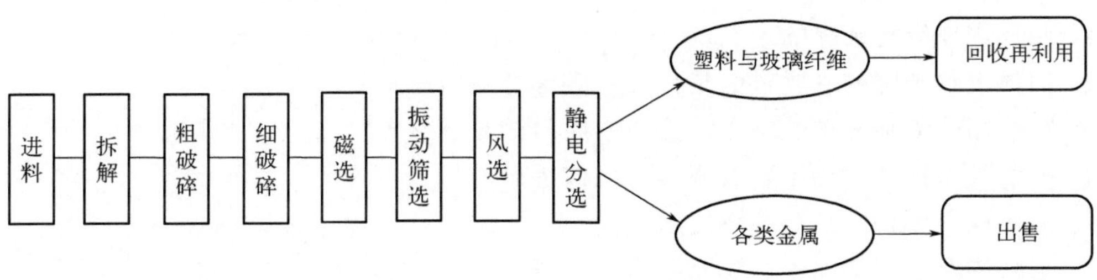

图 4.24　A 厂干式分选流程

4.5　废轮胎资源化破碎实例介绍

废轮胎经破碎分离所产生的钢丝、尼龙及橡胶粉皆可回收再生利用。破碎分离产品的用途如下。

① 钢丝可售予炼钢厂，经回收后再炼回原钢材。

② 尼龙的韧性与强度较高，并具有耐冲击的优点，可用于制造隔声板与玩具填充物等。

③ 将废轮胎破碎，采用磁选的方法将轮胎内含有的钢丝分离取出后，产生 20～30mm 含有尼龙的橡胶块，可将橡胶块（已分离钢丝）作为燃料使用。

④ 20～30mm 含有尼龙的橡胶块，也可再粉碎至 3～5mm，利用分离设备对尼龙纤维及橡胶粒加以分选，其中橡胶粒可再添加不同的化学添加剂制成各种产品，如橡胶地砖、橡胶拖鞋、学校跑道及儿童安全地砖等，破碎分离处理流程如图 4.25 所示，或加入沥青来改善道路路面的品质，延长其寿命，这是一种具有前瞻性的方法。

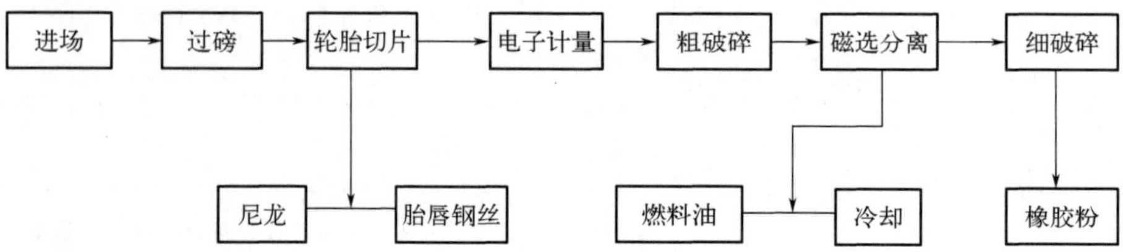

图 4.25　破碎分离处理流程

习　题

1. 简述固体废物预处理的定义。固体废物预处理技术主要有哪些？

2. 简述固体废物破碎的定义。

3. 固体废物破碎的主要目的是什么？破碎方法有哪些？

4. 简述固体废物分选的定义。分选主要目的是什么？分选方法主要有哪些？

5. 分选效率评价方法主要有哪些？如何表示？

6. 简述筛分原理和筛分效率表示方法。

7. 影响筛分效率的因素有哪些？

8. 简述重力分选原理。根据分选介质不同，重力分选可分为哪几种？

9. 简述固体废物的压实定义。

10. 在一个二元分选装置中，以 100kg/h 的进料速率来分离玻璃和其他废物，进料中玻璃占 60%，筛出料占 60%，筛出料的筛出速率为 70kg/h，其中玻璃可占 85%，求此二元分选装置的回收率、排斥率和筛分效率？

第5章

固体废物干燥与脱水处理

固体废物的干燥与脱水处理是环境工程领域实现废物减量化与资源化的关键技术。废物经干燥脱除其中的水分，可提高其热值且有利于提高焚烧处理的效率。以污泥的焚烧处理为例，若能将其含水率由80%降至50%～60%，则有利其后续进料和燃烧。在工业生产及城市固废管理体系中，废物的高含水率不仅会增加运输与处置成本，更易引发渗滤液污染、填埋场稳定性下降等问题。随着“双碳”目标的推进及循环经济发展需求不断提高，干燥与脱水技术从传统的体积缩减向能源协同、物质回收方向深度演进，其工艺选择直接影响着焚烧热值控制、生物质转化效率及危险废物无害化水平。

5.1 脱水和干燥的目的

脱水和干燥的目的都是去除废物（物料）中的水分以降低其含水量。前者以机械能为动力，即机械脱水，常见的脱水方式有压滤、离心、真空脱水、带压、滚压等。后者则可通过介质对流（如热风）、加热面传导（如鼓式或滚筒式）乃至辐射传热等不同方式，将热量传递给湿废物（物料），从而将其中的水分汽化并去除。

5.2 干燥装置

常用的干燥装置包括箱盘型干燥器（图5.1）、隧道型干燥器（图5.2）和旋转型干燥器（图5.3）。干燥所需能量依情况不同而异，一般可依据水分的蒸发热（2260kJ/kg）估算。

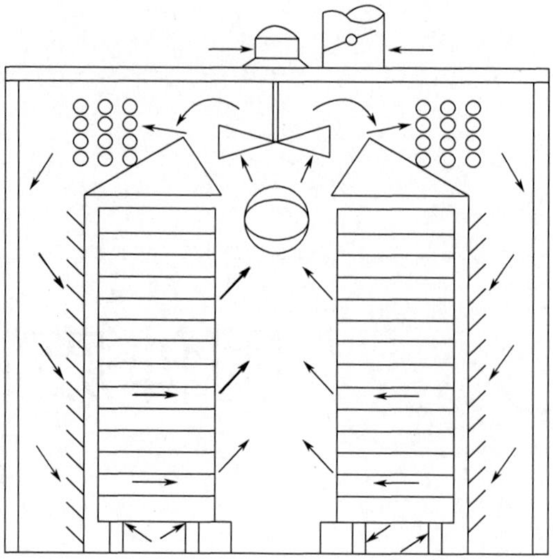

图 5.1 箱盘型干燥器

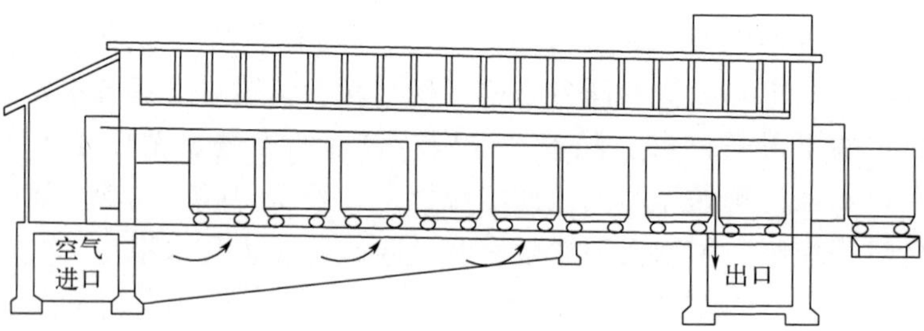

图 5.2 隧道型干燥器

【例题 5.1】 试求 1t 垃圾的含水率由 25%干燥至 10%所需能量。

解：（1）原垃圾中含水量＝1000×25%＝250kg

（2）干燥垃圾量＝1000－250＝750kg

（3）干燥至含水率为 10%时的水质量 W_s 可用下式计算：

$$10\% = \frac{W_s}{W_s + 750}$$

$$W_s = 83.3\ \text{kg}$$

（4）干燥所需去除的水量＝250－83.3＝166.7kg

（5）干燥 1t 垃圾使含水率由 25%降至 10%所需能量＝4300kJ/kg×166.7kg＝716810kJ

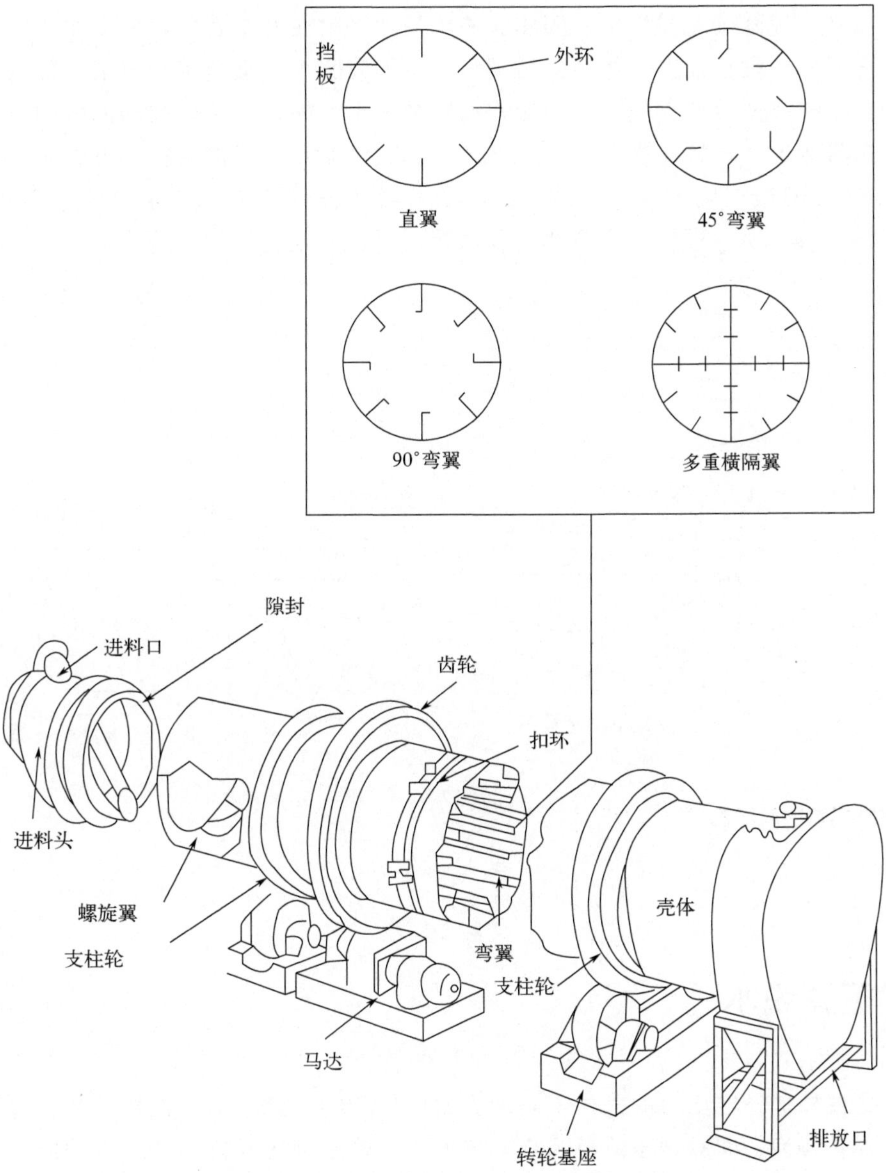

图 5.3　旋转型干燥器

5.3　真空过滤脱水

目前普遍使用的真空过滤脱水设备是转鼓式真空过滤机（图 5.4），其是在负压下操作，完成脱水过程。这种过滤机的主要部件是一个外表面包有滤布，部分浸入污泥槽的转鼓。鼓内分隔为若干小室，于旋转轴附近连接真空与压缩空气系统。在转鼓旋转的一个周期内，浸入污泥槽内的小室恰好与真空系统相接，完成水分的吸滤，水通过滤布进入小室，经抽空管、气液分离器排出，固体泥渣均匀地吸附在滤布表面，形成滤饼。在小室脱离污泥槽之后的一段行程中，体系仍处于负压下继续脱水。继续旋转至某一部位后，该小室脱离真空系统，开始与压气系统相接，滤饼被吸干、松动，然后被刮泥板刮下，落入料斗或被传送带运走。转鼓即进入下一个循环。真空抽滤是连续性操作，过滤段工作真空度在 300～600mmHg（1mmHg＝133.3224Pa），脱水段为 500～700mmHg。滚筒转速为 0.75～1.1mm/s。真空过滤机主要用于初次沉淀污泥及消化污泥的脱水。

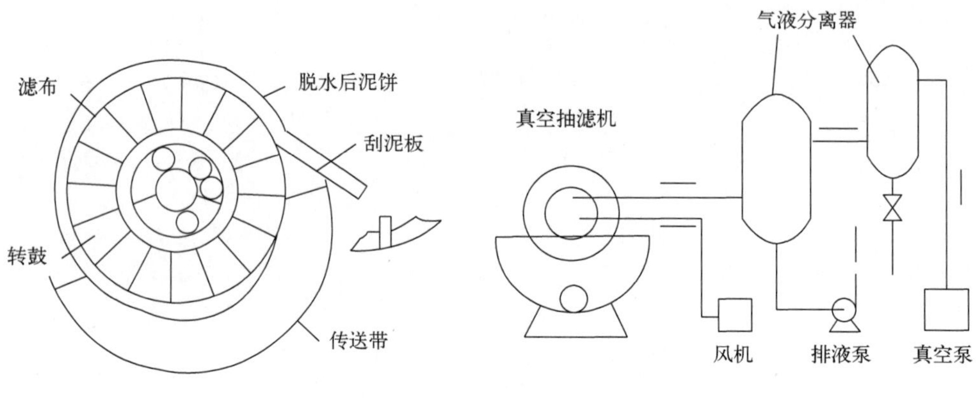

图 5.4　转鼓式真空过滤机

5.4　压滤脱水

压滤是在外加一定压力的条件下，使含水固体废物过滤脱水的操作，可分为间歇型与连续型两种。典型的间歇型压滤机为板框压滤机，连续型压滤机为带式压滤机。

自动板框压滤机（图 5.5）主要构件一般包括框架、滤板、滤布或隔膜、油压装置、进料泵及控制盘等，其开板、污泥饼剥除、滤布清洗、关板等程序均可实现自动化，有助于节省人力。

自动板框压滤机采用批次操作，其一批次运转的各个步骤说明如下。

① 关板：以人工或自动机制，将滤板移往脱水机框架的固定端，再用油压装置紧密压合所有滤板，防止污泥由滤板间缝隙渗漏。

② 进料：目前自动板框压滤机滤板均采用内缩式设计（图 5.6），两片滤板密合后在其间形成污泥室，用一压力较低的进料泵（通常为移动腔式泵）送入污泥，并充满整个污泥室。

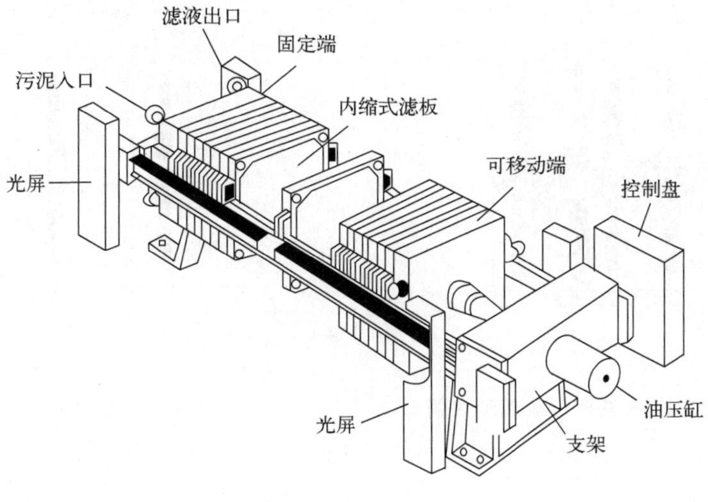

图 5.5　自动板框压滤机构造

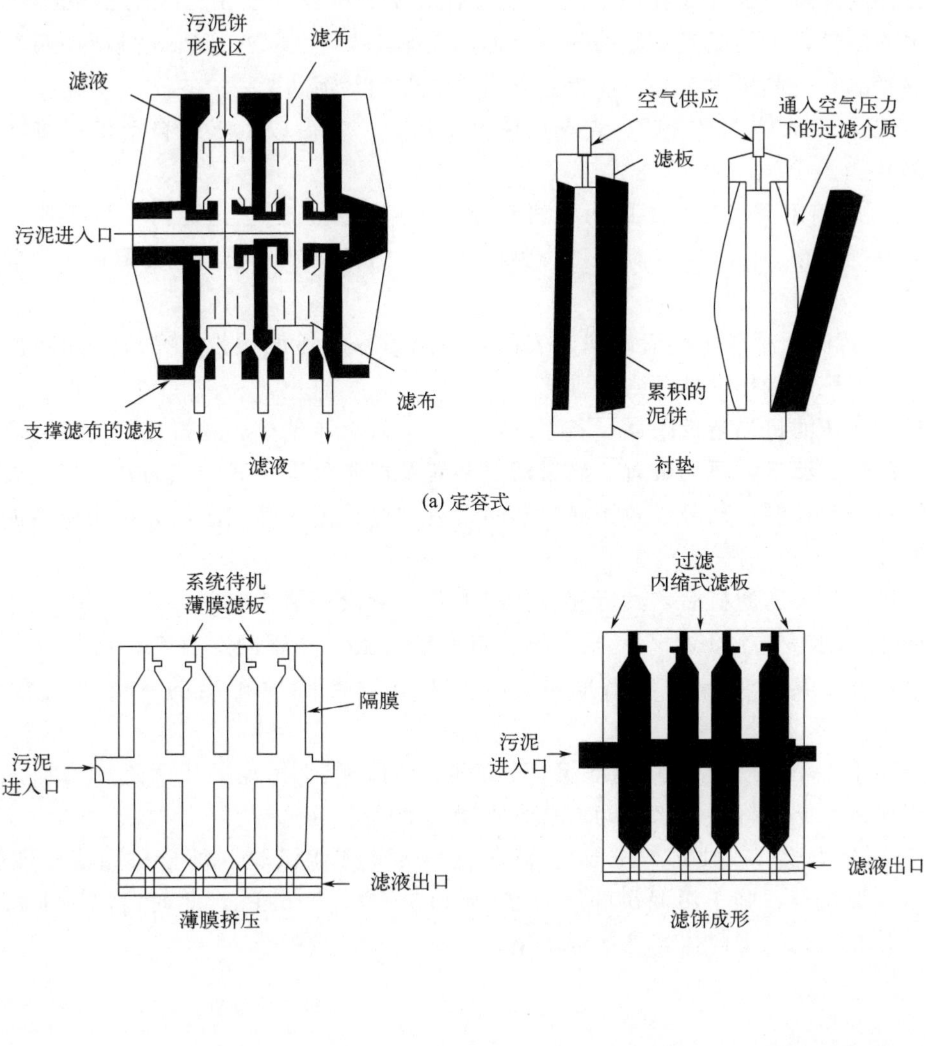

图 5.6

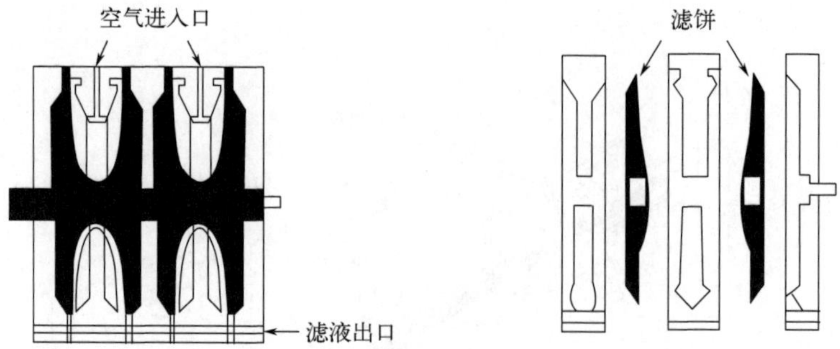

(b) 变容式

图 5.6 板框压滤机内缩式滤板及排泥示意图

③ 挤压：提高污泥室压力，以排除污泥水分。滤板又分为定容式及变容式两种，定容式一般采用滤布作为过滤介质，完成进料后，通过活塞泵将流入污泥持续加压至 689.5～1551.375kPa，促使水分排出，最后在污泥室中形成污泥饼，至于变容式则需采用具有弹性的隔膜作为过滤介质，同样先以活塞泵加压至 689.5～1551.375kPa，然后改用高压水或空气，于污泥室一侧的隔膜背面加压至 1379～2068.5kPa，进而使污泥饼中的水分从隔膜的另一侧排出，并借此得到含水率更低的污泥饼。

④ 开板：完成挤压程序后，先释放脱水机压力，然后以人工或自动机制将原本密合的滤板移开。

⑤ 排泥：将附着于滤布上的污泥饼剥除，再用输送机运至污泥饼贮放场所，为防止污泥饼黏着于滤布而无法剥除，某些类型的污泥过滤机及带式压滤机需要在进料前先进行滤布预覆。

⑥ 滤布清洗：用高压水清洗滤布表面，去除阻塞的污泥颗粒，完成后如需再进行下一批次的污泥脱水操作，则回到步骤①。

典型带式压滤机构造及附属设备系统如图 5.7 所示。带式压滤机主要构件一般包括机台框架、滚轮、滤带、驱动装置、滤带清洗装置及控制盘等，滤带张力及轨迹主要由气压或油压装置调整控制。部分带式压滤机还附带调理搅拌槽或筛网滚筒，可用于污泥调理或预先浓缩。

污泥进入带式压滤机后，其行程包括以下几个阶段（图 5.8）。

① 重力排水段：污泥排入一段水平行走的滤带上，利用固定且交错的犁片，不断将污泥拨开，并使其中的自由水借助重力作用排出，此阶段排出的水分占总含水量的 60％～70％。

② 楔形段：污泥进入两片逐渐闭合的滤带之间，施于污泥的压力逐渐增加，并形成稳定的污泥饼，此段排出的水分约占总含水量的 20％。

③ 高压剪力段（或独立高压段）：滤带在第 8～14 组滚轮（部分机型滚轮数超过 15 组）间以 S 形绕行，施于污泥饼的压力在 20.685～103.425kPa，此时污泥饼中的水分持续排出，并在离开滤带前达到最优含水率。

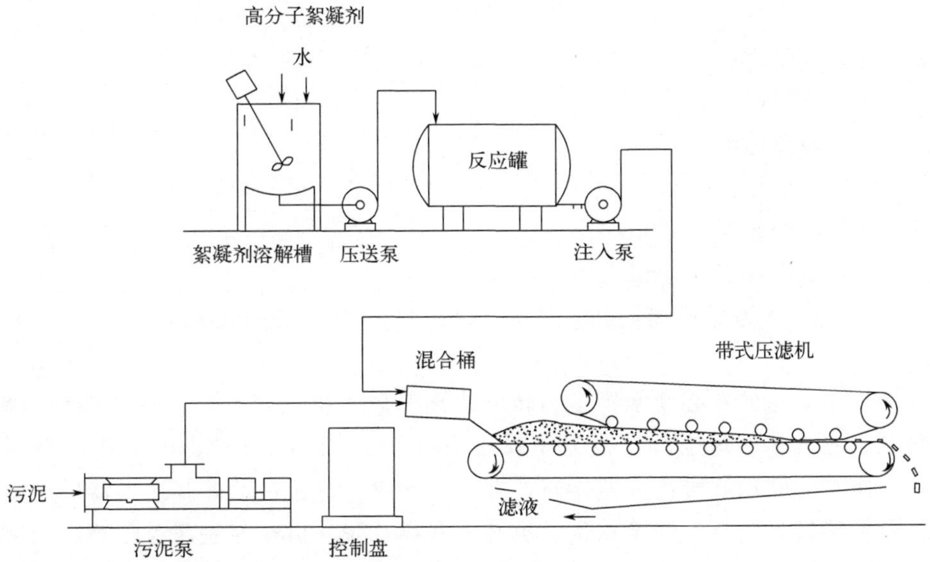

图 5.7 典型带式压滤机构造及其附属设备系统图

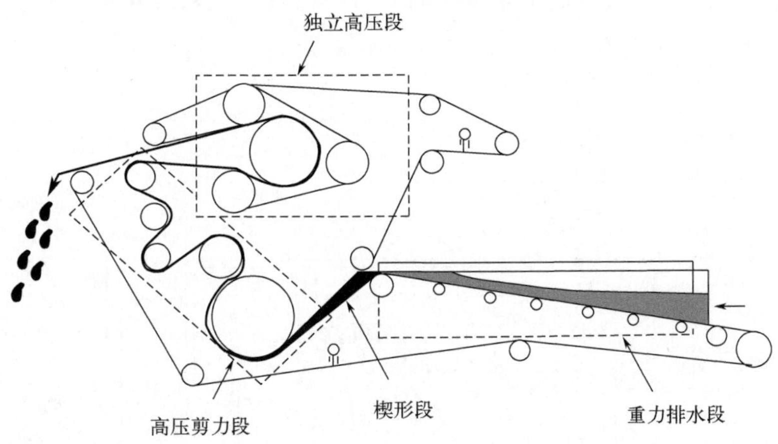

图 5.8 带式压滤机行程示意图

5.5 离心脱水

离心分离操作是在离心力场中进行的，一般用分离因数表示其效果。分离因数等于离心力与重力之比：

$$Z=\frac{m\omega^2 r}{mg}=\frac{\omega^2 r}{g}\approx\frac{N^2 r}{900} \tag{5.1}$$

式中　Z——分离因数；

m——物体质量，kg；

ω——旋转角速度，s^{-1}；

r——旋转半径，m；

g——重力加速度，$9.8m/s^2$；

N——离心机转速，r/min。

$Z=1000\sim1500$ 为低速离心机，$Z=1500\sim3000$ 为中速离心机，$Z>3000$ 为高速离心机。

实际应用中采用的离心脱水机多为转筒式离心脱水机，其主要构件一般包括旋转筒、螺旋送料器、主马达、差速齿轮箱、外罩及控制盘等，污泥调理装置为其主要的附属设备。其中，主马达驱动旋转筒高速旋转，并通过差速齿轮箱带动螺旋送料器低速旋转，且螺旋送料器的旋转方向与旋转筒相反。也有一些离心脱水机舍弃差速齿轮箱，改用马力比主马达小的变频马达，直接驱动螺旋送料器。离心脱水机的机制与压滤脱水机有所不同，其没有过滤介质与加压机制，而是以离心力促进固液分离并形成污泥泥饼。如图 5.9 所示，污泥进入旋转筒后，受到离心力的作用，污泥固体颗粒向外移动，并在旋转筒内侧形成污泥饼，而与旋转筒同轴且反向旋转的螺旋送料器，其作用与螺旋输送机相同，可将污泥饼移往排泥出口，其间污泥饼不断受到离心力的作用，颗粒间彼此挤压，并进一步将污泥中的水分排出。

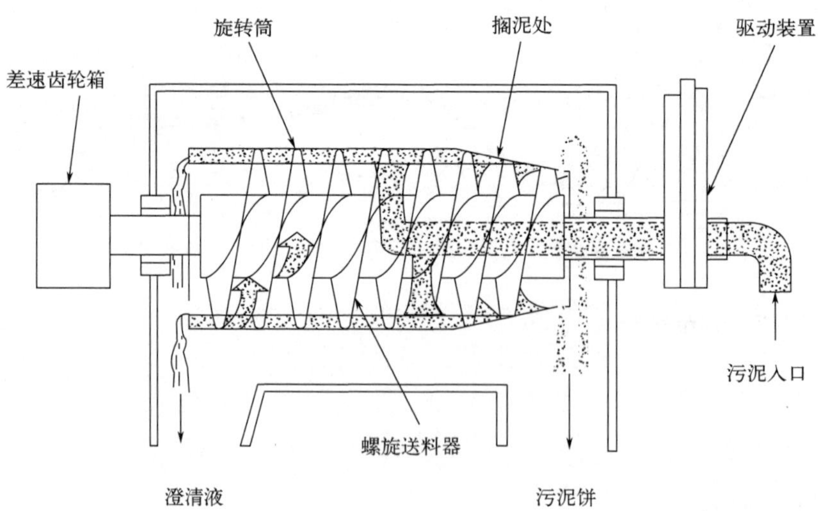

图 5.9　转筒式离心脱水机构造

习　题

1. 污泥机械脱水方法主要有哪些？各种污泥机械脱水方法的原理是什么？
2. 试求 100t 垃圾的含水率由 50％干燥至 10％所需能量。

第6章

固体废物好氧堆肥化处理

生物处理是以固体废物中的可降解有机物或其他组分为处理对象，利用生物作用将其转化为稳定产物、能源和其他有用物质的一种处理技术。固体废物生物处理的重要意义在于废物减量化、稳定化，回收有用物质和能源，促进自然界物质循环与人类社会物质循环的统一。固体废物的生物处理方法有很多，例如好氧堆肥化、厌氧消化、纤维素水解、垃圾养殖蚯蚓等。其中，好氧堆肥化作为大规模处理固体废物的常用方法得到了广泛的应用，并已经取得了较为成熟的经验。

6.1 好氧堆肥化原理

好氧堆肥化是利用自然界广泛存在的细菌、放线菌、真菌等微生物，在一定的人工条件下，有效地控制并促进可被微生物降解的有机物质向稳定的腐殖质转化的生物化学过程，其实质上是一种发酵过程。堆肥过程中，人为采取有效措施促进生物分解，同时发挥生物稳定作用，所以说堆肥实际上是一个利用生物化学作用的无害化过程。所谓的稳定是指堆肥产品对环境无害。

图 6.1 为有机废物堆肥的基本原理。

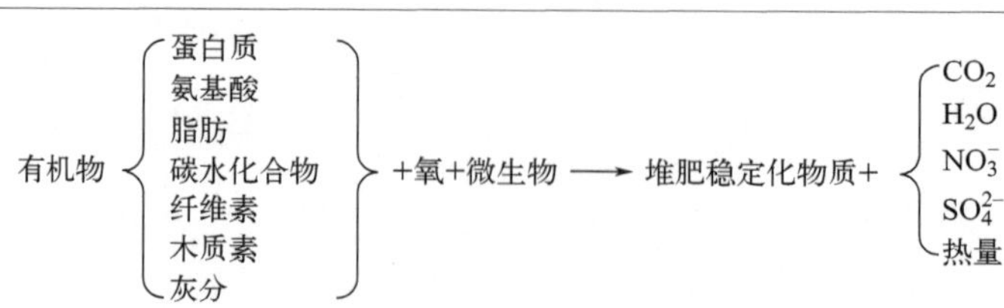

图 6.1 有机废物堆肥的基本原理

废物经堆肥处理之后，所形成的成品叫作堆肥。堆肥是一种棕色、泥炭状、腐殖质含量相当高的疏松物质。当废物经过堆肥化处理后，体积会变成原体积的50%～70%。

堆肥系统可按3种方式区分：a. 按照供氧程度可分为好氧堆肥化与厌氧堆肥化；b. 按照堆肥温度，可分为中温堆肥化与高温堆肥化；c. 按照技术，可分为露天堆肥化与机械密闭堆肥化。一般以好氧堆肥化与厌氧堆肥化来做区分。现代化的堆肥技术，大多数使用好氧堆肥化的方式，主要原因是好氧堆肥化具有温度高、基质分解较为彻底、堆置周期较短、臭味较小、可以大规模采用机械处理等优点；厌氧堆肥化是利用厌氧微生物完成分解反应，温度较低，技术较为简单，堆肥产品中的氮保存量较多，缺点为堆肥周期太长、臭味较浓、分解较不完全，堆肥的pH值较低。

如果将固体废物中的有机物表示为 $C_aH_bO_cN_d$ 的形式，难以进一步降解的有机物（最终存在于堆肥产品中）表示为 $C_wH_xO_yN_z$，则好氧分解反应可以表示为：

$$C_aH_bO_cN_d+0.5(ny+2s+r-c)O_2 \longrightarrow nC_wH_xO_yN_z+sCO_2+rH_2O+(d-nz)NH_3 \tag{6.1}$$

式中，$r=0.5[b-nx-3(d-nz)]$，$s=a-nw$

若有机物被完全分解，则反应式可表示为：

$$C_aH_bO_cN_d+\left(\frac{4a+b-2c-3d}{4}\right)O_2 \longrightarrow aCO_2+\left(\frac{b-3d}{2}\right)H_2O+dNH_3 \tag{6.2}$$

式(6.1) 和式(6.2) 表示的都是细胞的异化作用，即将有机物转化为其他物质的反应。根据上述化学式可求出堆肥化生物分解过程的理论需氧量。

在生物代谢活动中，除上述异化作用外，还包括细胞质的合成，即同化作用，其反应式可以表示为：

$$nC_xH_yO_z+NH_3+\left(nx+\frac{ny}{4}-\frac{nz}{2}-5\right)O_2 \longrightarrow C_5H_7NO_2+(nx-5)CO_2+\frac{ny-4}{2}H_2O \tag{6.3}$$

细胞质的分解，即内源呼吸可以表示为：

$$C_5H_7NO_2+5O_2 \longrightarrow 5CO_2+2H_2O+NH_3 \tag{6.4}$$

【例题6.1】 固体废物好氧反应需氧量的计算。试计算氧化1000kg有机固体废物的需氧量。已知：有机废物化学式为 $[C_6H_7O_2(OH)_3]_5$，反应后残余物的质量为400kg，残余有机物的化学式为 $[C_6H_7O_2(OH)_3]_2$。

解：(1) 反应前后有机物的物质的量：

反应前　$(1000\times1000)/(30\times12+50\times1+25\times16)=1\times10^6/810=1.23\times10^3$ mol

反应后　$(400\times1000)/(12\times12+20\times1+10\times16)=4\times10^5/324=1.23\times10^3$ mol

(2) 反应前后有机物的摩尔比：

$n=(1.23\times10^3)/(1.23\times10^3)=1$

(3) 确定 a、b、c、d、w、x、y、z，并计算出 r 和 s 的值：

有机废物　$[C_6H_7O_2(OH)_3]_5=C_{30}H_{50}O_{25}$：$a=30$，$b=50$，$c=25$，$d=0$

残余物　$[C_6H_7O_2(OH)_3]_2=C_{12}H_{20}O_{10}$：$w=12$，$x=20$，$y=10$，$z=0$

$r=0.5[b-nx-3(d-nz)]=15$，$s=a-nw=18$

(4) 需氧量：

方程式中 O_2 的系数=$(ny+2s+r-c)/2=18$

需氧量=$18\times1.23\times10^3\times32=708\times10^3$g=708kg

6.2 好氧堆肥化阶段

有机废物好氧堆肥化过程实际上就是基质的微生物发酵过程。好氧堆肥化过程中，有机废物中的可溶性小分子有机物质透过微生物的细胞壁和细胞膜而被微生物吸收利用；而不溶性大分子有机物质则先附着于微生物体外，由微生物所分泌的胞外酶分解为可溶性小分子物质，再传送到细胞内，供微生物利用。通过微生物的生命活动（合成与分解过程），将一部分被吸收的有机物质氧化成简单的无机物质，并为微生物生命活动提供所需的能量，将另一部分有机物质转化合成新的细胞物质，使微生物不断增殖。

图 6.2 为堆肥化过程中温度、二氧化碳释放量及相的变化趋势图，以下将对堆肥化过程的 3 个温度变化阶段进行分述。

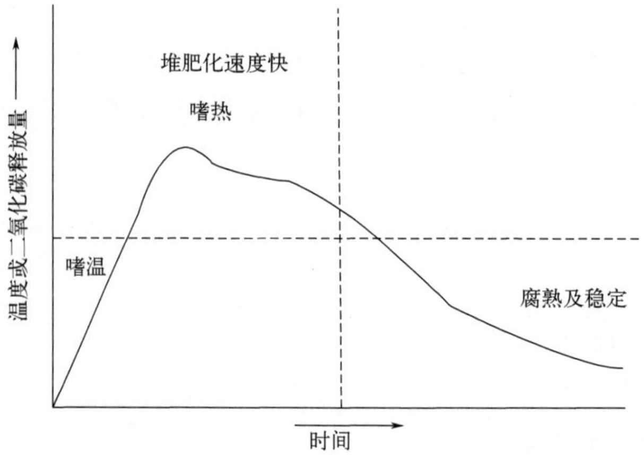

图 6.2 堆肥化过程中温度、二氧化碳释放量及相的变化趋势图

6.2.1 中温阶段

中温阶段在堆肥化过程的初期，堆层的温度在 15～45℃，嗜温性微生物较为活跃，利用堆肥中可溶性的有机物（如糖类、淀粉）大量繁殖，在转换和利用化学能的过程中释放出细胞合成所需的多余能量，加上物料的保温作用，温度不断上升。嗜温性微生物包括细菌、真菌和放线菌，主要以糖类和淀粉作为基质。

6.2.2 高温阶段

当堆肥温度升高到45℃以上时，即进入高温阶段，嗜温性微生物活动受到抑制甚至死亡，取而代之的是嗜热性微生物，堆肥中所残留的和新形成的可溶性有机物质持续被氧化分解，复杂的有机物（如半纤维素、纤维素和蛋白质）开始被急速分解。在高温阶段，各类嗜热性微生物的最适生长温度差异显著，因此在温度上升的过程中，其类群与种群会依次发生更替。通常在50℃左右最为活跃的是嗜热性真菌和放线菌；当温度上升到60℃时，真菌几乎完全停止活动，嗜热性放线菌及细菌仍持续作用；而当温度上升到70℃以上时，大多数的嗜热性微生物已经无法适应，从而进入休眠状态甚至死亡。现代化堆肥的最佳生产温度一般约为55℃，这是因为大多数的微生物在45～80℃范围内最为活跃，最易分解有机物质，可以杀死堆肥中大部分的病原菌和寄生菌。

在高温阶段，嗜热性微生物按其活性，又可分为对数增长期、减速增长期和内源呼吸期3个时期。微生物经历3个时期的变化以后，堆层便开始发生与有机物分解相对立的腐殖质形成过程，堆肥物料逐步进入稳定状态。

6.2.3 降温阶段

在内源呼吸期之后，剩余部分为较难分解的有机物和新形成的腐殖质，此时微生物的活性下降，热值减小，温度下降，嗜温性微生物再度占优势，对残余较难分解的有机物再一次进行分解，腐殖质不断增加而达到稳定状态，此时堆肥进入腐熟阶段，需氧量大大减少，含水率亦逐渐下降。生物分解过程中产生的氨在这一阶段通过硝化细菌的作用转化为硝酸盐，其反应式为：

$$22NH_4^+ + 37O_2 + 4CO_2 + HCO_3^- \longrightarrow 21NO_3^- + C_5H_7NO_2 + 20H_2O + 42H^+ \tag{6.5}$$

由于硝化细菌生长缓慢，通常在低于40℃的温度下才有活性，所以硝化反应通常在有机物分解完成后才开始进行。氮在转化为硝酸盐后才能被植物吸收，因此腐熟阶段对于生产优质堆肥是一个很重要的过程。

6.3 好氧堆肥化过程中微生物的作用

堆肥化处理是微生物作用于有机废物的生化降解过程，微生物是堆肥过程中的主体。堆肥微生物的来源主要有两个方面：一是有机废物中原有的大量微生物族群，一般而言城市废物中的微生物数量在10^{14}～10^{16}个/kg；二是人工添加的特殊菌种，这些菌种于一定条件下对某些有机废物具有较强的分解能力，且具有活性强、繁殖快、分解速度快等特点，能加速堆肥反应的进行，缩短堆肥腐熟稳定化所需的时间。

堆肥过程中发挥作用的微生物主要是细菌与放线菌，还有真菌和原生动物等。堆肥过程中有机物不断降解，随着堆置环境的变化，微生物种群及数量也随之改变。堆肥过程中主要有机物的微生物分解情况如表 6.1 所列。

表 6.1　堆肥过程中主要有机物的微生物分解情况

可被分解物质	微生物	分解率	最终产物
木质素	以放线菌为主	低	H_2O、CO_2（中间产物为酚类化合物）
纤维素	好氧细菌、放线菌、真菌及高温厌氧细菌	中	H_2O、CO_2、CH_4（中间产物为葡萄糖、醇类等）
半纤维素	以放线菌为主	高	H_2O、CO_2（中间产物为五碳糖及六碳糖等）
糖类、氨基酸、蛋白质、脂肪、碳水化合物	多种微生物	高	H_2O、CO_2、NH_3、N_2（中间产物为氨基酸、有机酸、醇类等）

与微生物生存有关的环境因素包括温度、pH 值、水分、氧气及营养盐等，其影响如下。

（1）温度

温度是堆肥过程中影响微生物活性最重要的一个参数，会影响微生物的生长速率、繁殖方式、形态、代谢反应甚至是营养需求。使微生物生长最快的温度称为最适温度，依最适温度的范围可分为：嗜低温菌，最适温度在 15～20℃；嗜中温菌，最适温度在 25～40℃；嗜高温菌，最适温度在 50～70℃。在堆肥初期温度低于 40℃时，嗜温性微生物占优势，温度上升到 40℃以上，嗜热性微生物逐步占有优势，这个阶段的微生物大多数是嗜热杆菌，嗜热杆菌的最适温度范围为 50～55℃，当温度高于 60℃时其种群间的差异会变得很小。

在堆肥过程中，微生物新陈代谢所产生的热不断累积，有机碳被微生物呼吸代谢所消耗，因此导致碳氮比下降，正常情况下所产生的热可使堆肥温度在数日内升高到 60℃，甚至达到 70℃以上。这种高温可维持一段时间，不但可促进微生物反应，缩短腐熟时间，而且可杀灭病菌、虫卵、杂草种子等。除非堆肥失败，否则高温是堆肥过程中的正常现象。由于温度不易精准控制，故建议只需对其进行监测观察，不必特别加以管理。好氧堆肥过程中的微生物数量分布情况见表 6.2。

表 6.2　好氧堆肥过程中的微生物数量分布　　单位：个/g（以湿重计）

微生物种类		堆肥温度		
		<40℃	40～70℃	70℃至冷却
细菌	中温性	10^8	10^6	10^{11}
	高温性	10^4	10^9	10^7
放线菌	高温性	10^4	10^8	10^5
真菌	中温性	10^6	10^3	10^5
	高温性	10^3	10^7	10^6

（2）pH 值

微生物对 pH 值的变化很敏感，通常强酸或强碱环境不利于细菌的繁殖。一般分解有机物时，适宜的 pH 值在 6.5～7.5 之间，但部分有机质分解时所产生的物质会造成 pH 值发生变化。中性环境中活动较为旺盛的细菌在酸性条件下活性会减弱。堆积过程中产生的部分小分子化合物对植物的根有害，然而这些物质在 pH 值较高时会被氧化并聚合成大分子物质，因而可以消除上述小分子物质所产生的毒性。堆肥在厌氧（缺氧）发酵过程中，pH 值较低，在材料中加入适量的石灰可以调整 pH 值，改善微生物的生长环境，进而提高堆肥产品的品质。

（3）水分

制造堆肥时，堆积物的含水率为影响堆肥过程的关键因素。堆积物含水率在 40%～70%时，较适于好氧微生物的活动，在堆肥发酵过程中，以含水率 60%～70%为最佳，含水率低于 40%时发酵被抑制，而含水率高于 70%时会使其处于厌氧状态。

（4）氧气

微生物在进行发酵时，有需氧与不需氧两类：需要氧气的微生物称为好氧微生物，不需要氧气的称为厌氧微生物。同一有机质，由于其作用的微生物种群不同，其最终的生成物不同，分解速度也有差异。厌氧微生物分解有机物的速率较低，好氧微生物的分解速率为厌氧微生物的 10 倍以上。因此堆肥过程中主要依靠好氧微生物的分解作用，在堆积时必须适当通气以保证氧气供给。

（5）营养盐

微生物所需的营养物质，主要用于合成细胞成分和维持细胞的正常功能，其营养需求包括以下几个方面。

① 能源：用于为细胞合成及细胞活动提供能量。

② 碳源：碳是微生物生长所需的最重要的化学元素，因为碳是组成碳水化合物、脂肪及蛋白质等生物大分子的最基本元素。

③ 无机养分：包括氮、硫、磷、钾、镁、钙、铁、钠、氯等各种元素，其中氮是氨基酸和蛋白质的主要成分，硫是几种含硫氨基酸的主要成分，磷是核酸的关键成分，铁可作为酶的辅助因子，钠则与细胞的物质运输有关。

④ 微量元素：包括锌、锰、钼、硒、钴、铜、镍等元素，对微生物而言，所需的量很少，这些元素主要作为酶的辅助因子。

6.4 好氧堆肥化的基本控制条件

判断堆肥化过程是否顺利，主要依据堆肥物料中有机物的种类、特性以及堆肥技术控制参数的变化。通过对堆肥化过程的控制，确保堆肥化过程顺利进行。对于各种堆肥化系统而言，控制和监测堆肥化过程的运行参数是必须的，主要包括有机物质、碳氮比、含水率、温度、通气量、pH 值和微生物种类及数量等。

6.4.1 堆肥化过程中有机物质的影响

堆肥技术可以用来处理污泥、生活垃圾、农业废物、动物粪便及尸体、厨余垃圾、枯枝落叶等含有大量有机物质的废物。有机质含量较低的物质在发酵过程中所产生的热量不足以维持堆肥所需的温度，而且产出的堆肥会因有效性过低而影响施用效果。然而，若堆肥物料中的有机质含量过高且未加以供氧，将会因通气不良而产生负面影响，如产生恶臭。一般而言，在高温好氧堆肥化中，有机物含量的最适范围在20%～80%，因此调节堆肥原料中的有机组分是相当重要的，做法如下：

① 对堆肥原料进行前处理，利用破碎、筛分等方式去除部分无机组分，使堆肥原料中的有机物含量提高到50%以上。

② 发酵前在堆肥原料中添加一定比例的禽畜粪便、无害的城市废水或污泥等，一方面可增加堆肥材料中的有机物含量，另一方面可以调节原料的含水率，同时也处理了禽畜粪便。

③ 由于都市生活垃圾中无机物含量较高，无法直接进行堆肥化，因此可将其与无害污泥混合作为堆积材料进行堆肥，一方面可增加堆肥材料中的有机物含量，另一方面处理了生活垃圾与污泥。

在堆肥化过程中，首先被分解的是可溶性、易分解的有机物质（如糖类），然后是蛋白质、纤维素等，可溶性糖类物质的降解率一般在95%以上，而纤维素等的分解往往是分步完成的。

6.4.2 堆肥化过程中碳氮比的影响

微生物所需的营养元素中，以碳、氮的需求量最大，碳主要为微生物生命活动提供能源，氮则用于合成细胞所需的养分。正常的好氧堆肥原料要求有一定的碳氮比（C/N值），一般而言，最佳碳氮比为（25～35）：1（以干重计），此时发酵速度最快。若碳氮比过低（低于20：1），微生物繁殖会因为能量不足而受到抑制，导致分解缓慢且不彻底，微生物分解出过多的氨气，其易从堆肥中逸散，导致氮素损失；反之，一旦碳氮比过高（高于40：1），堆肥施用于土壤后，会夺取土壤中的氮，形成“氮饥饿”现象，对于作物的生长会产生不良影响。从整体趋势来看，随着堆肥发酵过程的进行，碳氮比会逐渐下降。

为保证堆肥成品具有适宜的碳氮比［一般为（10～20）：1］和堆肥过程中分解的有序进行，必须调整好堆肥原料的碳氮比。初始原料的碳氮比一般应高于最佳值，可以添加禽畜粪便、厨余垃圾、污泥等，将碳氮比调整到30：1以下。已知混合原料的碳氮比时，可依下列公式计算所需添加的氮源物质数量：

$$K=\frac{C_1+C_2}{N_1+N_2} \tag{6.6}$$

式中　K——混合原料的碳氮比，通常为（25～35）：1（最好为35：1）；

C_1，C_2，N_1，N_2——有机原料与添加原料中的有机碳、氮含量。

总氮的测定采用凯氏定氮法，有机碳的测定则采用重铬酸钾法。

有机质的粒径一般为2～30mm，太粗时，可被微生物利用的比表面积较小，分解速度较慢，太细时，则会由于细粒间的空隙太小而造成氧气供应孔道不顺畅，不利于好氧分解。因此，应视材料的粗细添加副材料并充分混合，以使混合后的物料有良好的通气性，避免造成局部通气不佳，而造成温度不均、水分无法发散或产生臭味等现象，甚至影响堆肥品质。表6.3为不同堆积材料的成分分析。

表 6.3　不同堆积材料成分分析

堆积材料	碳氮比	有机碳/%	总氮/%	总磷/%	钾/%
牛粪	(13～17)∶1	35	1.8	0.5	1.7
猪粪	(8～15)∶1	42	3.0	3.0	0.5
鸡粪	(6～9)∶1	18	3.3	1.7	2.4
米糠	(18～22)∶1	55	2.4	0.4	1.8
大豆粉	(4～6)∶1	38	7.0	0.6	2.4
大豆秆	(30～36)∶1	42	1.3	0.3	0.5
树皮	(120～500)∶1	70	0.3	0.08	0.6
稻蒿	(45～60)∶1	43	0.7	0.1	2.0
谷壳	(70～90)∶1	35	0.4	0.1	0.6

6.4.3　堆肥化过程中含水率的影响

堆肥中水分的主要作用在于溶解有机物质，并参与微生物的新陈代谢作用。另外，水分蒸发时会带走热量，可以调节堆肥化过程中的温度。微生物的生长速率和对氧的需求量均在含水率为50%～60%时达到最高峰，当水分过多时会把空气从堆积材料中挤出来，孔隙多被水分占据，阻碍氧气的供应与二氧化碳的外逸，影响空气的扩散与传输，还可能造成堆积材料的结构破坏及小孔阻塞、有机酸等有害物质累积、有机物分解过程减慢或停顿，导致出现厌氧状态，从而产生恶臭，甚至出现渗出液等问题。一旦水分低于40%，微生物的活性就会降低，堆肥温度随之下降，导致生物活性不断下降。

通常，当水分含量低于最佳值时，可以添加污水、污泥、禽畜粪便、厨余垃圾等进行调整，添加的调整材料与原废物的质量比，可以利用下式求出：

$$M=\frac{W_m-W_c}{W_b-W_m} \tag{6.7}$$

式中　M——调整材料与原废物的质量比；

W_m，W_c，W_b——混合后原料的含水率、原废物的含水率、调整材料的含水率。

反之，当废物的含水率过高时，在堆肥制作前需先行调理，包括：a. 若土地空间和时间允许，可将堆积材料摊开进行搅拌，并通过翻堆处理使水分蒸发；b. 添加水分调整材料（常用的调整材料有稻草、谷壳、木屑等），以降低水分含量并增加其空隙容积。

测定含水率的方法有很多，最常用的方法是在105℃下干燥至恒重，并测定物料减少的质量。

【例题 6.2】为了使好氧堆肥化物料的C/N值达到合适值（25∶1），将C/N值为50∶1的树叶和C/N值为6.3∶1的污泥进行混合，试确定树叶和污泥的混合比例。已知：污泥含水率75%，树叶含水率50%，污泥含氮量5.6%，树叶含氮量0.7%。

解：（1）确定树叶和污泥的C、N量：

1kg 树叶　水分 $=1\times50\%=0.5$kg

干物质 $=1\times(1-50\%)=0.5$kg

$N=0.5\times0.7\%=0.0035$kg

$C=0.0035\times50=0.175$kg

1kg 污泥　水分 $=1\times75\%=0.75$kg

干物质 $=1\times(1-75\%)=0.25$kg

$N=0.25\times5.6\%=0.014$kg

$C=0.014\times6.3=0.0882$kg

(2) 确定 1kg 树叶中污泥的添加量 X：

$$C/N\text{ 值}=(0.175+0.0882X)/(0.0035+0.014X)=25$$

计算得到 $X=0.33$kg。

(3) 验算混合废物的含水率：

$$\begin{aligned}\text{含水率}&=(1\times50\%+0.33\times75\%)/(1+0.33)\\&=(0.5+0.25)/(1+0.33)\\&=56\%\end{aligned}$$

所以含水率满足要求。

6.4.4 堆肥化过程中温度的影响

在堆肥化过程中，随物料中微生物活动的加剧，当微生物分解有机物所释放出的热量大于堆肥消耗的热量时，堆肥的温度就会上升。因此，温度的变化是反映微生物活动剧烈程度的最佳参数。

温度主要影响微生物的生长，一般认为高温菌对有机物的分解效率高于中温菌，现代化的快速高温好氧堆肥技术正是利用了这一特点。在堆肥制作初期，堆体温度与环境温度相近，经过中温菌 1～2d 的作用，堆肥的温度便能达到高温菌的理想温度，即在 50～65℃之间。在该温度下，堆肥一般只需 5～6d 即可完成堆体的无害化过程。堆体温度维持在 55～60℃之间最佳，尽量不要超过 60℃，因为一旦超过 60℃，微生物的生长活动就会受到抑制，且温度过高也可能会造成有机质过度消耗，降低堆肥的品质。

为了消灭病原菌，堆体内部温度需要高于 55℃，且要维持一段时间，必要时还需要在操作过程中进行翻堆。由此可将病原菌、寄生虫及寄生虫卵、杂草种子等予以杀灭，避免传播扩散。根据一般堆肥温度变化曲线，可以判断发酵过程的进展。如测出温度偏离常规温度曲线的范围时，表示微生物的活动受到某种因素的干扰与阻碍。实际在线生产中，往往利用自动控温系统来控制堆体温度。当堆体内部温度超过 60℃时，鼓风机会自动开启，向堆体送风，排出堆料中的热量及水蒸气，使堆体温度降低。

6.4.5 堆肥化过程中通气量的影响

通风是成功实现好氧堆肥的重要因素之一，其作用主要包括：

① 提供氧气，以促进微生物的发酵过程；

② 通过控制通气量，将堆体温度调节至最适范围；

③ 在最适温度下增加通风量有助于水分的去除。

理论上，堆肥过程中的需氧量取决于被氧化的碳量，但由于有机物在此过程中的分解具有不确定性，很难以堆积材料中含碳量的变化精确地估算需氧量。目前，通常以透过堆积层的氧气浓度和耗氧速率来了解堆积层中的微生物活动过程及需氧量，进一步达到控制通气量的目的。

需氧量和耗氧速率是衡量微生物活动强弱的指标之一，其大小一方面可以判断微生物活动的强弱，另一方面还可反映堆肥中有机物质的分解程度。许多研究显示，不同组分和物料的堆肥制作过程中，彼此间的耗氧速率差异相当大，也说明了不同的堆肥方式对于供氧的需求是不同的。在通风过程中，首先要注意的是供氧的浓度，堆肥过程中合适的氧浓度应大于18%，最低不得低于8%，一旦氧浓度低于8%，氧气就会成为好氧堆肥中微生物活动的限制因素，还会产生恶臭。好氧堆肥的通风供应方式如下。

① 自然扩散：利用空气的对流自然扩散，氧气由堆积材料表面向内部扩散。一般而言，以表面扩散的供氧方式，在第一阶段发酵过程中仅能供应表层以下约 20cm 厚度物料的氧气，因此，仅利用自然扩散的方式无法满足堆层内的供氧量需求，会使堆层呈现厌氧状态；在第二阶段发酵过程中，可以供应表层以下约 1.5m 厚度物料的氧气，因此可以采用自然扩散的通风方式。

② 翻堆：将堆料翻倒或搅拌，使空气与固体颗粒充分接触，此种通风方式较为有效。

③ 强制通风：反应槽中设有正压鼓风、负压抽气设备或正压鼓风和负压抽气混合设备。与其他方法相比，强制通风较易操作和控制，是堆料供氧的最佳通风方式。

④ 翻堆与强制通风相结合。

⑤ 被动通风：利用热空气上升所引起的“烟囱效应”使空气通过堆积材料的方式。将中空管状物插入堆体中，堆体中的热空气上升时会形成抽吸作用，使外部空气进入堆体，达到自然通风的效果，不需进行翻堆及配备通风设备系统，可大大减少设备费用。

另外，可以利用空气量来推断堆肥发酵的状况，即：

① 排气中 O_2 浓度低于 14%，则表示空气中氧气的消耗不到 1/3；

② 排气中的最佳 O_2 浓度为 14%～17%；

③ 一旦排气中 O_2 浓度降至 10%，则表示好氧发酵停止；

④ 如用排气中 CO_2 浓度来替代 O_2 浓度作为监测指标，则最佳的 CO_2 浓度应在 3%～6%。

【例题 6.3】 某城市生活垃圾的组成为 $C_{60.0}H_{94.3}O_{37.8}N$，含水率为 25%，求堆肥供氧设备所需提供的空气流量（m^3/min）？

已知：①挥发性固体废物＝0.93×总固体废物；②可生物分解的挥发性固体物料＝0.60×挥发性固体废物；③可生物分解的挥发性固体物料的生物转化率＝95%；④堆肥时间＝5d；⑤堆肥期间连续 5d 的氧气需求分别为 20%、35%、25%、15%、5%；⑥堆肥期间生物分解所产生的氨气逸散于大气中；⑦空气中氧气含量为 23%（质量分数），空气的密度为 1.20kg/m^3；⑧为保持堆肥期间氧气的含量为原有含量的 50%以上，实际供氧量为理论需氧量的 2 倍。

解：(1) 计算 1t 垃圾中可生物分解的挥发性固体物料的量

可生物分解的挥发性固体物料$=1\times(1-25\%)\times0.93\times0.60=418.5\text{kg}$

(2) 计算生物分解的挥发性固体物料

$$\text{生物分解的挥发性固体物料}=418.5\times0.95=398\text{kg}$$

(3) 计算每千克生物分解的挥发性固体物料分解所需的氧量

$$\underset{1433.1}{C_{60.0}H_{94.3}O_{37.8}N}+\underset{2045.8}{63.93O_2}\longrightarrow\underset{2640.0}{60.0CO_2}+\underset{822.6}{45.7H_2O}+\underset{17.0}{NH_3}$$

$$\text{需氧量}=2045.8/1433.2=1.43\text{kg }O_2/\text{kg}$$

(4) 计算每吨垃圾分解所需的空气量

$$\text{空气量}=(398\times1.43)/(0.23\times1.2)=2060\text{m}^3$$

(5) 求出实际供氧量

$$\text{实际供氧量}=(2060\times35\%\times2)/1440=1\text{m}^3/\text{min}$$

6.4.6 堆肥化过程中 pH 值的影响

pH 值是一项可评估细菌环境的指标参数，在堆肥的生物降解和发酵过程中，pH 值会随着发酵时间和温度的变化而变化，因此 pH 值也可用来推断堆肥发酵的状况。适宜的 pH 值可以使微生物有效发挥其应有的作用，过高或是过低的 pH 值都会对堆肥产生负面影响。一般认为 pH 值在 7.5～8.5 之间时，可获得最大的堆肥化速率。

在堆肥化开始时，pH 值在 7 左右，堆置 2～3d 后，pH 值上升至 8.5 左右，当发酵方式转为厌氧发酵时，pH 值会降至 4.5 左右。好氧堆肥化过程中，pH 值在 5.5～7.5 是大多数微生物活动的最佳范围，而真菌类活动的最佳 pH 值范围为 5.5～8.0。在好氧堆肥初期会产生有机酸，有利于微生物的生存与繁殖，此时 pH 值可下降至 4.5～5.0，随后会逐渐上升，可达 8.0～8.5，这种新鲜堆肥产品可用于酸性土壤改良，但是对于正在发芽的种子会有负面影响。第二阶段的发酵可以去除大部分的氨，最终堆肥产品的 pH 值在 7.5 左右，可形成中性的肥料。因此，在堆肥过程中，尽管 pH 值不断发生变化，但其能够进行自身调节。

6.4.7 堆肥化过程中微生物种类及数量的影响

微生物承担着有机物分解与堆肥稳定化的重要任务，在很早以前就有人提议通过接种人工培养的微生物菌体来促进有机质发酵，但是目前大部分的有机质堆肥化仍是利用自然界的微生物群，其通常依循适者生存的法则。制造堆肥所用的有机质是多样化的，所以适合利用的微生物有很多种，并且其分解过程的条件也不相同，各阶段适用的微生物群亦随之发生变化。通常的做法是取 1%～5%的腐熟堆肥作为接种剂（又称堆母），这样不仅能提供微生物，还可加速发酵，缩短堆肥时间。

不同的堆积材料如能接种适当的微生物菌种，则可以加速堆肥发酵，如树皮或锯木屑等材料中含有大量木质素，可接种能够分解木质素的多孔菌或灵芝菌，蒿子秆中含大量纤维素，则可接种纤维素分解菌种。但微生物大都是在原来堆积材料中就存在的，每克材料中含量高达100万个，其数量取决于微生物的生长条件，如水分含量、基质、氧气、温度等。最有效的堆积法应能满足微生物的生长条件，使微生物进行充分的繁殖活动，而不必额外加入微生物菌剂。

6.5 好氧堆肥化过程中材料的变化

6.5.1 一般性质的变化

6.5.1.1 物理性质的变化

微生物发酵会造成挥发性有机物质的分解、转化，使得堆肥原料产生较大的变化。首先是堆肥碳素的分解与转化，可使堆肥的体积和质量减少1/3～1/2。有机废物中含有的植物纤维结构会变得较为松软，用手指碾磨时有清脆感，大颗粒的数量减少，小颗粒的数量增加。其次，随着堆肥逐渐腐熟，原始材料变黑，发酵结束后，得到的是棕色产品，而且原有有机废物的不良气味也消失了，产生了森林腐殖土和土壤的气味。

表6.4为木材加工残留的锯末在堆肥前后的物理变化。

表6.4 木材加工残留的锯末在堆肥前后的物理变化

材料	阳离子交换容量/(cmol/kg)	粒级组成/%			颜色
		>0.5mm	0.25～0.5mm	<0.25mm	
锯末	8.22	10.0	72.6	17.4	淡黄色～橙色
锯末堆肥	68.52	0.0	44.9	55.1	棕色

6.5.1.2 水分的变化

堆肥混合原料的含水率一般控制在50%～80%之间，最适宜的水分含量取决于堆肥混合原料的组成、性质和有机质含量。表6.5为堆肥过程中各种物料的含水率，一般而言，堆肥中有机质含量越高，所需控制的含水率也越高。堆肥物料中的有机物性质亦与水分含量的高低有关，即便有机质含量相同，稻壳堆肥与稻梗堆肥的最适含水量也不相同，例如稻壳堆肥的含水率应控制在55%～60%，而切碎的稻草则在65%～75%。

表6.5 堆肥过程中各种物料的含水率

废物种类	含水率/%	废物种类	含水率/%
稻秆	75～85	粪便	55～65
木屑或锯木屑	75～90	污泥	55～60
谷壳	75～85	其他废料(杂草)	50～55
城市生活垃圾	55～65		

堆肥过程中，原料有机质含量和组成有所差异，而且高温与通气作用通常伴随着热量损失与气体排放，会有一部分水分被蒸发掉。因此，实际堆肥的过程中，水分含量是下降

的，且为了保持堆肥过程中的堆料以类似“糊状”的形态存在，以确保堆肥有较快的物理化学反应速度，通常需要不断补充水分。

6.5.1.3 pH 值的变化

在堆肥化的最初阶段，由于需利用能量的物质较多，微生物繁殖很快，其活动所产生的有机酸使堆肥物料 pH 值不断下降，乙酸、丁酸随着堆肥的持续进行及温度的升高而挥发，同时含氮有机物所产生的氨使得堆肥物料的 pH 值又开始上升，最后达到稳定平衡状态。

6.5.1.4 阳离子交换容量的变化

随着堆肥的进行，堆肥中的有机碳分解，一部分有机物转化为水和二氧化碳，另一部分则转化为腐殖质。一般来说堆肥过程中腐殖质的总量会不断增加，但腐殖质组成却有很大的差异。堆肥中的阳离子交换容量可以反映出堆肥吸附阳离子的能力，其与腐殖质的含量呈正相关关系。

6.5.2 堆肥中碳的变化及腐殖质的变化

一般生物体的有机组成中，碳的含量约为 50%，堆肥材料中的含碳物质主要用于为微生物活动提供能源与碳源，含碳化合物的分解途径如图 6.3 所示。

图 6.3 含碳化合物的分解途径

在堆肥化的过程中，微生物首先利用容易被分解的有机物质和简单的有机物质进行新陈代谢及矿化作用。这些容易被分解的有机物质主要是可溶性糖类、有机酸和淀粉。然后开始分泌特殊的水解酶，来分解纤维素、半纤维素和木质素。这些中等或是较难分解有机组分的降解主要发生在碳水化合物表面，并且受其溶解速度的影响，微生物仅能部分降解这些长链物质。表 6.6 列出了微生物降解有机物质的相对速率排序。

表 6.6 微生物降解有机物质的相对速率排序

类型	易被生物降解	中等可被生物降解	难以被生物降解
种类	糖类	半纤维素	木质素
	果胶	纤维素	
	脂肪酸、甘油	几丁质	
	氨基酸	低分子量有机物	
	核酸		
	蛋白质		

在有机质、腐殖质及其组成的变化方面，比较堆置前后腐殖质总量变化可以看出，腐熟后堆肥的总腐殖酸量有明显下降的趋势。由表 6.7 可以看出，腐殖质约下降了 15%，但其占有机碳的百分比有增加的趋势。从其组成来看，腐殖酸和黄酸的比值（HA/FA 值）随堆肥的腐熟度增加而明显上升，A、B 两农场的堆肥 HA/FA 值初期分别为 1.170 和 0.956，腐熟时分别增加到 5.32 和 2.04，证明高温堆肥化有利于腐殖酸的形成，腐殖质品质变好，施用于土壤后可以促进土壤团粒结构的形成，并改善土壤的理化性质。

表 6.7　堆肥前后腐殖质及其组成变化

项目	阶段	A 农场高温堆肥	B 农场高温堆肥
有机质含量/%	初期	35.3	35.9
	末期	13.4	29.2
腐殖质总量/%	初期	7.52	6.67
	末期	6.08	5.65
腐殖酸/%	初期	3.91	3.26
	末期	5.12	3.79
黄酸/%	初期	3.34	3.41
	末期	0.94	1.86
腐殖酸/黄酸	初期	1.170	0.956
	末期	5.32	2.04

6.5.3　堆肥中氮的循环

堆肥中氮的转化主要是生物活动的结果，其可决定最终堆肥产品的腐熟度。堆肥化过程中，氮素的转化主要包括两大方面，即氮的固定与释放。通常在堆肥化结束之后会有一定的氮损失，这主要是由于有机氮的矿化、氨的持续性挥发以及硝态氮的脱硝作用。堆肥中有机氮主要分布在不同微生物群落和腐殖质中，微生物细胞中富含无机氮，并可转化成为生物量，同时合成腐殖质。有机氮作为堆肥的主要成分，与总氮在堆制过程中有相同的变化趋势。氨态氮（NH_3-N）的变化趋势主要受温度、pH 值和堆肥材料中的氨化细菌活动的影响，因此氨态氮的转化、通过硝化细菌转化成硝态氮及亚硝态氮或是以 NH_3 的形态挥发的过程，都受环境条件的影响。

在堆肥初期，与其他形态的氮相比，氨态氮呈增加趋势；在高温时期，由于硝化细菌受到抑制，主要以氨态氮形态存在，而硝态氮（NO_3^--N）甚少，硝态氮主要是在堆肥后期出现。氮的转化受耗氧速率、碳氮比（C/N 值）、pH 值、温度和堆肥中添加剂等因素的共同影响。在最初的 15d 内，氨化细菌呈现增加的趋势，在堆肥最初的 7d 内，固氮微生物也呈现增加的趋势，随后才慢慢下降。

6.5.4 堆肥中磷的变化

堆肥化过程中，磷的含量会随着堆肥时间的增加而增加，有机质分解会使堆肥的干重降低约50%，磷的相对含量随之增加。堆肥原料在堆肥过程中伴随着无机磷的溶出以及有机磷逐渐矿化成无机磷，其成品中的无机磷含量会增加，而有机磷含量则减少。

难分解的有机物质中存在的难以被植物吸收的磷，可以随着有机物质的腐化而转变为较容易被植物吸收的形态。由于堆肥中某些原料含碳量较高而含磷量较低，微生物活动受到抑制，所以需要将碳磷比（C/P值）调整到90～110之间，一方面可增加微生物所需的磷，促进堆肥腐熟，另一方面还可以减少氮的损失。

6.6 好氧堆肥化品质测定

有机质材料经过微生物的发酵作用制成有机质肥料，其主要目的在于稳定有机质材料的性质。所谓稳定，从化学角度来看，是将有机质完全分解成CO_2、H_2O及其他氧化物，而从生物学和环境角度来看，是将有机质材料中容易腐败的部分在控制环境下先行分解，待其残存部分施用到土壤中不会引起环境污染及危害作用时，即可视为稳定。

堆肥产生有机肥料的稳定过程，称为腐熟作用，而已达到稳定程度的产品则称为腐熟堆肥，或堆肥化有机质肥料。由此可知，腐熟指的是程度差别，并无一定的绝对值。堆肥品质对于作物生长与环境卫生有重要影响。一般而言，测定堆肥稳定程度的参数有很多，由于有机质的组成复杂，通常不能用单一指标的测定值来表示腐熟程度，应列出数个指标的测定值。总结国内外研究经验，堆肥品质可用下列几种较简易的方法进行判定。

6.6.1 外观颜色与味道

腐熟的堆肥外观颜色为深黑色或黑褐色，呈膨松状态，吸水能力强，味道为泥土味至芳香味，没有酸坏臭味、恶臭或浓烈的氨气味。发酵不良、品质不好的堆肥，通常为黄色或黄褐色。

6.6.2 种子发芽率测定

取5g风干堆肥产品，置于200mL烧杯内，加入100mL、60℃的温水，在60℃水中水浴加热3h，以细纱布过滤。将2张滤纸置于培养皿中，加入10mL滤液，取25粒白菜种子置于滤纸表面，再将培养皿放置在25℃恒温箱中进行培养。3d之后，观察种子发芽率以及根的生长情况，并以蒸馏水取代滤液作为对照试验。若试验组的发芽率为对照组的90%以上，且根部的生长未受抑制，则该堆肥可视为腐熟。

6.6.3 塑料袋法

塑料袋法适用于堆肥场现场的简易判定。新鲜堆积材料中含有许多易被分解的有机物，经各种生物作用后会产生大量的气体，使得塑料袋中充满气体而膨胀，堆积材料越接近腐熟则气体产生的速率越慢且产气量越少，甚至会因没有气体产生而不发生膨胀。此法适用于以禽畜粪便为堆积材料制造堆肥的腐熟度定性测试，但此法无法判定堆肥是否达到完全腐熟。

6.6.4 有机碳与氮的比值及有机质含量

腐熟的堆肥中有机碳的含量远大于有机氮，有机质含量高于 60%。以单纯禽畜粪便制作堆肥时，因其有机质含量只有 55%左右，故腐熟后的堆肥中有机质含量极有可能低于 50%。燃烧法测定有机碳含量的步骤如下。

将堆肥样品先用酸处理，去除碳酸盐，然后置于燃烧炉管中燃烧样品，释放出的二氧化碳被吸收管中的氢氧化钠所吸收，再采用反滴定法测量氢氧化钠的减少量，便可计算出堆肥样品中的有机碳含量。

$$\text{堆肥中的有机质含量}(\%)=\text{有机碳含量}(\%)\times(1.7\sim2.0) \tag{6.8}$$

6.7 堆肥产品的功效

6.7.1 改善土壤物理性质

（1） 改善土壤构造

有机颗粒或碎片能使土壤变松，而有机质可增加微生物产物，促进土壤团粒结构的形成，从而改善土壤构造。

（2） 增加土壤保水力

有机质肥料既能直接帮助土壤保持水分，也能通过改善土壤构造间接提高土壤保水力。

（3） 提高土壤通气性

堆肥可使供应到根系的氧气增加，使来自根系的二氧化碳更易于扩散。

（4） 提高土壤温度

因有机质颜色较黑，能吸收较多热量，或土壤构造因有机质得到改善后，在春季来临时可及时排出多余的水分，致使土壤温度上升。

6.7.2 改善土壤化学性质

（1） 增强土壤贮存营养成分的能力

在有机质表面贮存并形成可交换的形态，这一点对含黏粒较少的土壤尤其重要。

（2）经分解可提供植物所需的营养及能量

有机物分解时，会产生无机营养（如氮、磷、硫、微量元素等）及有机营养（如氨基酸、糖类等），同时放出的二氧化碳可进入空气中供植物光合作用使用。

（3）分解产物可促使贮存的无机营养转移并增加其有效性

营养成分会直接或间接受到分解产物的作用而释放有效态养分，也可能间接受到分解产物的酸性作用，或因氧化还原电位降低，使得一些元素在还原态下的有效性及移动性提高（如铁、锰），还有一些元素（如磷、钼）会间接受此影响。

（4）有机肥中含有植物生长所需的活性物质

分解有机肥的过程中，有大量的有机化合物释放出来，包括作物生长促进剂与抑制剂，以及类似抗生素的物质，可能直接对作物或土壤微生物产生影响。

6.7.3 对土壤微生物的影响

堆肥对土壤微生物的影响如下。

① 堆肥可提供土壤微生物所需的营养及能量，各种有机物分解的快慢与所含物质有关，其中木质素的分解速度较慢，能利用木质素的菌种也较少。

② 氮是农作物栽培中的必要元素，能构成生物体内蛋白质、氨基酸甚至是核酸分子。对于土壤中的固氮菌而言，在氮肥含量低的条件下，其固氮作用会得到增强，能将空气中的氮固定成生物可利用的含氮化合物，而当氮素施用量增加时，固氮菌固定空气中游离态氮的能力则会受到反馈抑制。

废物经堆肥处理后之所以可以用作肥料，是因为堆积材料在微生物的分解作用下，其物理及化学性质发生了改变。例如，原本坚韧的纤维经堆积发酵后变得疏松；发酵过程中温度会逐渐升高，可杀死一些病菌和虫卵；同时，原有机材料中含有的碳、氮等成分，经微生物分解后改变了原来的组成与形态。这些变化共同使堆肥产物具备了肥料应有的性质。

6.8 好氧堆肥化工程

典型的堆肥处理流程如图 6.4 所示，其主要包括前处理、一次发酵、二次发酵、后处理加工、臭味处理等单元。

6.8.1 好氧堆肥化前处理

堆肥前处理是将物料调整至适合微生物生长的条件，包括：

① C/N 值控制在 20～30；

② 含水率控制在 50%～60%；

③ pH 维持在中性；

④ 物料粒径不能太大，应在 2～30mm；

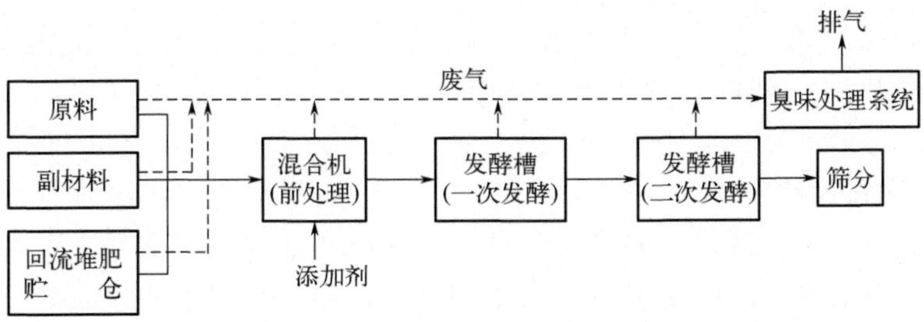

图 6.4 典型的堆肥处理流程

⑤ 添加适宜菌种或微生物；

⑥ 物料需混合均匀且去除杂质。

处理之前，应对所需物料有一定的管理计划，如副材料的选择、混合掺配比例等。

6.8.1.1 副材料的选择

以有机污泥为例，副材料的添加可提供碳源，提高 C/N 值，增加固体物的含量从而降低含水率和增加孔隙度。而有些材料（如木屑）可降低臭味，稻壳则可增加产品中的钾含量。

一般副材料的选择需考虑取得便利性及成本，是否需前处理（如破碎、筛分等）以降低粒子大小，粗成品是否需再处理（如将未分解部分筛除），对产品特性的影响（如重金属浓缩问题）等因素。

以污泥作为处理对象时，由于污泥连续产生且不可久贮，故需尽量连续处理，因此所需的材料应有充分的准备，虽过多副材料的囤积会造成成本增加，但若因副材料缺乏而导致停车，则污泥贮存的臭味问题将影响到整个堆肥场营运。

6.8.1.2 物料的混合

在堆肥处理过程中，控制物料的通气性（即孔隙度）及水分含量是相当重要的操作。若局部通气不良，会引发厌氧反应，导致温度分布不均、水分难以散发，进而造成堆肥化不完全，同时还无法彻底杀灭病虫菌，会使臭味加剧，影响最终堆肥品质等。所以堆肥化过程中应选择适当的副材料，并谨慎制定出混合操作基准。

混合比的多利用物料的固体物含量进行计算，对于进入堆肥系统的物料，即污泥、副材料及回流堆肥等，经混拌后的固体物含量以 40%～50%为佳，即含水率控制在 50%～60%之间。混合比可用固体物含量关系式计算，即：

$$Q_xP_x+Q_yP_y+Q_rP_r=P_m(Q_x+Q_y+Q_r) \tag{6.9}$$

式中 Q_x——污泥添加量，kg；

P_x——污泥中固体物含量，%；

Q_y——副材料添加量，kg；

P_y——副材料中固体物含量，%；

Q_r——回流堆肥质量，kg；

P_r——回流堆肥中固体物含量，%；

P_m——混合比，一般在 40%～50%之间。

混合比的控制方式可以质量或体积计，前者较为精确，因质量只受含水率影响，而体积则与物料密度有关。但在静堆式或风道式操作过程中，则多以体积比表示。例如，混拌机械为铲装机时，则以铲斗的容量来表示，如 1 个铲斗的污泥与 3 个铲斗的木屑混合。

6.8.1.3 物料堆置区设置

厂区地面的设置，尤其是物料堆置区域，为保障在任何天气下都能正常作业，地面设计应避免采用碎石铺设，以防物料流失及土壤渗透，即便利用柏油或混凝土铺设，也应考虑大型机械（如铲装机、大卡车等）作业时所造成的磨损问题。另外，为方便物料渗出液的收集，应设计 2%～2.5%的坡度。若采用有屋顶的厂房，则应注意通风良好。

6.8.2 好氧堆肥化设施

对微生物而言，堆肥化（发酵）设备是为其提供生长环境并对该环境产生影响的场所。其中最主要的控制因素是通气性，即通过机械设施让微生物维持在好氧状态，这样可以提高堆肥化效率，使生产过程更为经济有效。

若将堆肥化设施视为一个生产单元，则影响其操作的因素包括进料及出料方式、物料在此单元的停留时间、此段时间内物料理化性质的变化等。堆肥化设施已从传统的野积式，发展出多种快速的槽式堆肥化设备。表 6.8～表 6.12 为各种堆肥化设备的简要介绍。每种设备都有其各自的优缺点，从堆肥化处理废物的角度来看，其应有别于以生产商业化堆肥为目的的工厂，即除品质需符合市场需求外，还需兼顾对生产成本的控制及二次污染的防治。因此，应依所在区域的环境条件，选择合适的堆肥设施。堆肥化设施大致可分为传统式（野积式）堆肥设施、通气静态堆肥设施及好氧性槽式堆肥设施 3 类，前两者的区别在于堆肥化过程中提供空气的方式不同，即野积式堆肥设施主要由堆积体的表面或翻堆来提供好氧性微生物所需的氧气，其效率较低，而通气静态堆肥设施则是由通气系统及翻堆来强制性地提供氧气。好氧性槽式堆肥法所依托的设备可通过设备组件来控制堆肥化过程中的各项操作因素（如进出料方式、通气量等），因此属于半自动化生产设备（因整个生产流程还需包括前段的物料调整及后续的发酵等环节）。

表 6.8 立式发酵仓类型及其对比

基本情况	立式多层圆筒式	立式多层桨叶刮板式	立式多层移动床式	立式多层板闭合门式
结构	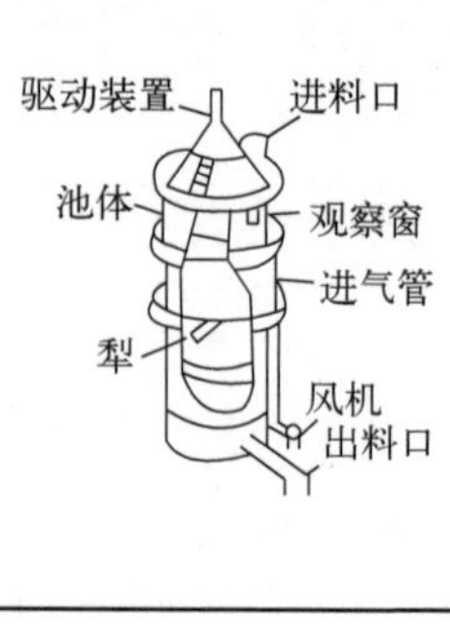	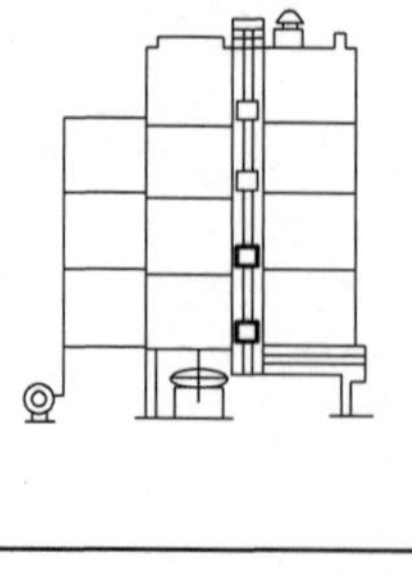	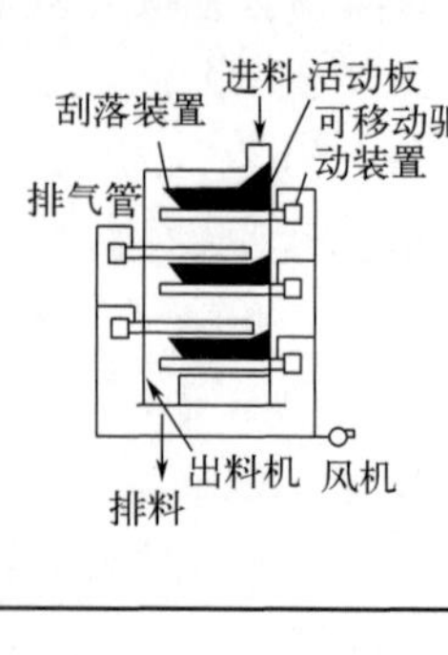	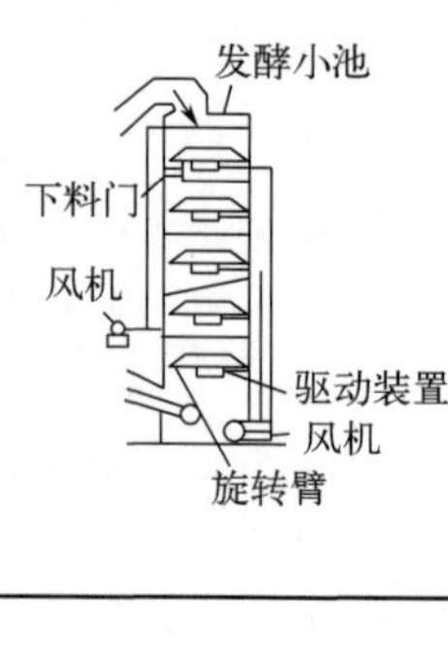

续表

基本情况	立式多层圆筒式	立式多层桨叶刮板式	立式多层移动床式	立式多层板闭合门式
概况	该装置呈多层圆筒形，每层堆高0.3m。它利用每层之间的固定旋转间隙，同时对原料进行反复切断及输送，原料由塔顶送入，由塔底排出	该装置呈多层圆筒形，每层堆高1～1.5m。利用各段内旋转的刮板同时进行原料的反复切断及输送。原料落在与刮板相反方向的叶片上，按顺序向下输送	该装置呈多层条形，每层堆高为2.5m。各床层构成整体的移动床。通过水平运动将原料排出后，按顺序输送到下层	该装置呈多层条形，每层堆高不超过1m。各床层都有闭合门。在反复切断输送的同时，按顺序向下输送原料
一次发酵天数/d	3～7	3～7	8～10	5～10
重复切断方法及频率	利用固定间隙进行重复切断，频率为1次/d	利用各层旋转的刮板进行原料的切断，频率为1次/d	利用各床层的水平移动进行重复切断，频率为1次/2d	利用各层闭合门的开闭来进行重复切断，频率为1次/d～1次/2d
通气方法	空气通过各床层通入，并且集中向槽上部排气	空气由风机鼓入，通过床层，集中向槽上部排出	空气通过各床层通入，并且集中向槽上部排气	每层交替进行通气和排气
压实块状化及通气性能	由于利用固定间隙进行重复切断，所以原料压在间隙内易变为块状形态，导致通气性能较差	利用刮板重复切断，对原料进行粉碎后缓慢堆积，所以没有出现压实块状化现象，通气性能好	由于是利用床的移动进行物料输送，原料被推向筒壁，很容易被压实，所以通气性能不好	由闭合门自由下落来完成切断，所以它没有破碎功能，无压实块状化现象，通气性能好
通气阻力	中	小(666.61Pa)	大	中(3999.66Pa)
通气动力	中	小	大	中
除臭类型	密闭型	密闭型	密闭型	密闭型
优点	占地面积小，除臭设备体积小	无压实块状化现象，通气阻力及动力消耗小，占地面积小，除臭设备体积小	占地面积小，除臭设备体积小	占地面积小，除臭设备体积小
缺点	堆积高度低，容积有效利用率低，装置运行所需的功率大，物料容易出现压实块状化，通气性能差，多层结构，装置很高	多层结构，装置很高	物料容易压实，通气性能差，床的移动机构复杂，多层结构，装置很高	没有破碎功能，必须配备原料供给装置，多层结构，装置很高

表6.9 筒式发酵仓类型及其对比

基本情况	筒式静态发酵仓	筒式动态发酵仓
结构	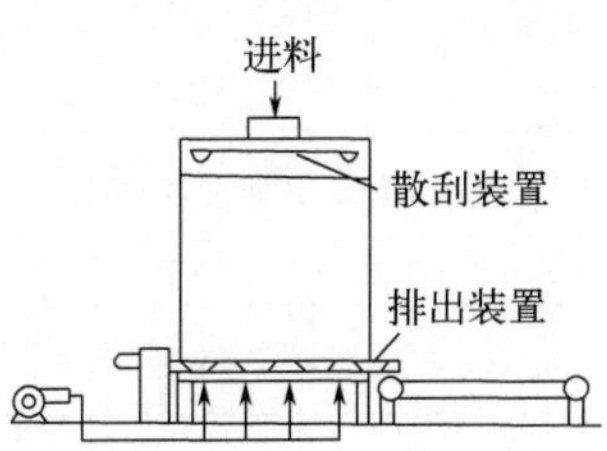	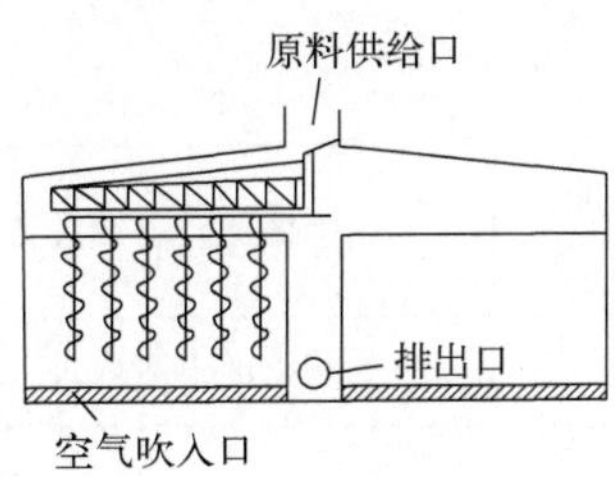

续表

基本情况	筒式静态发酵仓	筒式动态发酵仓
概况	该装置呈单层圆筒形，堆积高度 4～5m。堆肥由仓顶经布料机进入仓内，按顺序向下移动，由仓底的螺杆出料机出料	该装置呈单层圆筒形，堆积高度为 1.5～2m，螺旋推进器在仓内旋转，将外围投入的原料重复切断后，输送到槽中心部位的排出口排出
一次发酵天数/d	10～12	5～7
重复切断方法及频率	—	利用螺旋推进器的叶片进行重复切断，频率为 1 次/d
通气方法	由仓底部通气，并由上部排出	利用仓底部的管路通气供氧，并向上排气
压实块状化及通气性能	仓内没有重复切断装置，原料呈压实块状，通气性能差	利用螺旋叶片重复切断，原料被挤压在螺旋面上，容易呈压实块状，通气性能较差
通气阻力	非常大	中
通气动力	非常大	中
除臭类型	密闭型	密闭型
优点	占地面积小，发酵仓利用率高	排出口高度和原料的停留时间均可调节
缺点	堆积高度高，呈压实块状，通气阻力大，动力消耗大，产品难以均质化	原料停留时间不均匀，产品难以均质化，易呈压实块状，通气性能差，不易封闭

表 6.10 卧式发酵仓类型及其对比

基本情况	卧式静态发酵仓	卧式动态发酵仓
结构	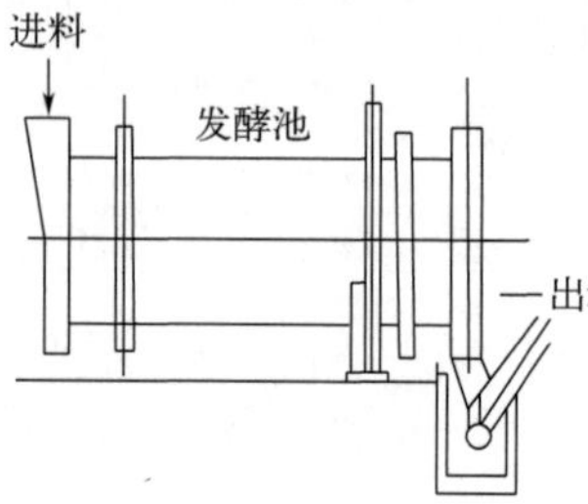	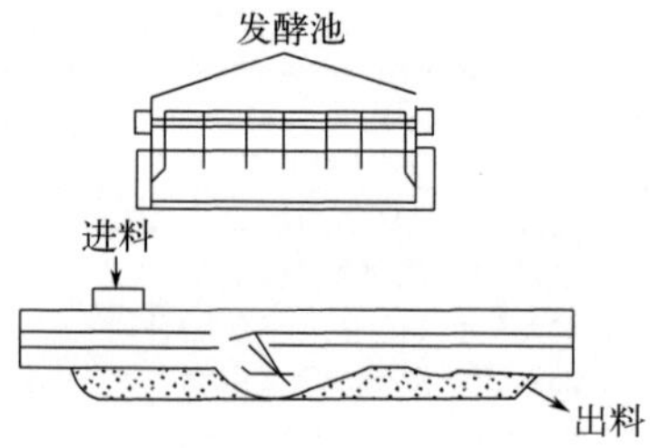
概况	利用低速旋转滚筒反复进行搅拌和输送	该装置为平面型（最大槽长 25m，堆积高度 1.5m），配备可横向行走的刮板，刮板呈锯齿形运动，同时完成原料的重复搅拌和输送，原料则缓慢堆积在与刮板运行方向相反的叶片上
一次发酵天数/ d	2～5	8～12
重复切断方法及频率	利用筒的旋转连续进行重复切断	利用锯齿形运动的刮板进行重复切断，频率为 1 次/d
通气方法	空气从筒的出料口进入，并从进料口排出	利用底部管路通气

续表

基本情况	卧式静态发酵仓	卧式动态发酵仓
压实块状化及通气性能	在发酵过程中，筒体不断地旋转，对物料进行重复切断，所以易产生压实块状化现象，不能对原料进行充分通气	利用刮板重复切断、破碎原料，缓慢堆积，不会产生压实块状化现象，通气性能非常好
通气阻力	小	小
通气动力	小	小
除臭类型	半敞开式	半敞开式
优点	通气阻力小，动力消耗少	利用旋转刮板重复切断，无压实块状化现象，通气性能好，通气阻力小，动力消耗少
缺点	原料停留时间短，发酵不充分，密闭困难，容易产生压实现象，通气性能差，产品不易均质化	占地面积大，环境条件差，除臭设备体积大

表 6.11　箱式发酵仓类型及其对比

基本情况	铲斗翻倒式发酵仓	卧式桨叶发酵仓
结构	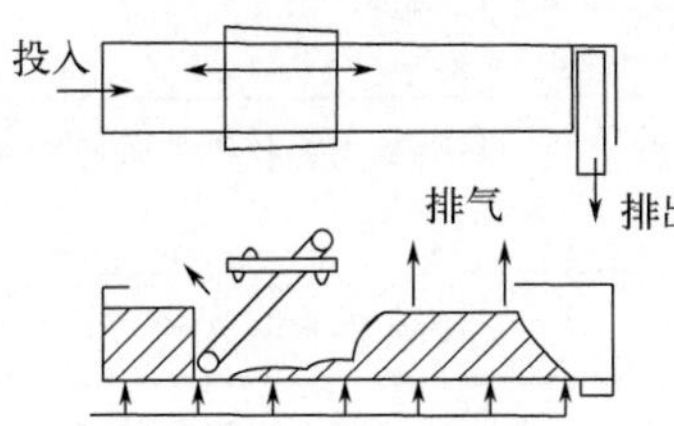	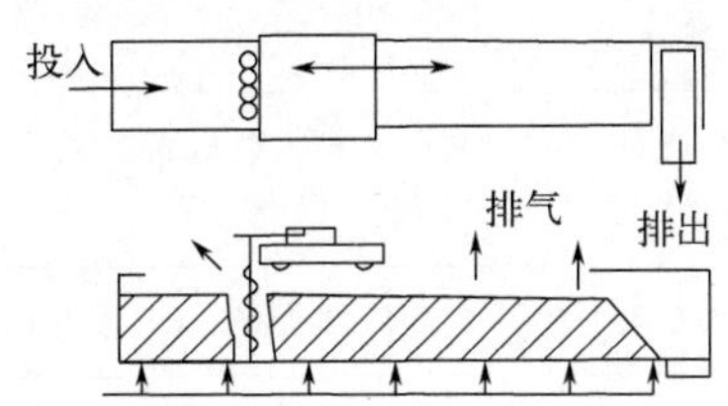
概况	该装置为平面型(最大槽长为 31m，高为 1.5m)，利用行走式铲斗同时进行原料的重复搅拌和输送，原料到达铲斗的投入口后，铲斗会将其向上提升至排出口，然后再降下铲斗返回	该装置为平面型(最大槽长为 31m，高为 1.5m)，利用行走式螺旋输送机同时进行原料的重复搅拌和输送，原料到达螺旋输送机后投入端时，螺旋输送机会将其向上提升到排出端后返回
一次发酵天数/d	8～12	8～12
重复切断方法及频率	利用行走式铲斗进行原料重复切断，频率为 1 次/d	利用行走式螺旋输送机中的叶片进行重复切断，频率为 1 次/d
通气方法	利用底部管路通气	利用底部管路通气
压实块状化及通气性能	利用铲斗将切下的原料进行重复切断和输送，很少产生压实块状化现象，通气性能好	利用螺旋叶片进行重复切断和输送，将原料送至螺旋面，易产生压实块状化现象，通气性能较差
通气阻力	小	中
通气动力	小	中
除臭类型	敞开式	敞开式
优点	很少产生压实块状化现象，通气阻力小，动力消耗少	—

续表

基本情况	铲斗翻倒式发酵仓	卧式桨叶发酵仓
缺点	占地面积大，环境条件差，铲斗的长度取决于槽的长度，发酵池有效利用率低	环境条件差，占地面积大，螺旋总长度取决于槽的长度，易产生压实块状化现象

表 6.12　堆积式发酵仓类型及其对比

基本情况	气流箱式发酵仓	定箱槽式发酵仓
结构	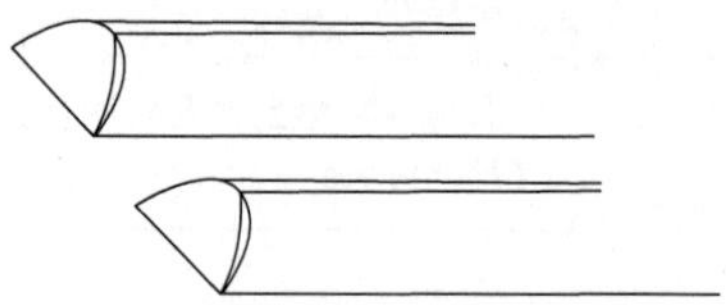	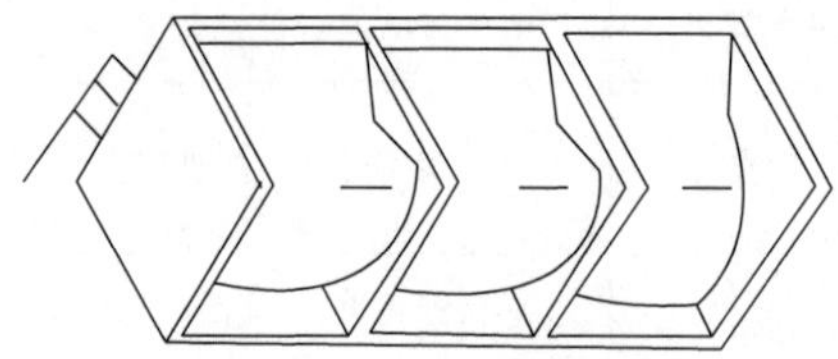
概况	该装置为室外堆积式（堆积高度为 1.5～3m），利用铲式装载机或其他专用机械堆积	该装置为室内堆积式（堆积高度为 1.5～3m），利用铲式装载机，在固定的角槽内堆积
一次发酵天数/d	60～90	30～60
重复切断方法及频率	利用铲式装载机等进行重复切断，频率为 1 次/2 周	利用铲式装载机等进行重复切断，频率为 1 次/2 周
通气方法	利用底部管路通气，多数情况不通气	利用底部管路通气
压实块状化及通气性能	重复切断的间隔时间长，有压实块状化现象，通气性能差	重复切断的间隔时间长，有压实块状化现象，通气性能差
通气阻力	大	大
通气动力	大	大
除臭类型	敞开式	敞开式
优点	设备简单	设备简单
缺点	不能除臭，重复切断的间隔时间长，易产生压实块状化现象，发酵时间长，产品均质化困难	除臭设备体积大，重复切断的间隔时间长，易产生压实块状化现象，发酵时间长，产品均质化困难

6.8.3　风道式堆肥法

风道式堆肥法的操作方式相当简单，即将原料与副材料混合后，以长列形式堆置，通过自然通风以及移动式翻堆设备的翻堆作业，为堆肥过程提供所需空气。

6.8.3.1　处理流程

典型的风道式堆肥处理流程如图 6.5 所示，其主要步骤包括物料混合、堆置过程的操作和管理、成品的贮存及回流。

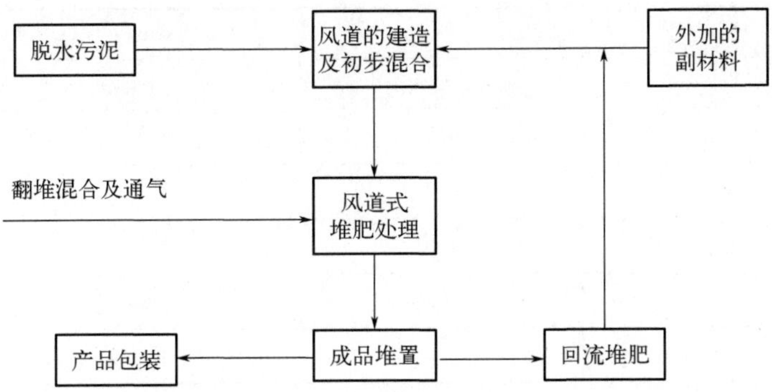

图 6.5　典型风道式堆肥处理流程图

6.8.3.2　堆积方式

风道式堆肥法操作示意如图 6.6 所示，风道的建筑方式有许多，良好的风道是堆肥操作成功的关键。如图 6.6 所示，将原料与副材料置于拖车上，以衔接方式卸料，使其呈一长列，再利用移动式机械（如可横跨风道的堆肥翻堆机或铲装机）加以混合。而所构筑的风道需有适当的孔隙度及水分，同时堆置体大小需足以维持好氧菌种的分解反应。其大小与原料及副材料混合后的体积、构筑方式及机器设备大小有关，工厂操作中常见的尺寸如表 6.13 所列。风道的长度需根据每日产生的原料性质、数量，以及原料与副材料的混合比和场地大小而定，另外每列之间需预留足够空间供翻堆机通行，通常留 3m 的距离即可。

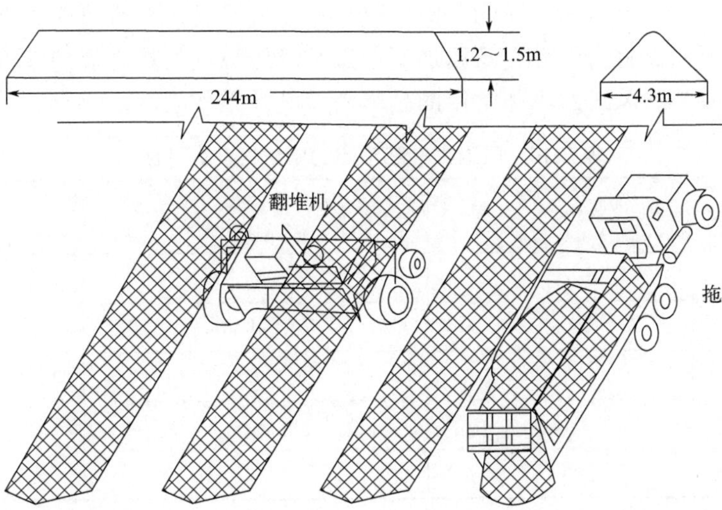

图 6.6　风道式堆肥法操作示意图

表 6.13 常见风道式构筑尺寸

项目	型式		
	小	中	大
高度/m	0.9	1.4	2.1
底部宽度/m	3.7	4.3	7.0
单位长度体积/(m^3/m)	2.3	3.1	8.8
单位面积体积/(m^3/m^2)	1890	2830	6610
表面积-体积比/(m^2/m^3)	2.6	1.6	0.8

通常风道式堆肥法需 30～50d 甚至更长时间才能完成一个完整的堆肥程序。堆肥过程中每周至少要进行 3 次定期翻堆。翻堆的主要作用包括：减小颗粒尺寸，使堆积物质混合均匀，增加孔隙度以保持好氧状态，增加供气量，释放水蒸气以加速干燥，使所有物料均能进入高温区以有效消灭病虫菌。如风道构筑方式及翻堆方式适当，通常自堆积开始，几日内堆肥内部温度就可达 55℃以上，且可持续数周。

6.8.3.3 影响风道式堆肥的操作因素

对风道式堆肥处理而言，其成败取决于程序操作因素与环境因素，因此在设计操作程序前，需对这些因素进行审慎评估，以得出最佳设计参数。重要的程序操作因素包括原料性质、副材料种类、翻堆频率、风道大小及通气量等。

（1）原料性质

首要的特性为总固体物含量，其决定了副材料所需添加的比例，应使混合后的物料含水率控制在 50%～60%。一般副材料需另外采购，增加了操作过程的成本。同时混合后的体积决定了风道大小，因此需尽可能减小混合物的体积，即尽量降低原料的含水率。

（2）副材料种类

副材料的主要作用为增加原料的孔隙度以促进氧气渗透，并且可作为微生物生长所需的食物来源之一。而副材料的种类及添加量会影响堆肥温度的提升及持续性，从而影响堆肥灭菌及干燥的效果。风道式堆肥常用的副材料及其特性如表 6.14 所列。

表 6.14 风道式堆肥常用的副材料及其特性

种类	总固体物/%	挥发性固体占总固体物的百分数%	密度/(kg/m^3)
锯木屑	74	95	260
回流堆肥	63	50	590
稻壳	74	95	130
干稻草	73	80	234
树枝(叶)	82	97	237

（3）翻堆频率

风道式堆肥的温度分布可划分为几个不同区域，例如温度小于 55℃的“冷温区”以及该区内部及周边的“高温区”。以某堆肥场为例，约有 40%的区域小于 55℃，22%的区域在 55～65℃，22%的区域在 65～71℃，14%的区域超过 71℃。而翻堆就是使冷温区与高温区充分混合，以确保所有堆积物皆能暴露于高温区内，从而达到灭菌效果。增加翻堆次数亦可提高干燥速率，翻堆频率需视堆肥处理的情况而定，以期达到适宜的温度及干燥速率。一般而言，风道式堆肥处理多采用隔天翻堆一次（约 3 次/周）的方式，以一家污水处理厂的堆肥场为例，其堆肥操作于第 1 周每日翻堆 2 次，而在完成前的 3～4 周，则每日翻堆 1 次。

（4）风道大小

风道的大小（截面积）主要会影响内部温度提升的程度。为使温度升高，堆肥所产生的热能必须超过其外表面因传导、对流、辐射所损失的热能。一般而言，当风道的截面积增加 0.5m^2，其温度大约可提升 1.2℃。对堆肥的另一主要目的杀菌而言，若风道太小，则无法满足杀菌所需的高温，因此从体积来看，风道体积较大时有利于杀菌。另外，堆肥过程中应确保整个风道的基部位于同一轴上，避免不规则的截面出现，从而使温度降低。另外，就堆肥干燥速率来看，虽然小堆不利于温度的提升，但其干燥速率明显优于体积较大者。有研究报告指出，依副材料种类、风道体积及季节的不同，小型风道式堆肥的干燥速率比中型快 25%～37%。由此可得，风道式堆肥的操作应视其目的（如杀菌或干燥）调整体积（截面积）大小。

（5）通气量

为使堆肥化过程中氧气含量保持在 5%以上，风道式堆积法应定期翻堆以提供足够的氧气，供热分解菌利用，同时可避免形成厌氧状态而产生臭味。

6.8.3.4 环境因素

若风道式堆肥采取露天方式操作，则容易受降雨、低温、日晒及风速等环境条件的影响，从而导致操作效率降低。为避免受此类因素影响，堆肥场多会兴建厂房，在室内操作，而厂房亦可采取开放式与密闭式，后者对于臭味的控制与处理效果较好，但相对成本较高。

6.8.3.5 臭味的产生及控制

对风道式堆肥处理而言，影响其臭味扩散及感测的因素包括场地中新构筑的风道数目、风道的表面积与体积比、风道中的温度、副材料的种类与添加量、臭味感测点至堆肥场的距离、臭味的传送条件（如风向、风速及灰尘扩散速度等）、原料特性与渗出水的排放情形等。相关研究指出，风道式堆肥表面臭味的逸散与内部温度的高低有直接关系，内部温度越高，臭味逸散越严重，尤其是在翻堆过程中及翻堆后的一段时间内。一般而言，整个堆肥过程的臭味逸散主要是在堆肥的前几天，之后臭味逸散随之降低，直至整个堆肥过程完成。减少臭味产生的方式包括在臭味产生的高峰期降低堆肥尺寸、改变副材料的使用量、减少翻堆次数或仅于低风速时翻堆、在厂房周围保留足够的缓冲区并用围篱或树篱等进行分隔。部分工厂会添加特殊酶或菌种以控制臭味，但一般而言，其成效并不显著。

6.8.3.6 风道式堆肥场规划

风道式堆肥场规划应考虑的因素包括土地需求、堆肥场地的铺设、物料进出的控制等。

（1）土地需求

堆肥场的场地包括堆肥作业区、产品贮存区、缓冲区及建物区等。就堆肥作业区而言，原料的固体物含量及堆肥化效率直接影响着场地大小。当原料含水率过高时，副材料的添加量必须增加，以保证含水率在50%～60%，因此整个物料的体积也随之增加。所以降低原料的含水率不仅可减少副材料用量，还可减少用地面积。

为了降低臭味对堆肥场周围的影响，其作业区外的缓冲区越大越好，而受限于场地大小，亦可考虑利用视觉遮蔽效应或屏障（如加设围篱或树篱等），以减少堆肥作业区所逸散出的灰尘及臭味。

另外，还需要设置堆肥贮存区及后制区，在后制区可进行堆肥成品过筛、添加其他营养源及包装等。而贮存区应有足够空间，以将堆肥粗成品贮存一周以上或更久的时间。

（2）堆肥场地的铺设

一般而言，堆肥场的地面会铺设柏油或混凝土，以防地表水或雨水流入，同时有利于对堆肥渗出水进行收集及处理，避免其污染地下水。

6.8.4 通气静态堆肥法

通气静态堆肥法采用静态堆积法并配合强制送风来进行堆肥。没有配合强制送风的静态堆积法，堆肥化速率较慢，需要较长的堆积时间。配合强制送风的静态堆积法，相对可增进堆肥化速率，且较易控制水分及温度变化。由于通气静态堆肥法需安装强制送风设备，堆肥制作区大多设置在堆肥厂房内，堆积多采用容器方式，以配合强制送风设计。容器可分为开放式与密闭式。开放式容器以堆肥槽（三面墙加底层）为典型，密闭式容器以堆肥箱（六面密闭）为典型。

6.8.4.1 通气静态堆肥法的优缺点

（1）主要优点

① 与其他堆肥处理系统相比，该方法更为经济。

② 系统的操作处理容量范围很广，可视原料质量予以规划设计。

③ 采用此方式的各堆肥体分开堆积，可依据物料或产品的不同而调整配方。

④ 若一直保持良好的通气状态，该方法将比传统堆肥法有更佳的臭味控制效果。

⑤ 若提供较好通气条件，可顺利达到高温状态，具有良好的杀菌效果。

⑥ 可采用露天式、开放式或密闭式操作，可视其所需的臭味控制程度而定。

⑦ 在良好的操作条件下，堆肥成品产量与品质都可以得到保证。

（2）主要缺点

① 此堆肥处理系统适用于通气性良好的有机废弃物种类，若通气性不佳，则需配合适当的副材料加以调整。

② 为使通气效益达到最大，堆肥化过程中必须监测堆肥体的温度及水分含量等变化，并及时做出调整，才能提高堆肥化效率。

③ 若系统设计或操作不当，则会产生臭味。

④ 除非操作厂房加盖或采用密闭式厂房，否则生产时易受天气影响。

⑤ 强制送风设备的设计与安装以及日后的操作与维护均有一定的技术限制。

6.8.4.2 处理流程

典型的通气静态堆肥法处理流程如图6.7所示，包括原料管理、混合、调整水分含量、堆肥化及后处理加工等过程，主要的差异在于堆肥化过程中物料的堆积方式及通气系统的安排。这种堆肥处理方法主要是利用强制送风系统让堆肥过程保持好氧状态，从而促进分解性微生物的繁殖，加快有机物的分解。堆肥的同时可去除多余水分，有利于发酵热的释出，从而有效控制堆肥温度。通常，通气量的控制以堆肥温度变化为指标，最有利于纤维素分解的温度在55～65℃，而对消除病菌最有效的温度在60～70℃。控制通气速率可使温度维持在合适的范围内，一般通气量在0.2～0.25m^3/t（以干重计，标准状态下）。

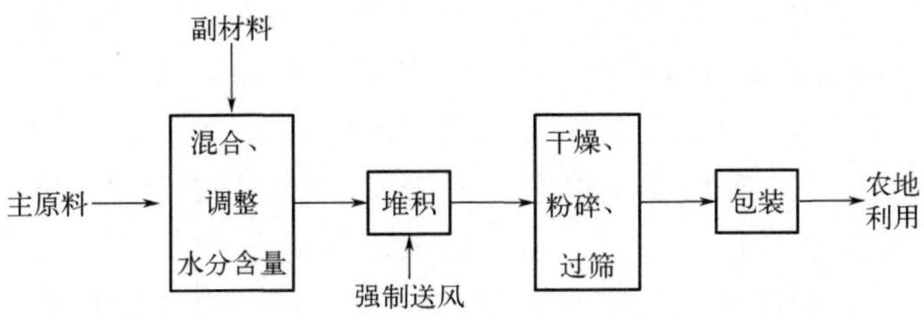

图 6.7　通气静态堆肥法处理流程

一般而言，好氧状态下，堆肥分解释出的能量大约是厌氧状态的20倍，因此有利于其内部温度的提升及干燥的进行，这也是采用曝气式的主要原因。通气量与有机物的生物氧化速率、水分及热能的释出有关，以每吨干污泥为例，一般生物氧化反应所需的通气速率约为0.6m^3/min，但为避免因曝气量过大而导致堆肥温度下降，应对通气量进行控制。

6.8.4.3　堆积方式

从堆积方式来看，通气静态堆肥法可分为开放式堆肥槽堆积方式和密闭式堆肥箱堆积方式两种，具体如下。

（1）开放式堆肥槽

开放式堆肥槽堆积方式又称为单一式堆积，以堆肥槽（三面墙加底层）为单一堆积体，通常可以以制造日期作为区分，各堆肥体分开堆积，再由堆肥底部间歇性强制送风。堆积体的大小及形状种类有很多，依各堆肥场操作及生产情况的不同而不同，堆积高度应考虑通气系统的负荷。通常，堆肥场会依其产能设置多个区间，随着每堆物料达到所需的堆积时间，便将其移至下一个区间，以此类推，从而使整个生产线形成完整的循环。采用这种方法可依物料或产品的不同而调整配方，通常物料的移动或翻动多采用铲装机。

（2）密闭式堆肥箱

一个理想的密闭式堆肥箱系统可在堆肥化过程中使堆肥温度快速上升至60～70℃，在达到70℃以上时必须立即送风，使其温度略微降低，以维持良好的分解发酵状态。因为若堆肥温度高于70℃，会不利于某些微生物生长，导致堆肥分解速度降低。通常由堆肥箱底部强制送风，而在上层适当位置再设计一个排气装置连接除臭系统，如此良好的密闭系统才能完全消除臭气问题。如果堆肥箱没有配置送风设备，则堆肥温度一般在40～50℃之间，不会高于60℃。在容量为12～70L的堆肥箱中，温度可达55～60℃，且温度维持在50℃以上的时间仅有2～6d。在容量为120L以上的堆肥箱中，适当配合送风处理，则堆肥在堆积第2天的温度即可达到50～70℃，且维持时间可达2～3周。用送风式堆肥箱制作堆肥时，每分钟通气量与堆肥体积的最佳比例约为1∶40。

6.8.4.4 设备概要

通气静态堆肥法常用于对快速处理及臭味控制有较高要求的堆肥场景。大量经过适当混合与筛选的有机物质被置入堆肥堆积制作系统中后，需通过严密监控确保其处于适宜含氧量及湿度的环境中。强制送风系统需要借助电控的马达及风扇，在管道中推送或排放空气以维持新鲜空气供应，从而为分解性微生物的生长与繁殖提供充足氧气，助力其分解堆肥中的有机物质。一般来说，强制送风系统可采用正压式（压力式通风设备）或负压式（真空通风设备）实现过程的合理控制，其中负压式更有利于臭味的收集与处理。

（1）鼓风机

一般市面上均有出售，需注意是单相还是三相，应采用合适的鼓风机规格。另外，标准送风量为每立方米堆肥0.1～0.2m^3，适宜的风压标准为100～200mmH_2O（1mmH_2O=9.80665Pa）。风压过低会导致压力不足，造成送风困难；但风压过高也不合适，会使发酵热被冲散，进而导致发酵效果不佳。市面上出售的规格如下：出力1/2PS（1PS=735.49875W），电压220V，三相，风压320mmH_2O，每分钟送风量5～10m^3。对于高为1m的发酵槽，每50m^2需配置一台这样的鼓风机，其运行方式为每送风5min停20min，并可根据堆肥发酵情况进行调整。

（2）送风管

送风管系统由塑料管连接鼓风机、主风管及支风管组成，通入发酵槽的主风管应设调节阀以控制风量。槽底的送风管管径为10cm，风管下侧所开的两排小孔为出风口，孔径为5mm，每间隔10cm开一出风孔。如图6.8所示，鼓风机和送风管应依堆肥含水率不同而分段排设。若发酵槽采用长槽式设计，由于槽内前后段堆肥含水率不同、发酵时间有差异，所需的送风量也不同，而堆肥含水率关系着其通气性，因此不能用一台送风机送为整个发酵槽送风，应根据堆肥含水率的不同，分段布置送风机。一般发酵槽前每10m设计一组，排设5～6组，至发酵槽2/3处（即水分降至35%～40%）时，再用时间控制器控制每一组送风机的运转时间及风量。

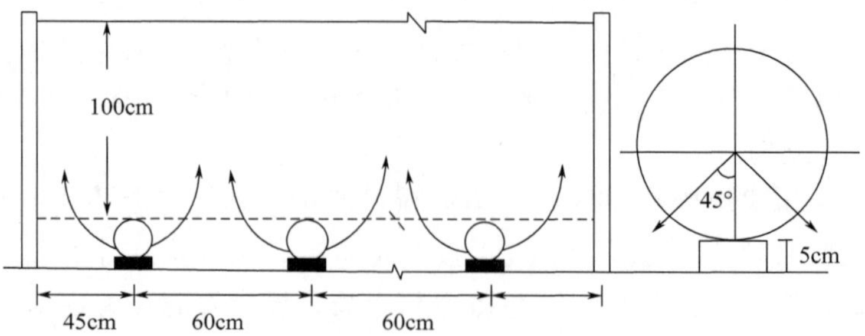

图6.8 送风管排列及钻孔示意图

（3）运输系统

将原料由原料堆置场（区）送入发酵处理区，再将成品送入后制区（干燥、粉碎、筛选、包装）及仓库，可以设计输送带系统，或利用铲装机运送。

（4）脱臭设备

由于通气静态堆肥法需安装强制送风设备，堆肥制作区多设置在堆肥场内，除臭设备即可与其配合规划设置，以达到除臭目的。

6.8.4.5 影响因素

典型的通气静态堆肥法与传统堆肥法的主要影响因素相似，其程序操作因素包括原料性质、副材料种类、翻堆频率、堆肥体大小及水分含量等。但对于通气静态堆肥法而言，由于其堆肥化过程主要是好氧状态下微生物活动使有机物分解，因此需要利用鼓风机或风扇系统来提供足够的空气。控制通气量应考虑的因素包括堆积体的温度、需氧量及水分含量变化等，一般常用堆肥温度作为控制通气量的指标。

（1）堆积体的温度

一般通气量的控制常以堆肥温度为指标，最有利于纤维素分解的堆肥温度在55～65℃，而对消除病菌最有效的温度则在60～70℃。因此，可控制通气量使温度持在此范围内。由于送风处理可去除多余水分并有利于释放发酵热，所以必须要有适当的送风处理与控管，以控制堆肥化温度，达到快速堆肥的目的。

（2）需氧量

在通气静态堆肥法系统中，将有机废物置于某种堆积槽或容器内，再配合强制送风系统处理，以促进堆肥化作用。一般在堆肥化过程中，有机废物材料特性不同，其需氧量也不同。有机质含量、水分含量、温度等理化特性，均是影响堆肥化作用的重要因素。所以要结合堆肥材料特性施以适当的送风条件，使堆积体保持适宜的好氧状态，才能促进堆肥材料快速腐熟。

（3）水分含量变化

堆肥材料水分含量关系着堆积体的通气性，含水量过高会影响通气效率，过度通气会使水分急速散失，也会影响堆肥材料的分解。由于堆肥发酵时间不同，堆积体的水分含量不同，送风量也应不同。因此，必须适当控制送风机运转时间及风量，以配合堆肥材料特性与发酵时间。

6.8.4.6 环境因素

在通气静态堆肥过程中，还必须考虑厂房内部的通风情况以及臭味是否会外泄等环境因素。事实上，这两个因素互为因果关系，因为要维持堆肥化作用顺利进行，厂房内部必须保持良好的通风，使堆肥分解产生的废气与臭气能迅速排出，同时让厂房外新鲜的空气能够顺利进入，这样也有利于厂房内含水率的控制。分解产生的废气与臭气需进一步排出，绝不能造成厂房外的空气污染，所以厂房内部的通风与除臭系统必须一并进行规划考虑。

6.8.4.7 臭味产生与控制

堆肥制作过程中会产生臭味，造成环境污染。当有机废物中含氮化合物的含量较高时，在堆肥化过程中会释出氨气及硫化物等气体。氨气常在堆肥制作中产生，且会导致堆肥中氮素含量减少，所以应尽量予以避免。一般堆肥场会设置除臭槽，其原理是臭气经过

“微生物过滤器”过滤后排放，这种物质通常具有较强的吸附能力，其阳离子交换能力较强。处理一段时间后，当作为微生物过滤器的有机材料不再具有过滤排气的效能时，可退回堆肥程序再度回收。以木屑、稻壳为过滤介质时，由于其兼有水分、有机质调整功能，所以除臭区实为原料堆置场（区）的前置区域。先将木屑在脱臭槽中洒水进行预处理，待其吸附臭气达到饱和后，可回收作为调节水分、有机质的副材料。这样做既能缩短木屑、稻壳的发酵时间，又能达到脱臭的目的。

6.8.4.8 堆肥场的规划

通气静态堆肥法的堆肥场规划应考虑的因素与传统式堆肥法相似，包括场地需求、堆积场设置、物料产品在线管控、缓冲区设置及相关附属设施配备等。不同于传统式堆肥法的是，通气静态堆肥法既要规划安装强制送风设备，又要规划设置除臭设备。

（1）强制送风设备

通气静态堆肥法系统中，将有机废弃物置于某种堆积槽或堆积容器中，再配合强制送风系统处理，以达到促进堆肥化的目标。由于通气静态堆肥法需要安装强制送风设备，堆肥制作区多设置在厂房内。而堆肥制作区无论采用堆积槽还是其他堆积容器，其送风口大多规划在堆积容器的底层，由堆肥材料下层往上层送风，并通过施加适当的送风量与风压，将新鲜空气均匀散布在堆肥材料内部，使堆积体保持适宜的好氧状态，这样才能促进堆肥材料快速分解腐熟。根据堆肥发酵时间的不同，必须适当控制送风机运转时间及送风量，以配合堆肥材料特性与发酵时间。

（2）除臭设备

在进行强制送风处理过程中，堆肥分解所产生的热量、水分、废气等，均应适当排除。因此可配合规划设置除臭设备，以达到促进堆肥场通风与除臭的目的。在厂房内规划良好的抽风设备，将所有不良的废气加以排出，再经适当的除臭设备予以消除，这是一座优良堆肥场不可或缺的基本设计。

6.8.5 好氧性槽式堆肥法

好氧性槽式堆肥法由传统堆肥法及通气静态堆肥法进一步改良发展而成，它是将有机废弃物置于一个生物反应槽内进行分解发酵，同时利用强制送风与自动搅拌翻堆系统营造出好氧环境，让好氧性微生物可以大量繁殖并快速地将堆肥分解发酵。因此，该堆肥方法涉及较复杂的机械设备，需要较高的操作与维修技术，若操作不当或维修技术不足，则会影响堆肥生产。在一个运行良好的好氧性槽式堆肥系统中，可以一次性处理大量的有机废物，而且可依序生产出品质稳定的堆肥成品。

6.8.5.1 好氧性槽式堆肥法的优缺点

（1）主要优点

① 处理量大且稳定，适于大量生产堆肥。

② 进行适当的翻堆与通气可以减少废气产出。

③ 理想的好氧性发酵系统可以顺利达到适宜的高温，具有良好的杀菌效果。

（2）主要缺点

① 好氧性发酵系统所需的机械设备较复杂，操作与维修技术必须相当熟练。

② 好氧性发酵系统的设施与设备成本较高，所以堆肥生产成本亦较高。

③ 操作不当易产生臭味。

6.8.5.2 处理流程

好氧性槽式堆肥法是将有机废物置于生物反应槽中进行堆肥制作，同时利用强制送风与自动搅拌翻堆系统，营造出好氧环境让有机废物进行好氧分解发酵，从而快速生成有机质肥料。好氧性槽式堆肥法处理流程如图 6.9 所示。其中主原料与副材料的混合及水分含量的调整与其他堆肥法相近，进入生物反应槽后开始分解发酵，此时必须配以适当的自动搅拌翻堆与强制送风系统，使反应槽内形成良好的好氧条件，如此可以让好氧微生物大量繁殖并快速进行分解发酵。如果由于有机废物的特性或停留于反应槽内的发酵时间不足等问题，在反应槽内尚未达到腐熟阶段，则需要再进行后发酵处理。在后发酵处理阶段可以另外配合干燥、粉碎、过筛等处理，最后进行包装与出货。

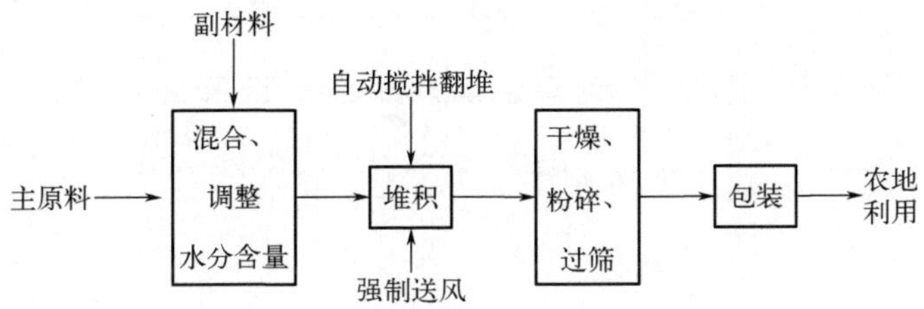

图 6.9 好氧性槽式堆肥法处理流程图

6.8.5.3 堆积方式

好氧性槽式堆肥法通常采用多段式处理流程，最重要的分解发酵阶段通常在生物反应槽内进行，也可称之为分解发酵槽，其停留时间视材料的性质及反应器的形式与构造而定。反应槽通常可分为 3 种，即直立式推流、水平式推流及搅拌槽式系统，其主要差异在于进出料方式（即物料在反应器内的行进路线）、曝气系统与槽体形状等。

（1）直立式推流系统

此系统为一直立式槽体，原料由顶端进入后渐往下移动至槽底，气体被强制送入槽体，原料在此阶段主要进行分解发酵，随后于第二阶段进行腐熟过程，整个流程一般需要 28～35d。

图 6.10 为一钢铁制圆柱形直立式推流反应槽，其堆肥物料深度为 7～8m。

（2）水平式推流系统

此种反应槽因其外形特点又被称为隧道式反应槽，其操作方式与直立式相似。图 6.11 为典型的水平式推流反应槽，原料由一端进入，推送器逐渐前进，将其推送至另一端出料。

（3）搅拌槽式系统

此系统与推流式反应槽的最大区别在于，其借助搅拌翻堆机械的定时运转来实现原料的移动。其反应槽通常为上方开口式，气体由底部强制送入，槽体可为矩形或圆柱形，一

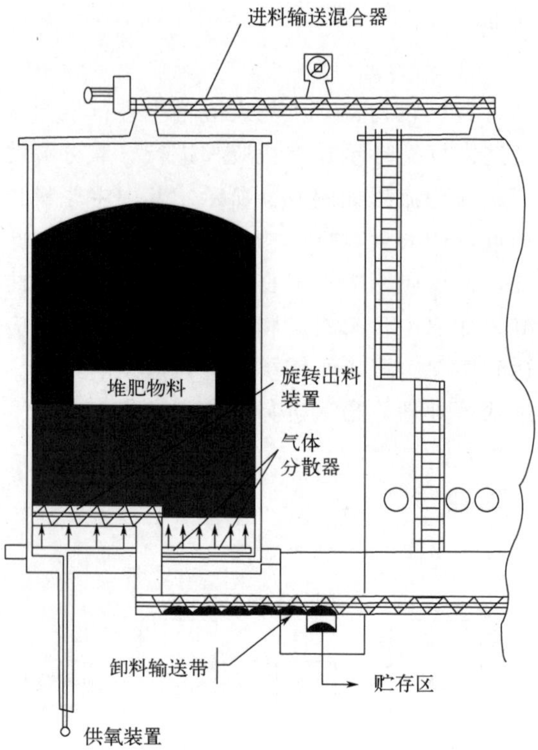

图 6.10　钢铁制圆柱形直立式推流反应槽

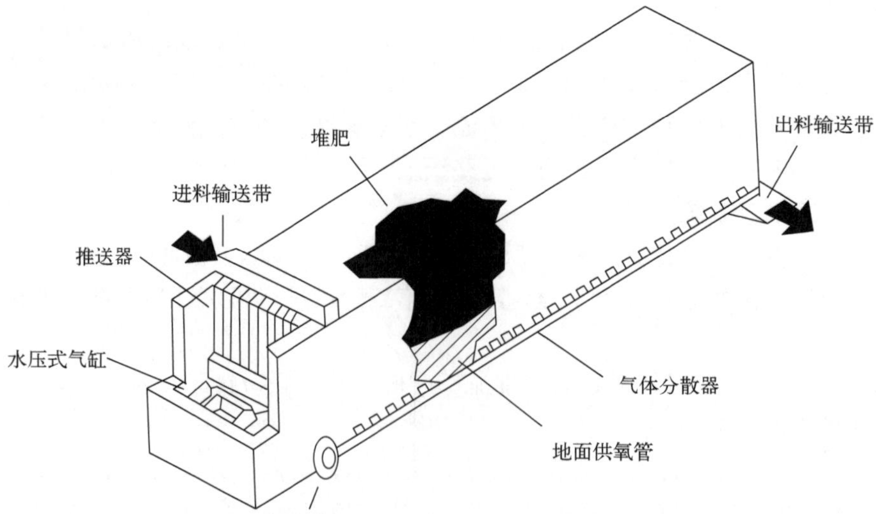

图 6.11　水平式推流反应槽

般堆肥槽的深度在 2～3m，长度则需视有机废物材质特性与搅拌翻堆、强制送风等条件设定。搅拌槽式堆肥法示意如图 6.12 所示。

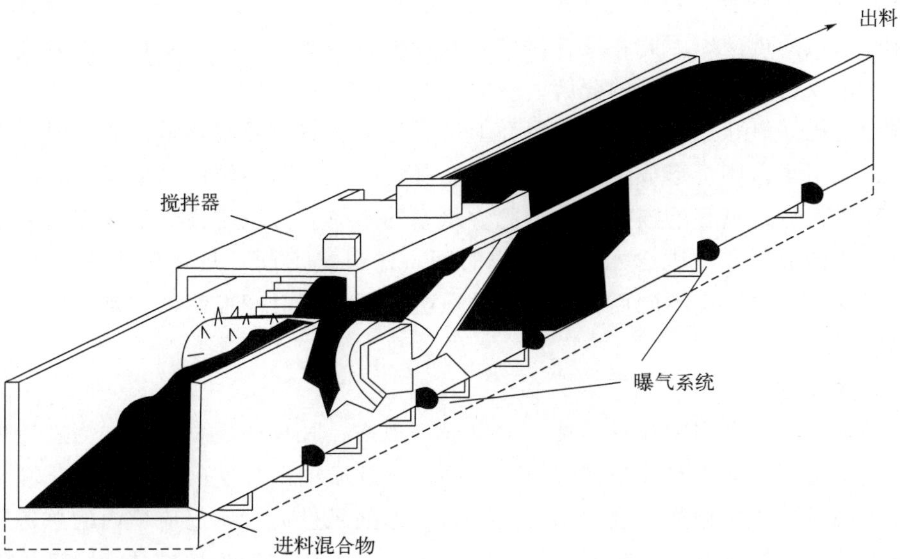

图 6.12 搅拌槽式堆肥法示意图

6.8.5.4 设备概要

好氧性槽式堆肥法的分解发酵阶段通常在生物反应槽内进行，因此该方法的主要设备以这一反应槽为核心。因此，凡是与堆肥搅拌翻堆、送风发酵及脱臭抽风等系统相关的设备，即搅拌翻堆机械、强制送风机械、臭气收集管路、抽风机、脱臭槽、废水处理系统等，必须整合设置于生物反应槽内。整合后的机械设备可大致分成搅拌翻堆设备、送风设备、除臭设备三大系统。

（1）搅拌翻堆设备

搅拌翻堆设备是生物反应槽中制作堆肥的重要设备之一，其目的在于对有机材料进行分解发酵。有机材料从反应槽一端送入，需在反应槽内停留一段时间，经过适当的分解发酵后再由反应槽另一端送出，即为腐熟堆肥。

为了让原料在反应槽内形成一种连续性的堆肥制作流程，在反应槽中必须实施搅拌、移动及翻堆等动作，让有机材料经过分解发酵从而产生充分腐熟且品质稳定的堆肥产品。堆肥搅拌翻堆设备的主要作用是将有机材料加以搅拌、移动及翻堆等，所以必须考虑反应槽的处理容量。另外，有机材料的理化特性如水分含量、黏着性、化学成分含量等，均会影响到机械的运作效能，尤其是经过长期使用后，机械设备的保养与维修等又将形成另一类问题。一般来说，搅拌翻堆设备的选择除了要配合反应槽的容量与考虑处理效率外，并不需使用过于精密或昂贵的机械。翻堆机械材质应避免受到腐蚀而溶出重金属，以能够配合适当的操作效能和易于维修为准。

（2）送风设备

堆肥发酵中好氧性微生物的分解效率较高，提供较好的堆肥化条件，可以达到较好的发酵效果。搅拌翻堆虽然可以供氧，但堆肥经过搅拌翻堆将有机材料充分混合后，在微生物活性增强的同时亦会消耗堆肥材料内的氧气，所以经过一段时间后，会出现氧气不足、微生物活性降低的现象。因此在搅拌翻堆的间隙中，需要送风以提供足量的氧气，使好氧性微生物大量繁殖，加速堆肥的分解。

为维持堆肥好氧状态，需强制送风，但送风过量会造成发酵热量散失、温度下降且耗费电力；送风不足，则会形成厌氧状态产生恶臭。一般送风系统的主要设备为鼓风机与送风管等，鼓风机、送风管的连接应依堆肥含水率的不同而分段排设。若发酵槽采用长槽式设计，由于槽内前后段堆肥含水率、发酵时间、送风量不同，且堆肥含水率关系着通气性，故应根据堆肥含水率不同而分段排设送风机，再利用时间控制器控制每一组鼓风机的运转时间及风量。

（3）除臭设备

除臭设备设计应考虑脱臭槽容量、抽风设备规格、脱臭介质材料等。为避免生物反应槽中因氧气不足而造成厌氧发酵的情况，必须依据反应槽内部空间的空气量、堆肥分解发酵所需的氧气量、脱臭槽抽气量等估算抽风量，即抽风量需大于反应槽内的总送风量。这样反应槽内就能保持好氧状态，而臭气也能够由抽气系统抽至脱臭槽进行脱臭。因此，脱臭槽的容量或面积，必须搭配抽气量与臭气停滞反应时间综合考虑。脱臭槽的容量与面积越大，臭气经过介质的接触反应时间越久，除臭效率也越高。但当脱臭槽的容量过大，抽风能量不足时，反而会使介质中微生物供氧不足，从而导致脱臭效率降低。

6.8.5.5 影响因素

生物反应槽为好氧性槽式堆肥法的控制核心，绝大多数主要影响因素均由其调控，主要影响因素如下。

（1）搅拌翻堆的控制

维持良好的好氧条件，是好氧性槽式堆肥法的关键技术之一。堆肥发酵过程中，除了需调整好碳源与氮源的比例（碳氮比）外，适宜水分条件及充足的氧气也是必不可少的。而合理搅拌翻堆，例如控制搅拌翻堆的时间、次数与搅拌效能，不仅能将堆肥材料充分混合成均质状态，还能将底层、上层的堆肥材料充分搅拌混合，使堆肥材料中的氧气含量充足，从而获得最佳的分解发酵条件。

（2）强制送风的控制

利用搅拌翻堆可以促进堆肥分解发酵与均质化，但翻堆会使堆肥内的发酵热散失，使发酵过程无法达到适宜的高温。因此，停止翻堆时仍需保持充分的供氧，此时应配合适当的强制送风处理才能维持适当的好氧环境条件，以促进堆肥化作用。一般在堆肥化过程中，有机废物材料特性不同，其所需的氧气量也不同。所以要综合考虑堆肥材料特性，施以适当的送风条件，以使堆积体保持适宜的好氧状态，从而促进堆肥材料快速分解腐熟。

（3）臭气的控制

堆肥化过程中很难完全避免臭气产生，因此设计适当的除臭装置是必须的。在好氧性槽式堆肥法的生物反应槽中，为使臭气得到较好的控制，必须考虑多种因素。在合理调控下，反应槽内会形成轻微的负压状态，使臭气能够顺利经过抽气管而进入除臭槽中，同时反应槽内又能获得充足的氧气供应，维持良好的好氧条件。

6.8.5.6 环境因素

在好氧性槽式堆肥法中，主要的分解发酵阶段通常在生物反应槽内进行，在设计良好、操作正常的情况下，反应槽可以视为一个密闭的发酵空间，受到外界环境因素影响的机会不多。需视生物反应槽所需的环境条件决定其应设置在露天环境中还是在厂房内，主要考虑的因素是供给反应槽的空气源与臭气控制的安全性。例如在露天环境下，无需顾虑强制送风所需的新鲜空气来源，但需适当考虑除臭系统的安全性，以免操作不当时臭气立即向外逸散。如果反应槽设置在厂房内，则可以设计出一道完整的气体处理流程。例如，厂房内经抽气后，外界新鲜的空气从适当入口进入厂房，给反应槽中的堆肥分解发酵提供所需的氧气，同时在成品出口将厂房内部空气（包括某些逸散出的臭气）抽除，厂房整体处于负压状态。这样一来，反应槽内所需的氧气不仅可通过强制送风系统由新鲜空气供应，配合合适的抽气系统，还能让反应槽及厂房内部的臭气与空气经由除臭系统处理后，再排放至厂房外部。

6.8.5.7 臭味产生与控制

好氧性槽式堆肥法的臭味产生与控制，可以分为臭气产生源减量与抽气除臭两个方面。在臭气的产生源减量方面，控制关键在于反应槽内好氧条件的控制。一般在好氧条件下，好氧微生物会大量繁殖并进行好氧分解，此时所产生的氨气或硫化氢等臭气成分将会降至最低。所以在原料的调配上必须注意调整适当的碳氮比（堆肥前材料碳氮比应在25～35）与水分含量（60%）。另外，在反应槽中必须调控适当的好氧条件，以及建立适当的搅拌翻堆与强制送风操作准则，使堆肥材料能够迅速分解发酵，并减少臭气产生。在抽气除臭方面，主要的原则是在堆肥发酵反应槽或厂房内产生臭气的区域，用适当的抽气控制系统使整体厂房形成一负压厂房，先将产生的臭气封锁，防止臭气外泄，再利用抽风系统抽除臭气，抽除的臭气再经由脱臭槽进行脱臭。因此，堆肥反应槽中的搅拌翻堆、强制送风及脱臭抽风等系统，包括厂房内的臭气收集管路、抽风机、脱臭槽风管、洒水系统等相关设备，必须组合设置并加以整合。同时，需依据堆肥含水率、发酵温度、送风量、翻堆次数、时间等参数，建立基本操作准则并切实执行与考核，这样才能真正符合理想堆肥场的环保规范。

6.8.5.8 堆肥场的规划

好氧性槽式堆肥法的优势有堆肥化处理量大且稳定、产品成分较稳定、人力需求较少、臭味控制较佳等。尤其是在理想的堆肥制作流程与厂房设计规划系统下，可以做到良好的产品品质管控，厂区视觉效果较好，附近民众较易接受等。在堆肥场规划上，必须事先妥善规划原物料区、堆肥厂房、堆肥后制区及除臭区等重点厂区。又因以上各厂区之间有较强的关联性，所以会涉及堆肥制作的规划等。整个制作流程经过适当设计后，可以将堆肥化过程中的各阶段工作衔接起来，从而使堆肥制作顺畅进行。无论是原物料的管控、堆肥分解发酵条件的调控，还是堆肥产品的品质管理等，都能依据标准作业规范逐一检验完成。除了与堆肥制作相关的厂房需要合理规划外，厂房周围还需保留足够的缓冲区，并由围篱或树篱等作为分隔绿篱，同时缓冲区也应加以绿化美化。

6.8.6 堆肥化后处理加工

物料经过一次发酵过程，较易分解的有机物已先行分解，但要制成可出售产品还需进行后处理加工，以使产品具有市场性。这些流程包括干燥、筛分、后发酵、品质调整检验、造粒、包装等。由于堆肥产品单价偏低且需求量随季节变化很大，故在产品品质与成本及库存量等方面应有详细的产销计划，后处理加工流程设计也需考虑这些影响因素。

6.8.6.1 后发酵

后发酵的主要作用为将主发酵工程未分解的有机物再行分解，形成腐殖酸等较稳定的有机物。依物料特性及产品要求可采用不同方式，如采用堆积式或槽式，可通气或不通气的方式，堆积时间为数日或一个月以上等，其目的皆为使堆肥达到腐熟，因为若将未腐熟的堆肥施用于土壤中，会使土壤中的分解菌大量繁殖并吸收较多养分，从而与作物根系竞争营养成分，以致作物受害。通常堆积时间越久腐熟度越高。后发酵的时间需考虑出料量，一般工厂会将后发酵区视为贮存缓冲区，并配合堆肥销售量调整后发酵时间。后发酵区的设计需与前段主发酵设施相配合，如采用单一式或延长式的通气静化堆肥法，通常在后段改变翻堆次数及通气量即可，例如每周翻堆一次且不通气。若为槽式堆肥设施，则应自槽中取出物料后另行堆置。

6.8.6.2 干燥与筛分

物料经发酵后，其中的有机物质逐渐分解，其形态也随之改变，但成品中可能仍会夹杂玻璃、陶器、金属、塑料及未分解的团块有机质等，故需进行筛分以去除这些杂质。一般物料于初期开始堆置时，含水率在50%～60%，随着堆肥化过程进行，水分会渐渐散失，含水率降至40%～50%，具体视其堆肥化时间与物料特性而定。若在筛分时物料含水率仍偏高，则易发生阻塞现象。若成品于筛分后直接包装出售，则其含水率应符合产品标准。水分的去除一般可采用后发酵过程中加大通气量的方法或采用自然风干、晒干等方式来进行。工业上所使用的筛选机械种类很多，一般工厂常用振动筛，振动筛依其振动次数、振动方式、网面运动形状等可分为许多类型。经筛选去除的较大颗粒物中，除不可分解的杂物外，可能还包括尚未完全分解的副材料（如木屑等），一般将此部分与回流堆肥一并返回主发酵槽再进行分解。另外物料混合初期，因未充分混合，或在发酵过程中混合不均匀，会有团块物形成。通常外表面已风干但内部含水率仍较高的物料，需经破碎处理后再返回主发酵槽。

6.8.6.3 品质调整与检验

对于堆肥产品，其最基本的条件是需符合现有的肥料标准，包括成分（如氮、磷、钾等）含量需在最低限以上、有害成分（如重金属等）含量需在最高限以下，如有其他规定，也需符合。最重要的是有害成分不得超过标准，由于堆肥使用的物料来源及种类并非完全固定不变，因此定期进行品质检验是必须的。部分有机类有害物质因检测较困难，一般多以田间试验或盆栽试验的方式来代替，同时也可以了解其肥效。

6.8.6.4 制粒与包装

堆肥产品制粒的目的是便于搬运、贮存及施用，尤其是在施用方面，粉状肥料易产生粉尘，目前市场上多采用粒状肥料。发酵前混拌其他添加料可使产品性质更加多元化，市场价值更高，这也是另一种趋势。粒状肥料多采用圆柱状，粒径在4～6mm。有机肥料多采用25kg或30kg袋装，包装设施既有完全连续的全自动化系统，又有半自动化设备，还有完全采用人工包装的方式，包装袋的材质及设计也多种多样。

习 题

1. 简述生物处理的定义。主要的生物处理技术有哪些？

2. 简述堆肥化的定义。堆肥化分为哪几种？

3. 简述好氧堆肥化原理。如何用反应式表示？试计算固体废物好氧反应需氧量。

4. 堆肥微生物有哪几类？好氧堆肥过程按温度变化可分为哪几个阶段？

5. 堆肥工艺有哪几种？

6. 堆肥化的影响因素有哪些？试通过计算来调节物料的C/N值。

7. 堆肥腐熟度评价方法有哪些？

8. 堆肥产物的作用有哪些？堆肥产物精制产品有哪些？

9. 试计算利用好氧堆肥氧化454kg有机固体废物的需氧量。已知：有机废物的化学组成式为 $[C_6H_7O_2(OH)_3]_5$，反应后的残余物为182kg，残余有机物的化学组成式为 $[C_6H_7O_2(OH)_3]_2$。

10. 固体含量为3%、C/N值为10（含氮2%）的污泥，混合含水率为25%、C/N值为0.56（含氮2%）的废弃物，以堆肥方法处理，维持含水率为49%时，废弃物与污泥混合的比例应为多少？混合后的C/N值为多少？

第7章

固体废物厌氧消化处理

7.1 厌氧消化基本原理

厌氧消化是指厌氧微生物在低氧或无氧环境中，通过有效调控，将废物中可生物降解的有机物转化为CH_4、CO_2、NH_3、H_2S和稳定物质的生物化学过程。由于该过程会产生以CH_4为主要成分的沼气，故又称为甲烷发酵，其基本反应式如下：

$$\text{有机物}+H_2O+\text{营养物}\longrightarrow\text{微生物新细胞}+\text{难分解有机物}+CO_2+CH_4+NH_3+H_2S+\text{热能} \tag{7.1}$$

固体废物厌氧消化过程中，微生物代谢有机物会产生各种气体，其产气量、总量与组成可用下式描述：

$$C_aH_bO_cN_d \longrightarrow nC_wH_xO_yN_z + mCH_4 + sCO_2 + rH_2O + (d-nx)NH_3 \tag{7.2}$$

式中，$r=c-ny-2s$，$s=a-nw-m$。

若有机物完全分解，则反应式可表示为：

$$C_aH_bO_cN_d + (a-0.25b-0.5c+0.75d)H_2O \longrightarrow (0.5a+0.125b-0.25c-0.375d)CH_4 + (0.5a-0.125b+0.25c+0.375d)CO_2 + dNH_3 \tag{7.3}$$

一般来说，有机废物厌氧消化所产生的气体中，甲烷含量在50%～60%，1kg可降解有机物可产生0.63～1.0m^{3}的沼气。

【例题7.1】生活垃圾厌氧消化产气量计算。试计算在生活垃圾卫生填埋场中，单位质量填埋废物的理论产气量。

已知：生活垃圾中有机组分的化学组成式为$C_{60.0}H_{94.3}O_{37.8}N$，有机物的含量为79.5%（包括水分），有机物的含水率为27%，95%的有机物为可降解有机物，CH_4密度为0.7155kg/m^3，CO_2密度为1.9725kg/m^3。

解：（1）假定有100kg填埋废物，则有机物质量为79.5kg。

（2）可降解有机物干重为：

$$79.5\times(1-0.27)\times 95\%=56.0\text{kg}$$

(3) 根据化学组成式 $C_{60.0}H_{94.3}O_{37.8}N$ 确定：

$$a=60.0,\ b=94.3,\ c=37.8,\ d=1$$

(4) 根据反应方程式确定

H_2O 的系数：

$$a-0.25b-0.5c+0.75d=60-0.25\times94.3-0.5\times37.8+0.75\times1=18.28$$

CH_4 的系数：

$$0.5a+0.125b-0.25c-0.375d=0.5\times60+0.125\times94.3-0.25\times37.8-0.375\times1=31.96$$

CO_2 的系数：

$$0.5a-0.125b+0.25c+0.375d=0.5\times60-0.125\times94.3+0.25\times37.8+0.375\times1=28.04$$

NH_3 的系数：

$$d=1$$

(5) 该有机废物分解的化学方程式为：

$$\underset{1433.1}{C_{60.0}H_{94.3}O_{37.8}N}+\underset{329.0}{18.28H_2O}\longrightarrow\underset{511.4}{31.96CH_4}+\underset{1233.8}{28.04CO_2}+\underset{17.0}{NH_3}$$

(6) 产生的 CH_4 和 CO_2 质量

CH_4 质量：$56.0\times511.4/1433.1=20.0\text{kg}$

CO_2 质量：$56.0\times1233.8/1433.1=48.2\text{kg}$

(7) 产生的 CH_4 和 CO_2 体积（CH_4 密度为 0.7155kg/m^3，CO_2 密度为 1.9725kg/m^3）

CH_4 体积：$20.0/0.7155=27.95\text{m}^3$

CO_2 体积：$48.2/1.9725=24.44\text{m}^3$

(8) CH_4 和 CO_2 各占体积百分比

CH_4 (%) $=27.95/(27.95+24.44)=53.3\%$

CO_2 (%) $=100\%-53.3\%=46.7\%$

(9) 单位质量填埋废物的理论产气量

以填埋废物中可降解有机物干重为基准：

$$(27.95+24.44)/56.0=0.93\text{m}^3/\text{kg}$$

以填埋废物为基准：

$$(27.95+24.44)/100.0=0.52\text{m}^3/\text{kg}$$

7.2 厌氧消化阶段

有机物厌氧消化过程可分为液化、产酸、产甲烷 3 个阶段，如图 7.1 所示。

① 液化阶段：在水解与发酵细菌的作用下，大分子有机物（如纤维素、蛋白质、脂肪等），经水解与发酵转化为单糖、氨基酸、脂肪酸、甘油、CO_2、H_2 等。在液化阶段起作用的细菌是发酵细菌，包括纤维素分解菌、脂肪分解菌、蛋白质水解菌等。

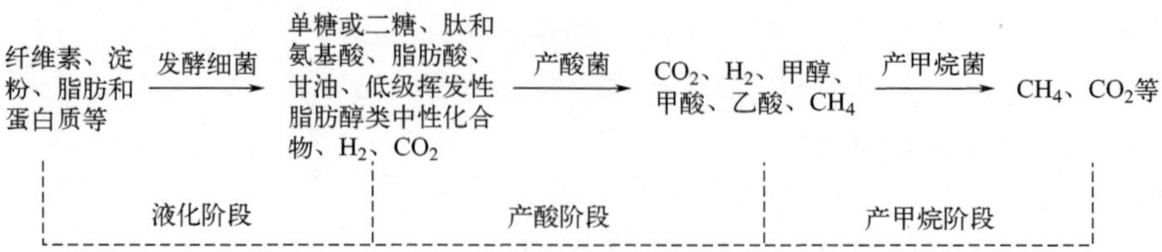

图 7.1　厌氧发酵的 3 个阶段

② 产酸阶段：在产氢、产乙酸菌和同型产乙酸菌的作用下，将液化阶段的产物转化成 H_2、CO_2 和乙酸等。

③ 产甲烷阶段：通过产甲烷菌的作用将 H_2 和 CO_2 转化为 CH_4，或者乙酸脱羧产生 CH_4。

7.3　厌氧消化工艺

根据消化温度可将厌氧消化工艺分为高温厌氧消化工艺和自然温度厌氧消化工艺。

高温厌氧消化工艺的最佳温度范围是 47～55℃，此时有机物分解、消化速度快，物料停留时间短，非常适合城市垃圾、粪便和有机污泥的处理。其主要工艺步骤如下。

① 高温消化菌培养：取污水池或排水道产生气泡处的污泥进行扩大培养，待其消化稳定后，作为接种菌种。

② 维持高温：在消化池内布设盘管，通入蒸汽，加热料浆。

③ 投料与排料：高温时物料消化速度快，一般连续进行投料、排料。

④ 物料搅拌：对物料进行搅拌，并保持全池温度均匀。

自然温度厌氧消化工艺是指在自然温度下消化，消化温度随气温变化，通常夏季产气率较高，冬季产气率较低，其结构简单、成本较低、施工容易、便于推广。图 7.2 为自然温度半批量投料沼气发酵工艺流程。

根据投料运转方式的不同可将消化工艺分为连续消化、半连续消化、批量消化、两步消化等。

连续消化工艺的工艺流程为：启动阶段完成后，经一段时间消化产气，便进入连续运行状态，持续进行投料、排料。此工艺具备有机物消化速率和产气率稳定的优势，但其要求原料中固体物浓度较低。其工艺流程如图 7.3 所示。

半连续消化工艺的特点是启动时需投入较多原料，当产气量下降时，开始定期投加新料和排出旧料，来维持比较稳定的产气率。我国部分农村地区由于原料自身特点和农村用肥集中等，主要采用这种消化工艺。半连续沼气发酵工艺处理固体有机原料的工艺流程如图 7.4 所示。

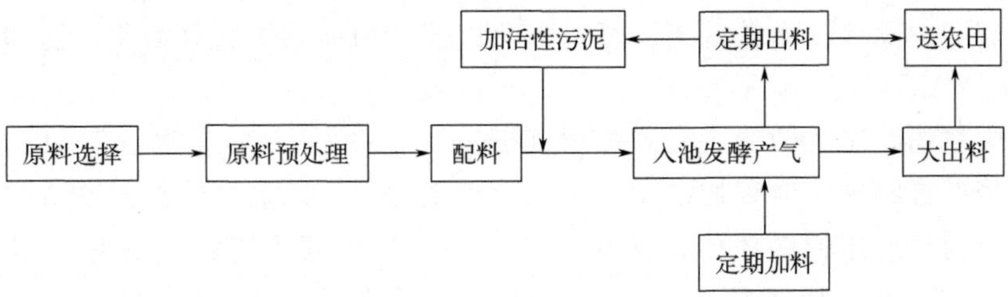

图 7.2　自然温度半批量投料沼气发酵工艺流程

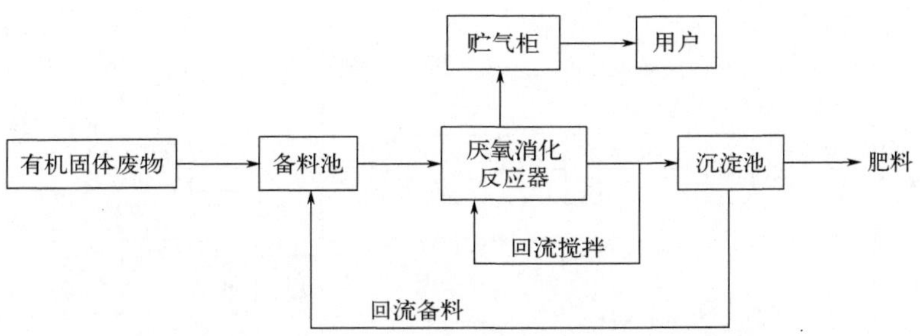

图 7.3　连续消化工艺流程

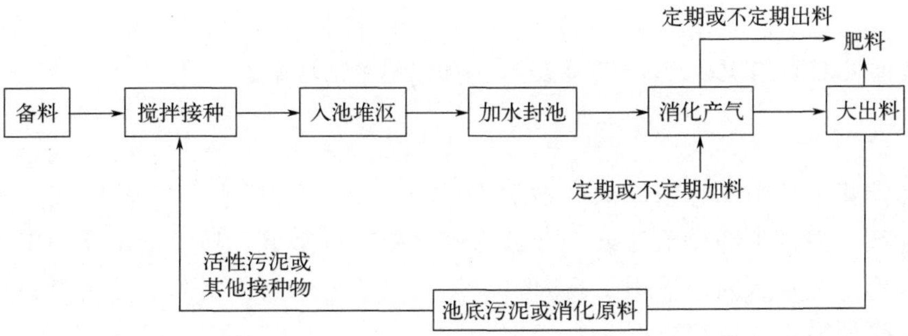

图 7.4　半连续沼气发酵工艺处理固体有机原料的工艺流程

两步消化工艺的特点是将沼气发酵全过程分成两个阶段，分别在两个池子内进行。第一个为水解产酸池，其功能为：将有机物水解、液化为有机酸；缓冲负荷冲击，稀释有害物质，并截留难降解固体物质。该池的反应速率受纤维素水解速率限制。第二个为产甲烷池，需保持严格厌氧环境和适宜的 pH 值，以利于产甲烷菌生长，进而消化、降解有机酸生成沼气。该池的反应速率受产甲烷菌生长繁殖速率限制。

根据反应器中固体浓度的差异，可将消化工艺分为低固体厌氧消化工艺和高固体厌氧消化工艺。

低固体厌氧消化工艺的特点是固体浓度低（4%～8%），容易混合均匀，进出物料泵简单，可稀释有毒物质。但废物中需加水，导致消化污泥处置之前需先进行脱水，因此成本较高。无论何时使用低固体厌氧消化工艺，利用城市固体废物中的有机组分来产生甲烷，都包含3个基本步骤（图7.5）：a. 有机成分的准备，涉及废物接收、粉碎和分选；b. 增加水分和养分，在混合器内混合，调节pH值为6.8，加热物料至55～60℃，进入消化器进行厌氧消化；c. 沼气收集、贮存及分离，以及消化污泥的脱水和处置。

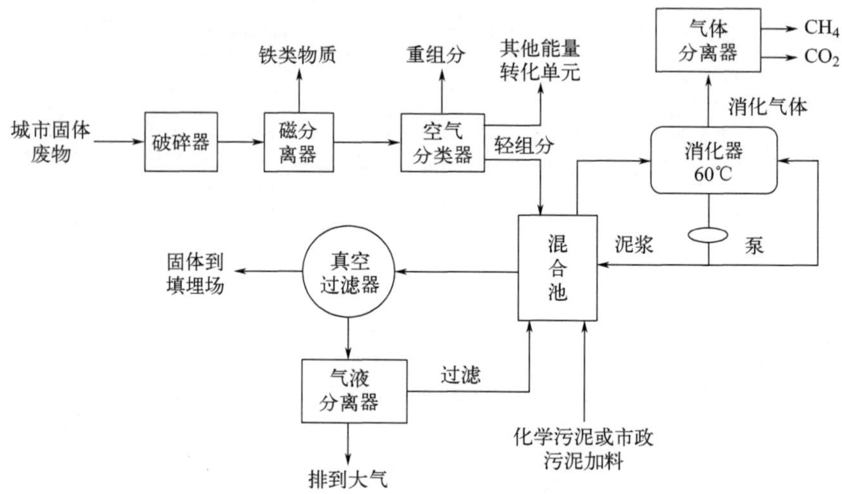

图 7.5　低固体厌氧消化工艺处理城市固体废物中有机组分的工艺流程

高固体消化工艺中的总固体浓度在22%以上，不需要加水，反应器单位体积需水量低，产气量高。但进出物料泵复杂，有毒物质（盐和重金属）易使微生物中毒。低固体厌氧消化工艺的3个步骤同样适用于高固体厌氧消化工艺，其主要区别是后者的污泥脱水和污泥消化处理所需工作量较少。

7.4　厌氧消化的影响因素

在有机物的厌氧消化过程中，各反应阶段是相互衔接的，产甲烷菌、产酸菌和水解菌的活动处于动态平衡状态。当其中的一个环节受到阻碍时，其他环节甚至整个消化过程都会受到影响。因此，为了维持厌氧消化的最佳运行状态，除了应保持反应系统的厌氧状态外还应该对以下几个主要因素加以控制。

7.4.1 有机物组分与产气量

对于提高厌氧消化的处理效率，人们首先关心的问题是如何增加产气量。一般来说，产气量的大小主要取决于燃料的组分特性，各种有机组分的产气量及气体组成见表 7.1。

表 7.1 各种有机组分的产气量及气体组成

有机物种类	产气量/(L/kg 分解物)	气体组成	热值(标准状态下)/(kcal/m^3)
碳水化合物	800	50(CH_4)+50(CO_2)	4250
脂肪	1200	70(CH_4)+30(CO_2)	5950
蛋白质	700	67(CH_4)+33(CO_2)	5650

7.4.2 有机物含量与去除率

沼气产量与有机物去除率成正比，在适宜的温度和有机物负荷的条件下，有机物的去除率又与有机物含量成正比。因此，提高废物的有机物含量是增加沼气产量的重要措施。

7.4.3 温度

温度是影响厌氧消化效果的重要因素，比较理想的温度范围是 30～39℃（中温）和 50～55℃（高温）。通常甲烷的产生量随温度的升高而增加，但在 45℃左右会有一个转折点，这是由于中温发酵和高温发酵分别由两个不同的微生物种群起作用，在该温度条件下，对中温和高温微生物的生长都不利。当消化系统的温度低于 10℃时，产气量明显下降。

一般情况下，中温发酵过程需要 25～30d 的停留时间，高温发酵则只需要中温发酵 1/2 的时间。高温发酵的另一个优点是对病原微生物有较高的杀灭率。但是由于高温发酵过程需要较高的加热能耗，并且管理复杂，其应用不如中温发酵普遍。

7.4.4 pH 值

产酸菌适于在酸性条件下生长，其最佳的 pH 值为 5.8，所以产酸阶段也称为酸性发酵阶段，而产甲烷菌则需要较为严格的碱性条件（碱性发酵），pH 值低于 6.2 时，它就会失去活性。因此，在产酸菌和产甲烷菌共存的厌氧消化过程中，系统的 pH 值应控制在 5.8～6.5 之间，最佳范围是 6.0～6.2。

当有机物负荷过高或系统中存在某些抑制性物质时，对环境要求苛刻的产甲烷菌会首先受到影响，从而造成系统中挥发性脂肪酸的积累，导致 pH 值下降。pH 值的降低反过来又会影响产甲烷菌的生长，如此恶性循环，最终导致消化过程的停滞。为了提高系统对 pH 值的缓冲能力，需要维持一定的碱度，通常情况下，碱度控制在 2500～5000mg/L（以 $CaCO_3$ 计）时，可获得较好的缓冲能力。碱度可以通过投加石灰等方法来进行调节。

7.4.5 营养物质

与好氧微生物相同，衡量厌氧微生物营养水平的基本指标也是碳氮比。由于厌氧微生物摄取碳的速率为氮的25～30倍，故最佳碳氮比应控制在（25～30）∶1。当碳氮比大于35时，产气量会明显下降。各种物质中碳与氮的含量有很大差异，为了满足厌氧微生物对营养物质的需求，可以通过富氮物质（如粪便、下水污泥等）与贫氮物质（如木屑、农作物秸秆等）的合理调配来改善物料的碳氮比。同时，也应该对其他营养元素（如磷、钠、钾、钙等）加以适当的调整和控制。

7.4.6 抑制物

厌氧消化过程中，挥发性脂肪酸和氢气积累的原因往往是产甲烷菌的生长受到了抑制。例如，若系统中有氧存在，就会对产甲烷菌形成抑制。此外，还有一些抑制物（表7.2），其浓度超过限制值时也会对厌氧消化产生不同程度的抑制作用。

表7.2 对厌氧消化具有抑制作用的物质

抑制物	抑制浓度/(mg/L)	抑制物	抑制浓度/(mg/L)
挥发性脂肪酸	＞2000	Cu	5
氨氮	300～1500	Cd	150
可溶性硫化物	＞200	Fe	1710
Ca	2500～4500	Cr^{6+}	3
Mg	1000～1500	Cr^{3+}	500
K	2500～4500	Ni	2
Na	3500～5500		

7.4.7 搅拌

有效搅拌可以增加物料与微生物接触的机会，使系统内的物料和温度均匀分布，还可以使反应产生的气体迅速排出。对于流体状态或半流体状态的污泥可以采用气体搅拌、机械搅拌、泵循环等方法。但是对于固体状态的物料，常规搅拌方式往往难以奏效，可以通过循环浸出液的方式，来实现类似搅拌的效果。

7.5 典型的厌氧消化设备

厌氧消化设备种类很多，按发酵间的结构形式，可分为圆形池、方形池等。

7.5.1 立式圆形水压沼气池

立式圆形水压沼气池多用于我国农村地区，大多采用地下埋设式和水压式贮气，发酵间为圆形，两侧带有进出料口（图 7.6），容积规格有 $6m^3$、$8m^3$、$10m^3$、$12m^3$ 等，池顶有活动盖板，便于出池检修，以防中毒。产气时，沼气将发酵料液压向水压箱，使水压箱内液面升高；用气时，发酵料液则会反向挤压沼气，实现沼气供气。产气时，用气循环工作，依靠水压箱内料液的自动升降，自动调节气室内的水压。优点是便于检修、结构简单、造价低、施工方便，缺点是气压不稳定、池温低、原料利用率低（仅 10%～20%）、产气率低［平均 $0.1\sim0.15m^3/(m^3\cdot d)$］。

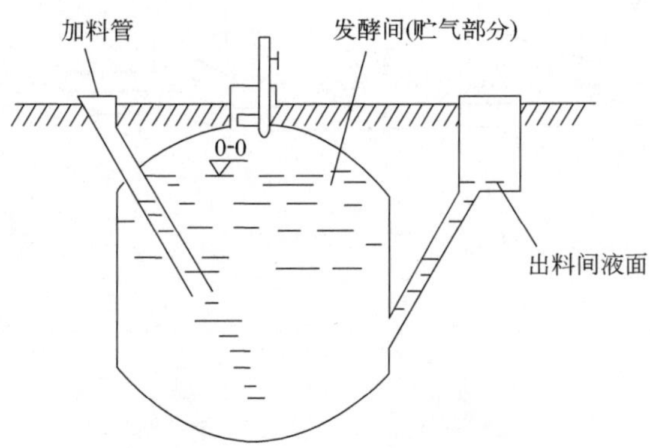

图 7.6 立式圆形水压沼气池

7.5.2 方形甲烷发酵池

方形甲烷发酵池结构如图 7.7 所示。其特点是气体贮藏室与发酵室相通，位于发酵室上部空间内的贮水库用来调节气体贮藏室的压力。当发酵室内气压过高时，可通过进料间的通水穴，将发酵室内经发酵的料液压入贮水库内。相反，当气体贮藏室内压力不足时，贮水库内的水便由于重力而流入发酵室，这样可通过水量调节气体贮藏室的空间，使气压保持相对稳定。搅拌器的搅拌可使发酵物不至沉到底部，而且可以加速发酵。产生的气体通过导气喇叭口输送到外面的导气管。如果所需产气量较大，则可将几个发酵池串联在一起使用。

发酵技术能处理大量的污泥和有机废物，为满足城市污水处理厂及城市垃圾的处理与处置要求，需要提高沼气的产量与质量，拓宽沼气利用途经，提高沼气利用率，缩短发酵周期，实现沼气发酵的系统化、自动化管理。近年来，国内外逐步开发了现代大型工业化发酵设备，目前常用的集中发酵罐有欧美型、经典型、蛋型以及欧美平底型，如图 7.8 所示。这些发酵罐一般采用钢筋混凝土浇筑，并配备动力泵等循环装置，可使反应物处于不断循环状态。

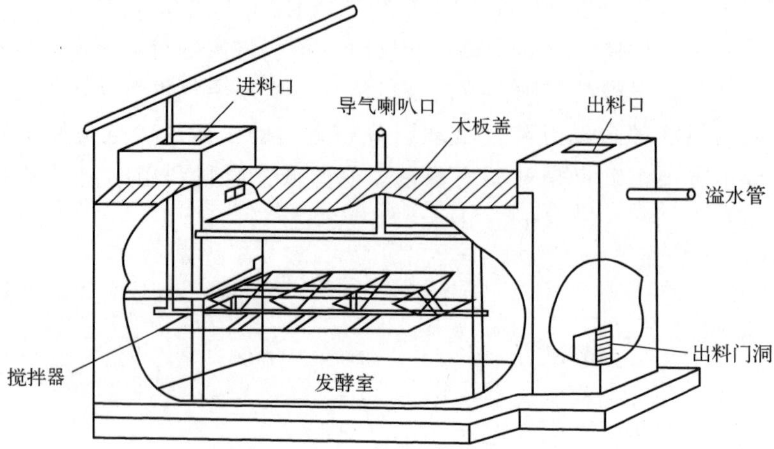

图 7.7　方形甲烷发酵池

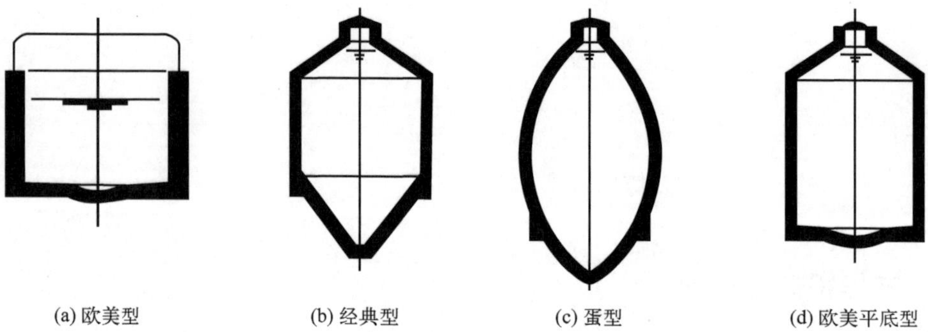

图 7.8　常用的大型发酵罐结构类型

7.6　厌氧消化工艺实例介绍

WABIO 厌氧消化工艺由城市污水处理厂对污泥的厌氧消化处理技术发展而来，其工艺流程如图 7.9 所示。其全过程主要包括垃圾分选、厌氧发酵和脱水成肥三部分。

(1) WABIO 工艺主要技术参数

① 固体物料粒径<30mm；

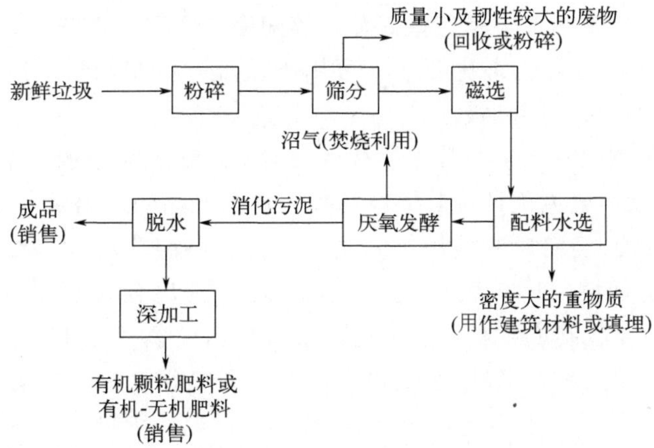

图 7.9 WABIO 厌氧消化工艺流程图

② 浆料中总固体占有量约为 15%；

③ WABIO 反应罐内温度在 30～40℃；

④ 浆料在反应罐内停留时间为 15～20d；

⑤ 浆料的 pH 值约为 7；

⑥ 反应罐容积负荷为 30～70kg/(m^3 · d)；

⑦ 发酵后原活性污泥中固体含量约为 10%；

⑧ 脱水后活性污泥含水率在 60%～65%；

⑨ 活性污泥产率约为 0.5t/t；

⑩ 沼气产率约为 435m^3/t，沼气中甲烷含量约为 60%。

(2) WABIO 的特点

综上所述，此项厌氧消化工艺与一般厌氧消化工艺的不同之处有以下几点。

① 该工艺在堆肥发酵之前需将垃圾全部粉碎，并需用滚筒筛、电磁铁及其他一些设施将垃圾中不宜制成肥料的废物分拣出来。这样既可以减少厌氧处理的工作量，还为提高最终产品的质量奠定了基础。

② 该厌氧发酵过程在特制的既能升温又能搅拌的密封容器（即 WABIO 反应罐）内完成，可以杜绝垃圾渗滤液流出、恶臭气体逸散等对环境造成的污染。同时，还可以明显地缩短腐解过程，有效减小了反应罐的体积和占地面积。

③ 该工艺厌氧腐解过程中所产生的沼气便于集中回收和综合利用，既可防止环境受到污染，又能提高经济效益。

④ 采用先粉碎再在密封和中温条件下进行发酵的处理工艺，获得的消化污泥肥效较高，还便于进一步加工成有机颗粒肥料或复合肥料。

⑤ 这套堆肥工艺的全过程，对二次资源的回收和再利用率较高；其产生的消化污泥量一般占被处理垃圾总量的 50%左右；所含有的纸类、塑料、胶、革及纺织品等的燃烧热值较高，可通过焚烧回收能源；垃圾中的金属物品可直接分拣回收，再行利用；处理过

程所产生的副产品——沼气，可进行燃烧，并利用其热能提高反应罐内温度，亦可用于发电；最后所剩余需要处理的不过是一些碎瓦、碎陶瓷、泥砂、煤灰等无机物，占原垃圾质量的15%左右，由于已符合无害化要求，可用于填坑、基础铺垫、路基填筑，或进行最终填埋处理，对环境的负面影响极小。

为进一步理解WABIO工艺及其主要技术参数，现以某城市的一个区每日产生生活垃圾100t为例，按照该工艺流程计算其原料的投入量和产品的产出量，具体如下。

该区生活垃圾100t经粉碎和滚筒筛筛选后，得出各组分的分拣结果为：纺织品、塑料、人造革等有一定韧性的固体废物量达17.96t，磁选出金属0.4t，剩余81.64t碎料。向碎料中加水228.02t配制成浆料，然后送入反应罐内厌氧消化15～20d，得到含污泥量在10%左右的消化污泥200t。经脱水处理，产生可供农业使用的含消化污泥量为35%的腐殖土57.14t；同时，还获得沼气4350m^3，若以之发电，则可获得电能8877kW·h。另外，筛选出来的上述韧性物的热值均超过7500kJ/kg，若用于焚烧发电，可获得电能6858kW·h。磁选出来的金属可再加利用；经水选分离出来的砖、陶瓷、玻璃等碎片以及泥砂、煤灰等重质无机物有15～20t（不包括水分），在自然脱水后，可用于建筑领域或进行填埋处置。

建立1座WABIO工艺的垃圾堆肥场所需配置的机电设备和必要设施包括：

① WABIO反应罐：罐体可采用钢结构或钢筋混凝土结构，其容积取决于所需处理的垃圾量，容积系数一般为30～50m^3/t。对于1座处理量为100t/d的厌氧堆肥处理场，该反应罐的高应在10～15m，直径应在30～35m。

② 其他设备：粉碎机、滚筒筛、污泥脱水机、沼气柜、电磁铁、皮带输送机、潜水泵、泥浆泵等。

这种处理厂的占地面积约为1.3hm^2，总投资（不包括征地费）在2500万～3000万元。若焚烧具有一定韧性的废物并利用沼气发电，则还需另外配置成套的焚烧和回收热能的发电、输电、变电设备。

习　题

1. 简述厌氧消化定义和厌氧消化特点。
2. 简述厌氧消化三阶段理论。
3. 如何用方程式表示厌氧消化过程？试计算生活垃圾厌氧消化产气量。
4. 厌氧消化工艺有哪些？
5. 厌氧消化的影响因素有哪些？
6. 100t有机废物（设其化学组成为$C_{50}H_{100}O_{40}N$），在厌氧消化过程中，理论上可产生的CH_4量和CO_2量是多少？

第8章 固体废物焚烧处理

通常热处理是以高温分解和深度氧化为主要手段，通过改变废物的物理、化学或生物特性和组成来处理固体废物的过程。与其他处理方法相比，热处理具有以下优点：

① 减容效果好，如焚烧可使生活垃圾体积减小80%～90%；

② 消毒彻底，高温处理可使可燃性致癌物、剧毒性有机物完全分解，并杀灭病毒性污染物；

③ 可减轻或消除后续处置过程对环境的影响，如垃圾焚烧后填埋可大大降低渗滤液中的有机物浓度、释放的气体量及气体中的甲烷含量；

④ 回收资源和能源，如焚烧可回收热能，用于发电、供热，热解可提供可燃气体、可燃液体等，用作燃料。

但热处理对环保要求高且会产生二次污染，大部分热化学处理过程都会产生各种大气污染物，如SO_2、NO、HCl、二噁英和飞灰等，若不严格控制，易造成大气二次污染。

目前的热处理技术依据其发展及应用的情形可分为成熟技术及新颖技术，成熟技术主要有焚烧、热解、湿式氧化等，新颖技术主要有熔融、熔盐、热等离子体高温热解等。下文将具体介绍焚烧处理技术。

8.1 固体废物焚烧的定义

焚烧属于燃烧的一种，特指废物的燃烧，而焚烧与一般燃烧同属高温条件下的氧化放热反应。具体来说，焚烧是在受控条件下使可燃性固体废物与空气中的氧气在高温下发生燃烧反应，使其氧化分解，达到减容、去除毒性并回收能源的目的。

8.1.1 燃烧效率

燃烧效率指燃烧处理后的烟道气中，其二氧化碳浓度（体积分数）占一氧化碳及二氧化碳浓度（体积分数）总和的百分比。

$$燃烧效率=\frac{[CO_2]}{[CO_2]+[CO]}\times 100\% \tag{8.1}$$

式中 $[CO_2]$ ——烟道气中的 CO_2 浓度；

$[CO]$ ——烟道气中的 CO 浓度。

8.1.2 破坏去除率

破坏去除率指主要有害成分经热处理后，所减少的百分比。

$$破坏去除率=\frac{W_{in}-W_{out}}{W_{in}}\times 100\% \tag{8.2}$$

式中 W_{in}——主要有害成分进入焚烧炉的质量进料率，kg/h；

W_{out}——主要有害成分排放至大气的质量排出率，kg/h。

8.1.3 燃烧室热负荷

燃烧室热负荷为燃烧室单位时间、单位容积所承受的热量负荷，其单位为 kcal/(m^3 · h)，也称为体积释热率（VHR，volumetric heat-release rate），一般来说，序批式焚烧炉的 VHR 为 $4\times10^4\sim8\times10^4$kcal/($m^3$ · h)，而连续式焚烧炉的 VHR 为 $8\times10^4\sim15\times10^4$kcal/($m^3$ · h)。

$$VHR=\frac{Q_f\times H_{fl}+Q_w\times[H_{wl}+AC_a(t_a-t_o)]}{V} \tag{8.3}$$

式中 Q_f——辅助燃料消耗量，kg/h；

H_{fl}——辅助燃料的低位热值，kcal/kg；

Q_w——废物焚烧量，kg/h；

H_{wl}——废物的低位热值，kcal/kg；

A——单位辅助燃料与废物的空气质量比，kg/kg；

C_a——空气的定压比热容，kcal/(kg · ℃)；

t_a，t_o——空气的预热温度和大气温度，℃；

V——燃烧室容积，m^3。

8.1.4 烟气停留时间

烟气停留时间是指燃烧所产生的废气在第二燃烧室内与空气接触的时间，通常可以表示为：

$$\theta=\int_0^v dv/q \tag{8.4}$$

式中 θ——气体平均停留时间，s；

v——第二燃烧室容积，m^3；

q——气体的体积流量，m^3/s。

8.1.5 灼烧损失量

将干燥后的废物经焚烧后生成的灰渣样品置于（600±25)℃高温中加热 3h，称量其前后质量，并根据下式计算灼烧损失量：

$$灼烧损失量=\frac{加热前质量-加热后质量}{加热前质量}\times 100\% \tag{8.5}$$

8.1.6 炉床燃烧率

炉床燃烧率指在正常运转情况下燃烧室内每平方米炉床面积，每小时的废物焚烧量，用 $K[kg/(m^2 \cdot h)]$ 表示。对于热值为 1000kcal/kg 的垃圾，以炉床进行焚烧时，一般来说，序批式焚烧炉 K 值取 $120kg/(m^2 \cdot h)$，而连续式焚烧炉的 K 值取 $200kg/(m^2 \cdot h)$。炉床燃烧率可按下式计算：

$$K=\frac{W}{A} \tag{8.6}$$

式中 W——废物的焚烧量，kg/h；

A——炉床面积，m^2。

【例题 8.1】某焚烧炉用于处理产量为 100t/d 的有害废物，通过对其排烟和残渣进行监测，可得到下列数据：①进料中有害废物含量为 10%；②排烟中有害废物的质量进料率为 0.002kg/h；③灰渣中有害废物的质量进料率为 0.01kg/h；④烟气中 CO_2 含量为 10%（体积分数)；⑤CO 含量为 150×10^{-6}。求其燃烧效率和破坏去除率。

解：

$$燃烧效率=\frac{10}{10+150/10^4}=99.85\%$$

$$破坏去除率=1-\frac{0.01+0.002}{0.1\times100\times1000/24}=99.997\%$$

8.1.7 焚烧“3T”原则

焚烧“3T”原则即反应温度、反应时间与湍流程度。

8.2 废物燃烧形态及燃烧化学反应

8.2.1 废物燃烧形态

废物主要以固态和液态形式存在。固态废物先以热解、挥发与蒸发的方式形成可燃性烃类化合物气体，然后再开始燃烧；液态废物的燃烧形态与固态废物相同，但其可借助机械装置雾化成微细液滴，在充分与空气接触并挥发成气体后才开始燃烧。

8.2.1.1 液态废物的燃烧形态

液体燃料必须先蒸发成蒸气，再与氧化物或空气混合，才会着火燃烧。蒸发及混合等物理程序是限制液体燃烧的主要步骤，因此燃烧器的设计必须考虑蒸发及混合的程度。将一团液滴（直径 1cm 以上）直接投入燃烧室内，其燃烧情况如图 8.1 所示。液滴表面的分子可以急速加热并蒸发扩散，再与空气充分混合，形成预混或扩散火焰。中层的分子蒸发后无法与氧气充分混合，经热解后产生大量含碳量较高的固体粒子（黑烟）及一氧化碳。内层的分子吸收辐射热后形成沸腾液体，不断蒸发。液体燃料在此种情况下，不仅无法完全放出热能，而且会产生大量的黑烟及粉尘。因此在一般燃烧系统中，这种燃烧方式是不理想的。然而在焚烧系统中，此种情形非常普遍，有时必须将一瓶或一桶液体投入燃烧室中销毁。由于在短时间内，大量液体突然蒸发，氧气无法充分供应，因而会产生大量的一氧化碳及黑烟。

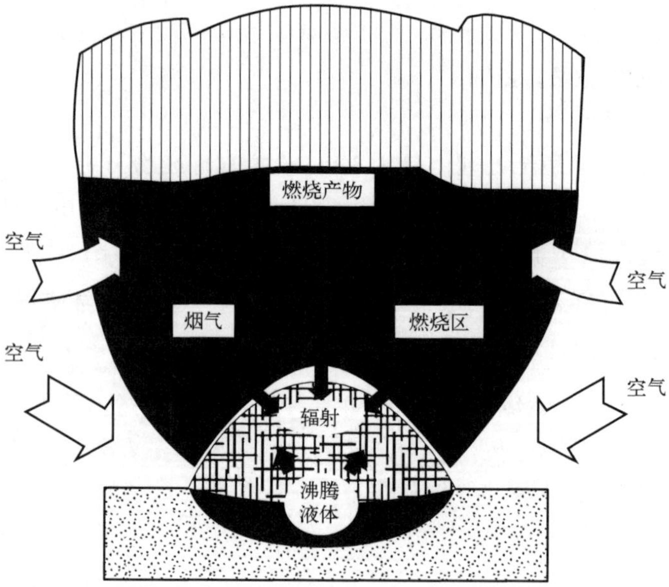

图 8.1 沸腾液体的燃烧

在一般燃烧系统中，以机械或其他方式使液体形成微细的液滴（直径在 100～1000μm），然后经喷嘴喷出，直径越小的液滴，比表面积越大，传热效率亦越好，蒸发的速率也越快。雾化前的预热可以降低液滴的黏滞性，增强喷雾效果，因此进行液滴燃料预热是非常普遍的。

液体燃料蒸发后，如果与空气充分混合，则可产生预混火焰；如果在进入燃烧区之前，不与空气混合，则产生的火焰为扩散焰。图 8.2 显示了液体燃料在扩散焰中的燃烧过程。

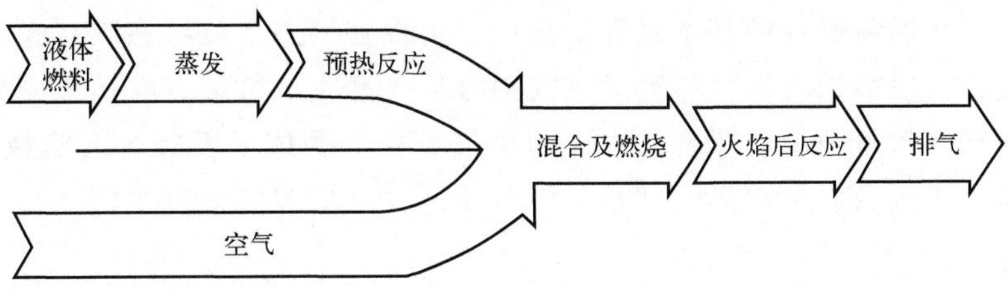

图 8.2　液体燃料在扩散焰中的燃烧过程

当雾化液体从燃烧器的喷嘴喷出后，由于压力突然降低，液滴表面挥发性的物质急速蒸发气化，这些急速气化的分子是率先发生燃烧反应的主要成分。喷雾的范围、距离、速率及喷雾与燃烧室内空气的相互作用，也是决定燃烧情况及燃烧产物的因素。从图 8.3 中可以看出，雾团由喷嘴喷出后，垂直方向流动的空气可以将雾团的形状扭曲。大颗粒液滴动量大，轨迹（图 8.3 中 A 曲线）所受的影响较小，小颗粒液滴轨迹变化较大（图 8.3 中 B 曲线）。大液滴表面无法在极短的时间内完全气化，故气化与燃烧同时进行，小液滴比表面积大，蒸发速率快，可以很快地形成火团。设计燃烧室时，必须考虑空气的流量、流速以及燃烧器的形式和位置，以达到最佳的燃烧状态。

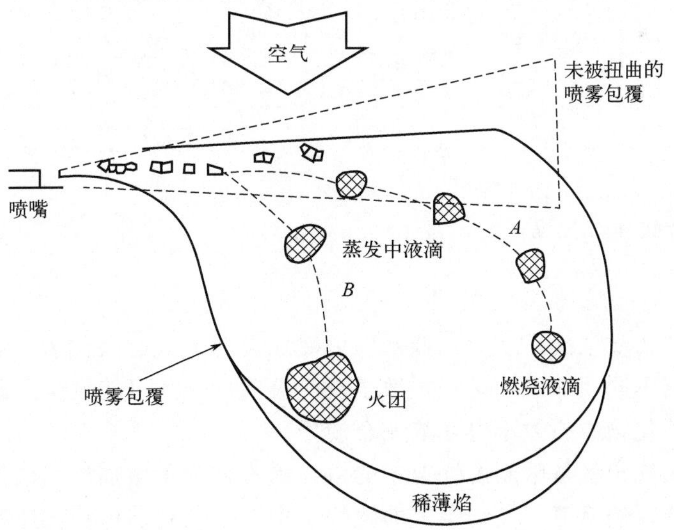

图 8.3　喷雾液滴的燃烧

8.2.1.2　固态废物的燃烧形态

固体燃料的成分较液体及气体更为复杂，即使是同类的固体燃料，其成分及含量也不完全相同，因此燃烧的情况更难以控制。图 8.4 显示了固体中可能会影响燃烧的成分，这些物质很难有机械或物理方式分离，因此当固体进入燃烧区后会产生一连串的复杂反应。图 8.5 显示了固体燃料燃烧的基本过程，该反应可以在气态及凝结态反应区中发生。燃料中的挥发性成分加热后即蒸发，与流动空气混合后，产生扩散焰，在扩散焰与固体表面之间的空间内，氧气含量很低，热解是主要的反应方式。固体表面吸收火焰释放的辐射热，温度不断升高，直至表面呈白热化状态，同时会蒸发出更多的挥发性物质。

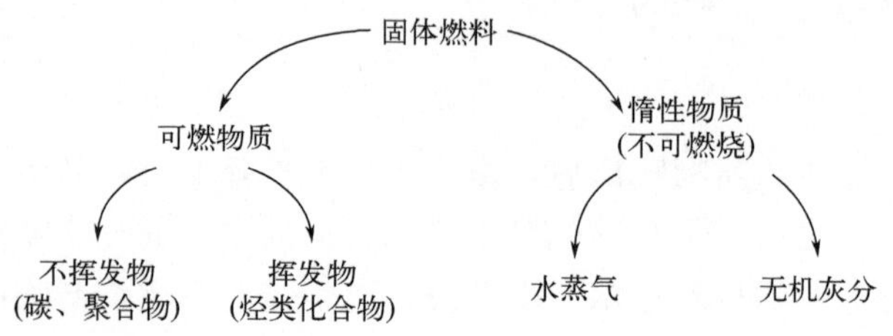

图 8.4　固体中可能会影响燃烧的成分

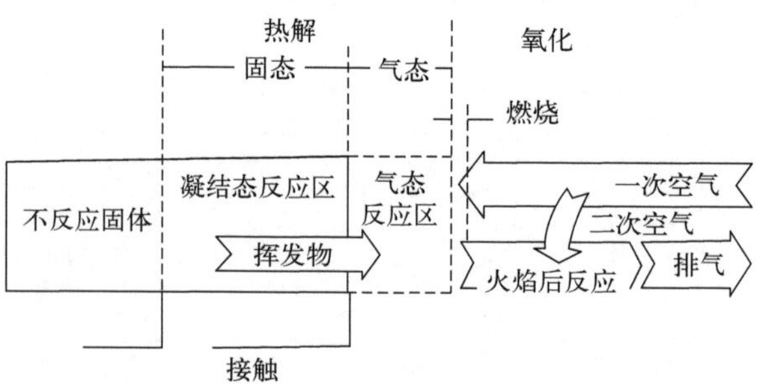

图 8.5　固体燃料燃烧的基本过程

当所有挥发性物质全部蒸发后，残余固体变成类似木炭的碳化物，炭的氧化与气、液态燃料的氧化完全不同，即氧气必须扩散至炭的表面反应才可能发生。此种炭的燃烧反应速率很慢，有效碳化物质需数小时才能完全燃尽。

固体周围的氧气含量是限制燃烧速率的主要因素，为了增加氧气的供应，固体燃料往往需先磨碎成细粉，然后喷入充满空气的燃烧室中。当燃料的体积无法减小时，应增加空气的供应量，以增加氧气与燃料表面的接触机会。图 8.6～图 8.8 显示了固定床、流化床、堆积固体 3 种燃烧情况的主要产物变化，其中流化床是主要的燃烧系统，而另外两种情况则存在于其他固体焚烧炉中（如多层床炉、旋转窑等）。

在固体的燃烧过程中，由于许多复杂的裂解、氧化反应发生在气、液、固不同状态下，其燃烧区内的反应相比气、液态燃料更难达到平衡，因此一氧化碳、小分子裂解产物及粉尘产量就会很高，所以后火焰反应及二次燃烧反应对固体燃烧更为重要。

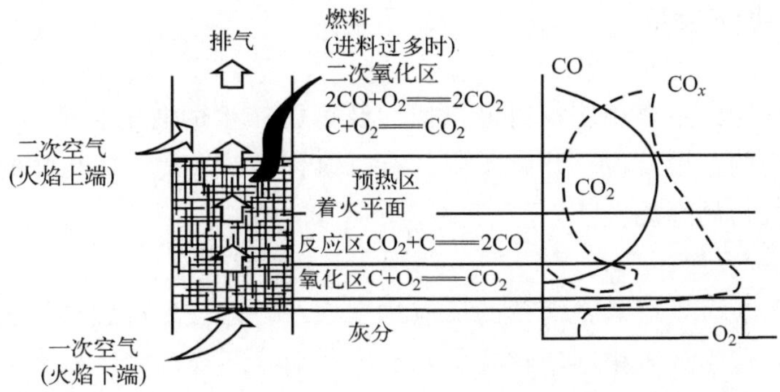

图 8.6 固定床的燃烧（进料过多时）

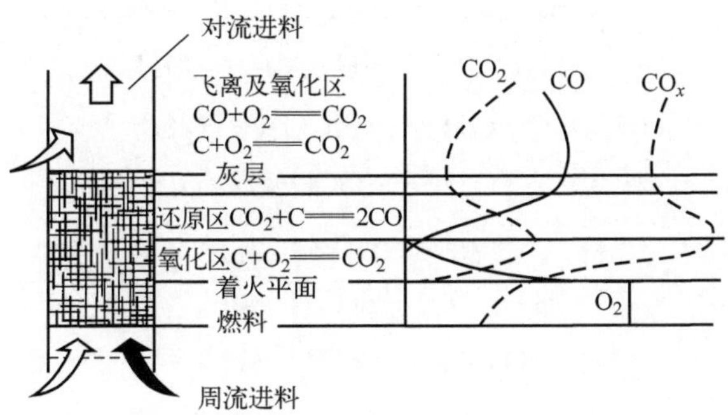

图 8.7 流化床的燃烧

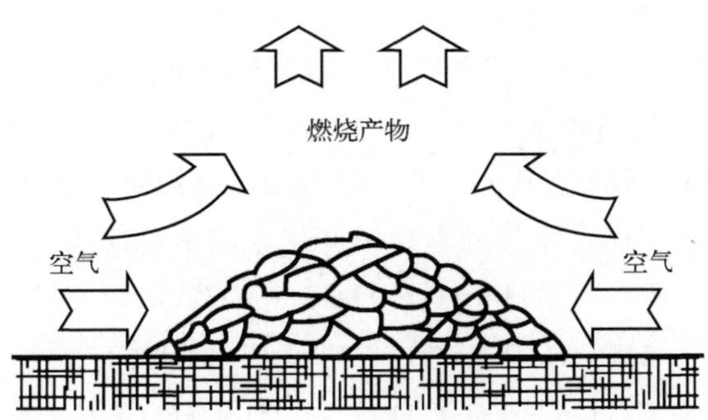

图 8.8 堆积固体的燃烧

8.2.2 燃烧的化学反应

燃烧的化学反应式主要用于探讨燃烧特性及可能产生的有害物质（对人体有害），以下将分别介绍燃烧的连锁反应、热解反应、有机氯化物的燃烧、硫化物的燃烧及氮氧化物的燃烧和含磷有机物的燃烧。

8.2.2.1 燃烧的连锁反应

燃烧的化学反应可以用非常简单的反应式来表示，即仅为可燃物与氧气的化合，但实际反应过程中不仅包含许多中间产物及中间反应，而且还受温度、压力、含氧量及混合程度的影响。以最简单的甲烷为例，它的燃烧反应式为：

$$CH_4 + 2O_2 \longrightarrow CO_2 + 2H_2O \tag{8.7}$$

但是甲烷的氧化过程却非常复杂，包括下列连锁反应：

$$CH_4 + \cdot OH \longrightarrow CH_3\cdot + O\cdot + H_2 \tag{8.8}$$

$$CH_4 + 2O\cdot \longrightarrow CH_3\cdot + O\cdot + \cdot OH \tag{8.9}$$

$$CH_3 + O_2 \longrightarrow H_2CO\cdot + \cdot OH \tag{8.10}$$

$$H_2CO\cdot + \cdot OH \longrightarrow HCO\cdot + H_2O \tag{8.11}$$

$$HCO\cdot + \cdot OH \longrightarrow CO + H\cdot \tag{8.12}$$

$$CO + \cdot OH \longrightarrow CO + H_2O \tag{8.13}$$

$$H\cdot + O_2 \longrightarrow \cdot OH + O\cdot \tag{8.14}$$

$$H\cdot + H_2O \longrightarrow \cdot OH + H_2 \tag{8.15}$$

$$2O\cdot + M \longrightarrow O_2 + M^* \tag{8.16}$$

$$2HO\cdot + M \longrightarrow H_2O + O\cdot + M^* \tag{8.17}$$

式中，M 为系统中的其他分子；M^* 为具有反应性的 M 分子。

虽然一般烃类化合物的燃烧过程十分复杂，但是它们的反应和甲烷类似，皆包括类似于 $CH_3\cdot$、$HCO\cdot$、$\cdot OH$ 等的自由基。

虽然在预热区内氧气和燃料已预先混合，但是该区域温度尚低（540℃以下），烃类化合物和氧直接作用产生烃基自由基（R·）、氧原子自由基（O·）及水（H_2O）的机会很少。这是因为直接氧化的活化能很高（50～60kcal/g），而其他主要反应的活化能较低（2～8kcal/g）。例如，烃类化合物与羟基自由基反应的活化能仅为 2kcal/g：

$$RH + \cdot OH \longrightarrow R\cdot + H_2O \tag{8.18}$$

$$H_2C{=}CHCH_2R + \cdot OH \longrightarrow H_2C{=}CHCHR\cdot + H_2O \tag{8.19}$$

$$C_6H_5CH_3 + \cdot OH \longrightarrow C_6H_5CH_2\cdot + H_2O \tag{8.20}$$

烃基自由基氧化的活化能为 2～6kcal/g：

$$R\cdot + O_2 \longrightarrow ROO\cdot \tag{8.21}$$

如果预热区内没有氧气供应，烃类化合物则会受热分解，产生许多小分子化合物或自由基。在燃烧区（火焰）内，自由基的反应更为剧烈，而且会释放出大量热能，造成温度急速升高，更加速了反应的进行。大部分的烃类化合物在火焰中完全反应，由于温度高，二氧化碳或水蒸气也可能分解成一氧化碳自由基（CO·）、氧原子自由基（O·）或羟基自由基（·OH）及氢原子自由基（H·）：

$$CO_2 \longrightarrow CO\cdot + O\cdot \tag{8.22}$$

$$H_2O \longrightarrow \cdot OH + H\cdot \tag{8.23}$$

燃烧物质进入后火焰区后，主要的反应为自由基的重组及一氧化碳的氧化，自由基的重组反应是两个或两个以上的自由基与其他分子碰撞，组合成稳定的分子：

$$2O\cdot + M \longrightarrow O_2 + M \tag{8.24}$$

$$H\cdot + \cdot OH + M \longrightarrow H_2O + M \tag{8.25}$$

因此，该反应又称为连锁中止反应。重组反应中，其他分子（M）的作用为吸收产生的部分内能，稳定分子产物。由于 3 个物体相撞的概率远小于两个物体，因此重组反应的速率远低于火焰中的高温反应速率。

一氧化碳的氧化是后火焰区的最主要反应：

$$CO + \cdot OH \longrightarrow CO_2 + H\cdot \tag{8.26}$$

由于反应速率很快，参与反应的四个成分很快就会达到平衡状态，当温度降低时水转移反应（water shift reaction）变为了平衡一氧化碳及二氧化碳的反应：

$$H_2O + CO \longrightarrow H_2 + CO_2 \tag{8.27}$$

8.2.2.2 热解反应

热解是指化合物在缺氧情况下，通过加热发生分解的反应。热解是吸热反应，而且可在不同的温度下发生。高温下，烃类化合物的组合键会断裂，产生小分子物质及自由基，氢原子可能会被去除，产生不饱和化合物和自由基：

$$\underbrace{(\text{烷类})}_{\text{饱和烃类化合物}} \xrightarrow{\triangle} \underbrace{(\text{烯类}) \xrightarrow{\triangle} (\text{炔类})}_{\text{不饱和烃类化合物}} \tag{8.28}$$

假设乙烷的热解反应为：

$$\begin{aligned} C_2H_6 + M &\longrightarrow 2CH_3\cdot + M \\ 2CH_3\cdot + 2C_2H_6 &\longrightarrow 2CH_4 + 2C_2H_5\cdot \\ M + C_2H_5\cdot &\longrightarrow H\cdot + C_2H_4 + M \\ H\cdot + C_2H_6 &\longrightarrow H_2 + C_2H_5\cdot \\ M + 2C_2H_5\cdot &\longrightarrow C_4H_{10} + M \end{aligned} \tag{8.29}$$

总反应式为： $4C_2H_6 \longrightarrow 2CH_4 + H_2 + C_2H_4 + C_4H_{10}$

一连串的热解反应可能会导致大分子物质的合成，例如上述乙烷的热解可能会产生丁烷。另外，如图 8.9 所示，不饱和烃类化合物（乙炔）可相互结合形成丁二烯，进而形成更复杂的多苯环化合物（苯并芘）。芳香族化合物的热解可能会产生多苯环致癌物及二噁英。

当燃烧生成物进入后火焰区及二次燃烧程序中时，氧化及热解会同时发生（图 8.10）。为了避免继续发生热解，必须提供充分的氧气，进行适当的混合及温度控制。排气中的黑烟也是热解的产物。

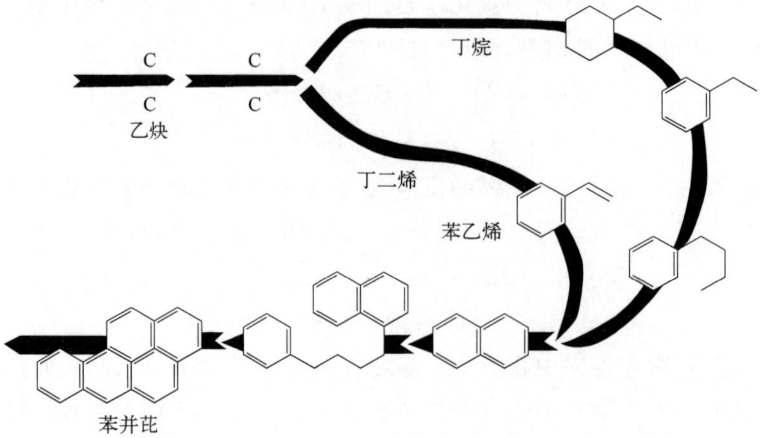

图 8.9 热解合成反应生成苯并芘

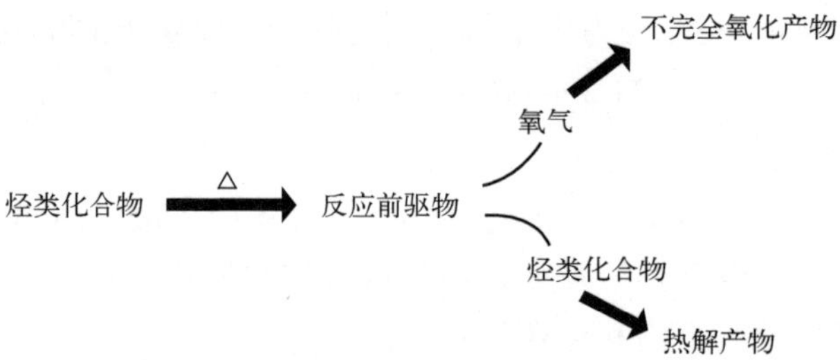

图 8.10 烃类化合物氧化及热解的反应途径

8.2.2.3 有机氯化物的燃烧

有机氯化物是有害有毒废物的主要成分，燃烧后会产生氯化氢（HCl）、氯气（Cl_2）或光气（$COCl_2$），因此它们的燃烧反应一直备受关注。

虽然有机氯化物的燃烧反应非常复杂，许多中间产物尚未完全了解，但从热力学角度看，仍可对其燃烧过程得出一个大致结论。如果以 $C_xH_yCl_z$ 代表有机氯化物，当氢原子数超过氯原子数时（$y>z$），燃烧产物为二氧化碳、水蒸气及氯化氢：

$$C_xH_yCl_z+\left(x+\frac{y-z}{4}\right)O_2 \longrightarrow xCO_2+zHCl+\frac{y-z}{2}H_2O \tag{8.30}$$

当氢原子数低于氯原子数时（$y<z$），燃烧会产生二氧化碳、氯化氢及氯气：

$$C_xH_yCl_z+xO_2 \longrightarrow xCO_2+yHCl+\frac{z-y}{2}Cl_2 \tag{8.31}$$

由于有机氯化物的热值很低，无法自行燃烧，必须利用辅助燃料提供热能，燃料中的氢可以将氯气转化为氯化氢。如果用甲烷（或天然气）作为辅助燃料，则它的反应式为：

$$C_xH_yCl_z+\frac{1}{n}CH_4+\left(\frac{2}{n}+x+\frac{y-z}{4}\right)O_2 \longrightarrow \left(x+\frac{1}{n}\right)CO_2+zHCl+\left(\frac{2}{n}+\frac{y-z}{2}\right)H_2O \tag{8.32}$$

式中，n 为 $C_xH_yCl_z$ 与 CH_4 的分子比例。

氯甲烷（CH_3Cl）及氯仿（$CHCl_3$）是常见的有机氯化物，它们的燃烧反应式如下：

$$CH_3Cl + CH_4 + 3.5O_2 \longrightarrow 2CO_2 + HCl + 3H_2O \tag{8.33}$$

$$CHCl_3 + CH_4 + 2.5O_2 \longrightarrow 2CO_2 + 3HCl + H_2O \tag{8.34}$$

如果使用氢含量较低的燃料（如 H/C 值为 1.72 的燃料油）辅助氯含量高的物质进行燃烧，由于氢原子不足以结合所有氯原子，氯气仍然会产生。氯气具有毒性，而且不易被一般处理设备去除或吸收，其排放至大气中有害性较强，因此在设计及运行有机氯化物焚烧系统时，必须避免氯气的产生。

由于 C—Cl 化学键的键能较低，在燃烧前的预热区内，容易因热解而产生氯气、氯化氢、炭黑等稳定化合物，一些小分子化合物的热解反应为：

$$CCl_4 \xrightarrow{\triangle} C(s) + 2Cl_2 \tag{8.35}$$

$$CH_2Cl_2 \xrightarrow{\triangle} C(s) + 2HCl \tag{8.36}$$

$$CHCl_3 \xrightarrow{\triangle} C(s) + HCl + Cl_2 \tag{8.37}$$

$$C_2H_5Cl \xrightarrow{\triangle} C_2H_4 + HCl \tag{8.38}$$

如果燃烧区内氧气不足，不完全燃烧产生的一氧化碳会与氯气反应，产生剧毒的光气（$COCl_2$）或氯化羰基（COCl）：

$$CO + Cl_2 \longrightarrow COCl_2 \tag{8.39}$$

$$CO + 1/2Cl_2 \longrightarrow COCl \tag{8.40}$$

四氯化碳在 100℃时，可在铁催化下反应产生光气及氯仿。氯乙烯在 300℃时，可在含铁、铜、锌、铝等金属催化剂的作用下产生光气。

如果燃烧室内温度控制不佳，氯苯或其他芳香族氯化物在适当温度下会产生二噁英或呋喃等剧毒物质，城市垃圾及有害废物焚烧排放气中发现了此类物质。

为降低光气、炭黑或多苯环物质的产生量，焚烧有机氯化物时，必须使用大量的空气，然而过量的氧气也可能会造成下列 3 个问题：

① 过量的氧气会氧化氯化氢，产生氯气：

$$0.5O_2 + 2HCl \longrightarrow Cl_2 + H_2O \tag{8.41}$$

② 空气增加会造成火焰温度降低，从而降低燃烧速率，可能会导致操作困难。

③ 过量的空气会造成燃料使用量的增加。

氟化物燃烧产物和氯化物类似，溴化物及碘化物燃烧后产生溴（Br_2）及碘（I_2）蒸气，而非溴化氢及碘化氢，溴、碘气为有色、有毒气体，而且不易被一般废气洗涤系统去除。

8.2.2.4 硫化物的燃烧

燃料或废物中所含有机或无机硫化物在完全燃烧的情况下，会产生一定量的二氧化硫及少量三氧化硫。最普通的反应为甲硫醇的氧化反应：

$$CH_3SH + 3O_2 \longrightarrow CO_2 + 2H_2O + SO_2 \tag{8.42}$$

通式为：

$$C_xH_{y-1}SH + (y/2+1)O_2 \longrightarrow xCO_2 + y/2H_2O + SO_2 \tag{8.43}$$

硫氧化物排放是造成酸雨的主要原因，因此硫氧化物的排放控制装置是燃煤发电锅炉排气处理系统的主要装置。一般工业或城市固体废物中的含硫量很低，排气中二氧化硫的含量也较低，故焚烧排气系统中很少单独考虑硫氧化物的控制。

8.2.2.5 氮氧化物的燃烧

燃烧系统中的氮氧化物（NO_x）有两种来源：第一种为空气中的氧气与氮气在高温下（1100℃以上）化合，产生一氧化氮或少量的二氧化氮，通常称为热力型氮氧化物（thermal NO_x），由于任何燃烧或焚烧系统都在一定温度范围内运转，所产生的热力型氮氧化物也在固定范围之内变化；第二种为燃料或废物中氮化物（如胺等）的氧化，称为燃料型氮氧化物（fuel NO_x），它们的产生和过剩空气量有直接关系，过剩空气量越高，燃料型氮氧化物的产生量也越高。自燃煤发电锅炉的运行数据显示，在适当的空燃比（过剩空气 20%～30%）下，燃料中氮含量的增加并不会导致排气中的氮氧化物增加。

燃料中氮氧化物的控制可以通过下列方式实现：

① 回流部分冷却排气，以降低燃烧室内氧的含量。

② 使用两段燃烧方式，即主燃烧室在缺氧情况下操作，而二次燃烧室在过剩空气情况下运转。

③ 使用催化处理及特殊洗涤器。

④ 以蒸汽或水注射。

8.2.2.6 含磷有机物的燃烧

在过剩空气情况下，磷化物的燃烧会产生五氧化二磷［P_2O_5，其实际上以双分子十氧化四磷（P_4O_{10}）形式存在］，如果氧气供应不足，则会产生少量的三氧化二磷（P_2O_3，实际上为 P_4O_6 双分子）。五氧化二磷可与水化合形成磷酸（H_3PO_4），因此可被湿式洗涤器吸收中和，三氧化二磷可与冷水作用，产生亚磷酸，但是与热水作用，会产生磷、磷化氢等物质。大部分工业废物中磷含量很低，系统设计时一般不考虑其影响。

8.2.3 燃烧化学反应动力学

燃烧是一种剧烈的氧化反应，因此燃烧控制的核心在于“3T”控制，即控制反应温度、反应时间与湍流程度。一座理想的焚烧炉应满足以下要求：消耗燃料应最少、废物与助燃空气充分混合、实现完全燃烧并最大限度地减少污染物排放。其中，炉的湍流混合程度是关键设计参数之一。为提升焚烧炉内的混合效果，需深入研究燃烧化学反应动力学与燃烧反应器模型，具体内容如表 8.1 所列。

表 8.1 燃烧化学反应动力学概述表

主题	说明	公式
1. 燃烧化学动力学	燃烧化学动力学是研究燃烧化学反应速率及影响反应速率因素的科学	
(1)反应速率	反应速率通常定义为反应体系中反应物(或焚烧物质)的浓度(或物质的量)随时间的变化率。以 R_A 表示。	$R_A=\frac{1}{V}\times\frac{dn_A}{dt}=\frac{1}{VM_A}\times\frac{dm_A}{dt}$ 式中 V——反应系统或反应容器容积，m^3 或 L； n_A——A 物质的浓度，kg/m^3 或 g/L； m_A——A 物质的质量，kg 或 g； M_A——A 物质的分子量； t——时间，s 或 min； R_A——反应速率，g/(L·s)或 g/(L·min)

续表

主题	说明	公式
(2)影响反应速率的因素	影响反应速率的因素有浓度、温度、压力与催化剂等。温度对反应速率的影响可通过比较不同温度下的反应速率来确定,因此研究者通常会将速率表达式中的温度函数与浓度函数分开考虑	R_A 为 C_i,P,T 的函数。 C_i 为参与反应的物质浓度,单位为 mol/L 或 $kmol/m^3$;P 为压力,单位为 kg/cm^2 或 kg/m^2;T 为绝对温度,单位为 K。 $$R_A=\pm K_A(T)f(C_1,C_2...)$$ 式中 K_A——A 物质的反应速率常数,其为温度的函数
(3)阿伦尼乌斯公式	阿伦尼乌斯公式是用于计算反应速率常数的公式,其中的频率因子(A)及活化能(E)可通过实验求得	$$K_A=A\exp(-E/RT)$$ 式中 E——活化能,cal/mol; A——频率因子,s^{-1}; R——气体常数,1.986cal/(mol·K); T——绝对温度,K
(4)平衡常数	化学反应可分为可逆与不可逆反应,可逆反应为产物与反应物互相存在,正反应速率与逆反应速率相同时,即达到化学平衡,此时的正反应速率常数与逆反应速率常数的比值,称为平衡常数。除此之外,气体的浓度与压力有关,反应速率则成为气体成分分压的函数	反应方程式: $$a\mathrm{A}+b\mathrm{B}\longrightarrow c\mathrm{C}+d\mathrm{D}$$ 反应物的浓度函数: $$f(C_A,C_B)=[C_A]^a[C_B]^b$$ 正反应速率: $$R_A=K_A[C_A]^a[C_B]^b$$ 逆反应速率: $$R_A=K'_A[C_C]^c[C_D]^d$$ 化学平衡时 $R_A=R_B$,即: $$K_A[C_A]^a[C_B]^b=K'_A[C_C]^c[C_D]^d$$ $$K_c=K_A/K'_A=([C_A]^a[C_B]^b)/([C_C]^c[C_D]^d)$$ 式中 K_c——平衡常数,其为温度的函数。 $$C_i=P_i/RT$$ 式中 P_i——成分的分压。 $$R_A=\mathrm{d}C_A/\mathrm{d}t=-K_{PA}{P_A}^a{P_B}^b$$ 式中 K_{PA}——与压强相关的反应速率常数。 若用 R_A^* 表示 A 物质分压随时间的变化,则 $$R_A^*=\mathrm{d}P_A/\mathrm{d}t=-K_{PA}P_A^aP_B^b=R_ART$$
2. 燃烧反应器模型	废物的燃烧反应虽然复杂,但燃烧数据仍可通过实验获取,如果把焚烧系统当作一个化学反应器,则可以利用化学反应原理及反应速率,来评估或预测破坏废物所需的温度、停留时间等主要参数	
(1)批次式反应器	批次式反应器由一个供反应发生的容器和促进混合的搅拌装置组成。操作时,先将所有的反应物送入反应器内混合,由于反应过程中无物料的进出,整个反应过	$$t=\int_{C_{Ao}}^{C_{Ai}}\frac{\mathrm{d}C_A}{-R_A}$$ 式中 R_A——A 物质的反应速率,g/(h·L); C_A——A 物质的浓度,g/L; C_{Ai},C_{Ao}——进、出反应器的 A 物质浓度,g/L; t——A 物质在反应器内的停留时间,h;

续表

主题	说明	公式
(1)批次式反应器	程在不稳定的状态下发生，即反应器内的成分及浓度会不断发生变化，直至预期的化学变化完成或达到平衡	若发生的是一次不可逆反应，则： $t=\int_{C_{Ao}}^{C_{Ai}}\frac{dC_A}{-KC_A}$ $=-\frac{1}{K}\ln C_A\Big\vert_{C_{Ao}}^{C_{Ai}}=-\frac{-1}{K}[\ln C_{Ai}-\ln C_{Ao}]$ $=-\frac{1}{K}\ln\frac{C_{Ai}}{C_{Ao}}$ 式中　K——化学反应速率常数，h^{-1}
(2)连续搅拌器	连续搅拌器与批次式反应器的构造类似，但是其反应物在不停地输入，产物则不断地从系统中排出，整个反应可以在不同的物态(气、液、固态)，以及稳定或不稳定状态下发生。如果反应器内的物质混合均匀，而且达到了稳定状态，反应器的设计则变得非常简单。流化床式焚烧炉或焚烧系统就可以视为连续搅拌器，停留时间可由相应公式估算	$t=\frac{C_{Ao}-C_{Ai}}{R_A}$ 式中　t——停留时间，h； C_{Ai}——A反应物的输入浓度，g/L； C_{Ao}——A反应物的输出浓度，g/L； R_A——A反应物的反应速率，g/(h・L)。 若反应为一次不可逆反应，则： $t=\frac{C_{Ao}-C_{Ai}}{KC_{Ao}}$
(3)管流式反应器	反应物由反应器的一端连续进入，产物从另一端输出，反应器内的物质成分及浓度沿着主轴方向变化。一般假设管流式反应器内，沿主轴方向无法实现混合，而沿直轴方向可实现均匀混合。该反应器可以用于模拟气-液燃烧系统、液体焚烧炉、旋转窑式焚烧炉或二次燃烧室	反应管内的体积计算式： $V=n_{Ai}\int_0^{X_A}\frac{dX_A}{-R}$ 式中　V——反应管的体积，L； n_{Ai}——A反应物的输入流量，g/h； X_A——A反应物的转化率； R——反应速率，g/(h・L)。 $t=-\frac{1}{K}\ln\frac{C_{Ao}}{C_{Ai}}$ 当$t>t_1$时： $\ln\frac{C_{Ao}}{C_{Ai}}=-K(t-t_1)$ 当$t\leqslant t_1$时： $\ln\frac{C_{Ao}}{C_{Ai}}=0$ $t_1=X_1-X_2T$ 式中　t_1——延迟时间； X_1——常数； X_2——常数； T——温度

8.3 质能平衡计算

8.3.1 质量平衡计算

在焚烧炉设计中，质量平衡指的是计算焚烧炉的物质加入量及排出量，要求加入量等于排出量。

8.3.1.1 理论燃烧需氧量

设 1kg 废物中含有 C(kg)、H(kg)、O(kg)、S(kg)、N(kg) 和水分 (W, kg)，则燃烧时理论需氧量 V_o 可表达如下。

① 以体积表示（标准状态下）：

$$
\begin{aligned}
V_o(m^3/kg) &= 22.4\left(\frac{C}{12}+\frac{H}{4}+\frac{S}{32}-\frac{O}{32}\right) \\
&= \frac{22.4}{12}C+\frac{22.4}{4}\left(H-\frac{O}{8}\right)+\frac{22.4}{32}S \\
&= 1.867C+5.6\left(H-\frac{O}{8}\right)+0.7S
\end{aligned} \tag{8.44}
$$

② 以质量表示：

$$
\begin{aligned}
V_o(kg/kg) &= 32\left(\frac{C}{12}+\frac{H}{4}+\frac{S}{32}-\frac{O}{32}\right) \\
&= \frac{32}{12}C+8H+S-O \\
&= 2.67C+8H-O+S
\end{aligned} \tag{8.45}
$$

8.3.1.2 理论燃烧需空气量

空气中的氧含量若以体积计算为 21%，若以质量计算为 23%，所以燃烧所需的理论空气量 V_a 可表达如下。

① 以体积表示（标准状态下）：

$$V_a(m^3/kg) = \frac{1}{0.21}\left[\left(1.867C+5.6\left(H-\frac{O}{8}\right)+0.7S\right]\right. \tag{8.46}$$

② 以质量表示：

$$V_a(kg/kg) = \frac{1}{0.23}(2.67C+8H-O+S) \tag{8.47}$$

如果在废物焚烧时使用了辅助燃料（如天然气等），则可将其视为 CO、H_2、CH_4、C_2H_4 等气体的混合气体，其理论需氧量为：

$$V_o(m^3/m^3) = \frac{1}{2}(CO)+\frac{1}{2}(H_2)+2(CH_4)+3(C_2H_4)-(O_2) \tag{8.48}$$

理论空气量为：

$$V_a = \frac{1}{0.21}V_o \tag{8.49}$$

8.3.1.3 实际空气量

实际燃烧使用的空气量 V_a' 通常用理论空气量 V_a 的倍数 m 表示，称为空气比或过剩空气系数。

$$V_a' = mV_a \tag{8.50}$$

废物完全燃烧的假设在仅供应理论空气量的条件下是无法实现的，因为氧化反应仅发生在垃圾表面，需要充足的反应时间，因此需要超量供应助燃空气并加强搅动。一般情况下，过剩空气量应控制在理论空气量的 1.5～1.9 倍。

8.3.1.4 烟气量

若不考虑辅助燃料的影响，废气中各生成组分的体积如下：

$$V_{CO_2}(m^3/kg)=22.4\left(\frac{C}{12}\right) \tag{8.51}$$

$$V_{H_2O}(m^3/kg)=22.4\left(\frac{H}{2}+\frac{W}{18}\right) \tag{8.52}$$

$$V_{SO_2}(m^3/kg)=22.4\left(\frac{S}{32}\right) \tag{8.53}$$

$$V_{O_2}(m^3/kg)=0.21(m-1)V_a=0.21mV_a-V_o \tag{8.54}$$

$$V_{N_2}(m^3/kg)=0.79mV_a+22.4\left(\frac{N}{28}\right)=0.79V'_a+22.4\left(\frac{N}{28}\right) \tag{8.55}$$

在上述方程式中，有几点假设，即物料中所有 C 均氧化成 CO_2，所有的 S 均氧化成 SO_2，所有的 N 均以 N_2 形态存在于废气中，但实际情况并非如此。不完全燃烧将会产生 CO，有一部分 N 会变成 NO_x，有一部分 Cl 会变成 HCl，在本估算中均忽略其影响。

根据上述方程式，总烟气量为：

$$\begin{aligned}V&=V_{CO_2}+V_{SO_2}+V_{H_2O}+V_{N_2}+V_{O_2}\\&=(m-0.21)V_a+\frac{22.4}{12}\left(C+6H+\frac{2}{3}W+\frac{3}{8}S+\frac{3}{7}N\right)\end{aligned} \tag{8.56}$$

若不考虑烟气中的含水量，则总干烟气量 V_d 为：

$$V_d=V_{CO_2}+V_{SO_2}+V_{N_2}+V_{O_2} \tag{8.57}$$

若使用辅助燃料，则每立方米（标准状态下）的气体燃料在 $V'_a=mV_a$ 的辅助空气供应下，产生的废气组成如下：

$$V_{O_2}(m^3/m^3)=0.21(m-1)V_a \tag{8.58}$$

$$V_{N_2}(m^3/m^3)=0.79mV_a+(N_2) \tag{8.59}$$

$$V_{CO_2}(m^3/m^3)=(CO_2)+(CO)+(CH_4)+2(C_2H_4) \tag{8.60}$$

$$V_{H_2O}(m^3/m^3)=(H_2)+2(CH_4)+2(C_2H_4) \tag{8.61}$$

则辅助燃料的总废气产量为：

$$\begin{aligned}V&=V_{O_2}+V_{N_2}+V_{CO_2}+V_{H_2O}\\&=[(CO_2)+(CO)+(CH_4)+2(C_2H_4)]+[(H_2)\\&\quad+2(CH_4)+2(C_2H_4)]+(m-0.21)V_a+(N_2)\end{aligned} \tag{8.62}$$

由于通常空气污染控制法规中的排放浓度标准均以标准状态为基准，因此需将实际测量的废气中污染物浓度进行如下校正，再与相关法规要求进行比较。

$$V(t,P)=V\times\frac{273+t}{273}\times\frac{760}{P} \tag{8.63}$$

式中 t——废气的温度，℃；

P——废气的压力，mmHg（1mmHg=133.3224Pa）；

V——废气的体积，m^3。

8.3.1.5 过剩空气系数

在实际操作中，为了掌握燃烧状况，常常需通过测定烟气组分来计算过剩空气系数

m。烟气中各组分的含量用（CO_2）、（CO）、（N_2）、（O_2）、（SO_2）表示，则实际供氧量 V'_o 和理论供氧量 V_o 可以不参与燃烧反应的 N_2 为基准，用下式求出：

$$V'_o=\frac{0.21}{0.79}\left[(N_2)-\frac{n}{14}\times\frac{22.4}{2V}\right]V \tag{8.64}$$

$$V_o=V'_o-[(O_2)-(O'_2)]V \tag{8.65}$$

式中　V——1kg 废物燃烧产生的烟气量；

$\frac{n}{14}\times\frac{22.4}{2}$——废物中氮燃烧产生的氮气量；

（O'_2）——烟气中未燃尽组分燃烧的需氧量，通常取（O'_2）$=1/2$（CO）。

因此有：

$$m=\frac{V'_a}{V_a}=\frac{V'_o}{V_o}\times\frac{\frac{0.21}{0.79}\left[(N_2)-\frac{0.8n}{V_d}\right]}{\frac{0.21}{0.79}\left[(N_2)-\frac{0.8n}{V_d}\right]-[(O_2)-(O'_2)]}$$

$$=\frac{(N_2)-0.8n/V_d}{(N_2)-3.77[(O_2)-1/2(CO)]-0.8n/V_d} \tag{8.66}$$

式中　V_d——1kg 废料燃烧产生的干烟气体积。

当燃料中氮含量较少时，$0.8n/V_d$ 可以忽略不计，则：

$$m=\frac{1}{1-\frac{3.77[(O_2)-1/2(CO)]}{(N_2)}} \tag{8.67}$$

正常燃烧情况下，可以假设（CO）≈0，（N_2）≈0.79，则：

$$m\approx\frac{0.21}{0.21-(O_2)} \tag{8.68}$$

【例题 8.2】已知垃圾样品的 3 成分分析及元素分析资料，如表 8.2 和表 8.3 所列，试求单位质量垃圾的理论需空气量及燃烧后总烟气量。

表 8.2　垃圾样品 3 成分分析

指标	高	中	低
可燃分(B)/%	42.3	37.5	33.7
灰分(A)/%	16.0	15.9	12.4
水分(W)/%	41.0	49.1	50.4
低位热值/(kcal/kg)	1942	1672	1405

表 8.3　垃圾样品元素分析

元素	全样品/%	可燃分/%
C	20.33	53.9
H	2.80	7.4
N	0.45	1.2
S	0.02	0.1
Cl	0.34	0.9

续表

元素	全样品/%	可燃分/%
O	13.76	36.5
总计	37.5	100

解：若仅以可燃分 B 计算，则理论需空气量（标准状态下）为：

$$V_a=\frac{1}{0.21}\left[1.867C+5.6\left(H-\frac{O}{8}\right)+0.7S\right]$$

$$=\frac{1}{0.21}\left[1.867\times0.539+5.6\times\left(0.074-\frac{0.365}{8}\right)+0.7\times0.001\right]$$

$$=5.55m^3/kg$$

所以，针对单位质量垃圾样品，理论需空气量（标准状态下）为：

$$V_a(m^3/kg)=5.55\times\frac{B}{100}=0.0555B$$

实际需空气量（标准状态下）为：

$$V'_a(m^3/kg)=mV_a=0.0555mB$$

因此，当 $m=1$ 时，各种垃圾所需的理论空气量（标准状态下）可计算如下：

$$B=42.3\%,\ V_a=0.0555\times42.3=2.35m^3/kg$$

$$B=37.5\%,\ V_a=0.0555\times37.5=2.08m^3/kg$$

$$B=33.7\%,\ V_a=0.0555\times33.7=1.87m^3/kg$$

烟气量（标准状态下）可由下式计算：

$$V=(m-0.21)V_a+\frac{22.4}{12}\left(C+6H+\frac{2}{3}W+\frac{3}{8}S+\frac{3}{7}N\right)$$

又 $V_a=0.0555B$，若 $B=37.5\%$，$m=1$，$W=49.1\%$，则：

$$V=(1-0.21)\times0.0555\times37.5+\frac{22.4}{12}\left(0.539\times0.375+6\times0.074\times0.375\right.$$

$$\left.+\frac{2}{3}\times0.491+\frac{3}{8}\times0.001\times0.375+\frac{3}{7}\times0.012\times0.375\right)$$

$$=3.50m^3/kg$$

8.3.1.6 质量平衡计算方式

在计算焚烧炉进、出料质量平衡时，必须详细列出进料与出料物质的种类与含量，并绘制进、出料物质流向图（图 8.11），以充分掌握各物质的进出量，其计算方式如下。

（1）进料

① 废物进料量（kg/h）：包括固体、液体废物。

② 燃料及辅助燃料进料量（kg/h）。

③ 空气进入量（kg/h）：一般情况下，空气可由送风机直接送入焚烧炉，或经由燃烧器间接进入焚烧炉。

④ 水蒸气进入量（kg/h）：由于大气中或多或少会带有水蒸气，而水蒸气的多少会随温度、相对湿度的变化而变化，所以可根据低温度湿度图求得每千克干空气中所含有的水蒸气量，再乘以当时的空气进入量，即为水蒸气进入量。

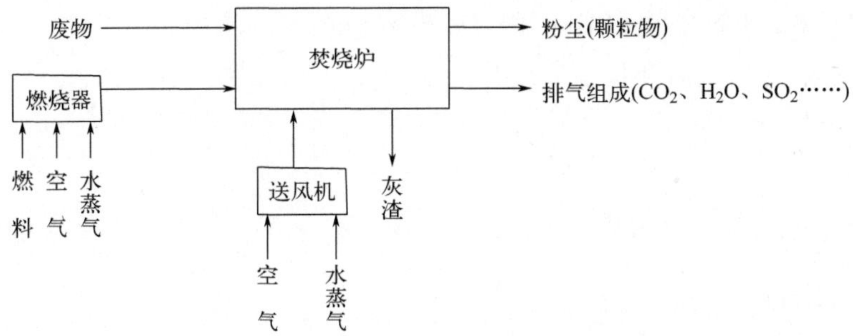

图 8.11 进、出料物质流向图

(2) 出料

① 灰烬量(kg/h)。

② 排气组成(kg/h)。

③ 粉尘(颗粒物)带出量(kg/h)。

8.3.2 能量平衡计算

8.3.2.1 烟气温度计算

废物焚烧产生的热量绝大部分贮存在烟气中，因此掌握烟气的温度对于了解燃烧效率和进行余热利用都是十分重要的。废物与空气混合燃烧后，在没有任何热量损失的情况下，燃烧烟气所能达到的最高温度称为绝热火焰温度，决定火焰温度的关键因素是废物的热值。由于燃烧过程中必然伴随着部分热量损失，实际烟气温度总是低于绝热火焰温度，但它可以给出理论上可以达到的最高烟气温度。

理论燃烧温度可以通过下式近似求得：

$$H_1 = VC_{pg}(T - T_0)$$

$$T = \frac{H_1}{VC_{pg}} + T_0 \tag{8.69}$$

式中 H_1——废物的低位热值，kcal/kg；

T_0——大气或助燃空气温度，℃；

T——最终废气温度，℃；

C_{pg}——废气在 T 及 T_0 之间的平均比热容，kcal/(kg·℃)；

V——废物燃烧所产生的废气体积(标准状态下)，m^3。

若系统总的热损失为 ΔH，则实际燃烧温度可由下式估算：

$$T = \frac{H_1 - \Delta H}{VC_{pg}} + T_0 \tag{8.70}$$

【例题 8.3】假设：空气比 $m=2$，废气平均比热容(标准状态下) $C_{pg}=0.333$kcal/(m^3·℃)，大气温度 $T_0=20$℃，$H_1=1488$kcal/kg。化学元素分析资料显示：C=

0.194kg/kg、H = 0.027kg/kg、S = 0.0004kg/kg、O = 0.131kg/kg、W = 0.5kg/kg、N=0.004kg/kg。试求标准状态下烟气量及燃烧温度。

解：理论需空气量（标准状态下）为：

$$V_a = \frac{1}{0.21}\left[\left(1.867C + 5.6\left(H - \frac{O}{8}\right) + 0.7S\right]\right.$$

$$= \frac{1}{0.21}\left[\left(1.867 \times 0.194 + 5.6 \times \left(0.027 - \frac{0.131}{8}\right) + 0.7 \times 0.0004\right]\right.$$

$$= 2.01 m^3/kg$$

烟气量（标准状态下）可计算如下：

$$V = (m - 0.21)V_a + \frac{22.4}{12}\left(C + 6H + \frac{2}{3}W + \frac{3}{8}S + \frac{3}{7}N\right)$$

$$= (2 - 0.21) \times 2.01 + \frac{22.4}{12} \times \left(0.194 + 6 \times 0.027 + \frac{2}{3} \times 0.5\right.$$

$$\left. + \frac{3}{8} \times 0.0004 + \frac{3}{7} \times 0.004\right)$$

$$= 3.60 + 1.29 = 4.89 m^3/kg$$

则理论燃烧温度为：

$$T = \frac{H_l - \Delta H}{VC_{pg}} + T_0 = \frac{1488 - 0}{4.89 \times 0.333} + 20 = 934℃$$

8.3.2.2 热平衡计算

焚烧系统中，输入系统的热量总和应等于输出系统的热量总和，即热量平衡。在进行固体废物焚烧热量平衡计算时，需要确定基准温度，这个基准温度既可以取 0℃，也可以取环境大气温度。

（1）热量输入组成

① 废物发热量 H_{i1}：采用高位热值时，$H_{i1} = H_h$（kcal/kg）；采用低位热值时，$H_{i1} = H_l$（kcal/kg）。

② 废物显热 H_{i2}：

$$H_{i2} = C_f(\theta_f - \theta_0) \tag{8.71}$$

式中 C_f——废物比热容，kcal/(kg·℃)，垃圾的 C_f 为 0.6～0.7kcal/(kg·℃)；

θ_f——废物温度，℃；

θ_0——基准温度，℃。

③ 助燃空气显热 H_{i3}：

$$H_{i3} = AC_a(\theta_a - \theta_0) \tag{8.72}$$

式中 A——助燃空气量，kg/kg 或 m^3/kg；

C_a——空气的定压比热容，kcal/(kg·℃)；

θ_a——空气入口温度，℃。

（2）热量输出组成

① 燃气带走的热量 H_{o1} 如下。

以低位热值计算：

$$H_{o1} = V_d C_g(\theta_g - \theta_0) + (V - V_d)C_s(\theta_g - \theta_0) \tag{8.73}$$

以高位热值计算：

$$H_{o1}=V_dC_g(\theta_g-\theta_0)+(V-V_d)C_s[(\theta_g-\theta_0)+r] \tag{8.74}$$

式中 C_g——烟气的平均定压比热容，kcal/(kg·℃)；

C_s——水蒸气的平均定压比热容，kcal/(kg·℃)；

θ_g——烟气温度,℃；

r——水的蒸发潜热。

② 不完全燃烧的热损失 H_{o2} 如下。

底灰：

$$H'_{o2}(\text{kcal/kg})=6000I_ga \tag{8.75}$$

式中 a——灰分，kg/kg；

I_g——底灰中残留可燃物含量，约等于热灼减量；

6000——底灰中残留可燃物的热值，kcal/kg。

飞灰：

$$H''_{o2}(\text{kcal/kg})=8000dC_d \tag{8.76}$$

式中 d——飞灰量，kg/kg；

C_d——飞灰中可燃物含量；

8000——飞灰中残留可燃物的热值，kcal/kg。

$$H_{o2}=H'_{o2}+H''_{o2}(\text{约占总输出热量的 }0.5\%\sim 2.0\%) \tag{8.77}$$

③ 焚烧灰带走的湿热 H_{o3}：

$$H_{o3}=aC_{as}(\theta_{as}-\theta_0) \tag{8.78}$$

式中 C_{as}——焚烧灰的比热容，kcal/(kg·℃)，约为 0.3kcal/(kg·℃)；

θ_{as}——焚烧灰出口温度,℃。

④ 炉壁散热损失 H_{o4} 如下。

通常由输入热量和输出热量的差值计算，需要单独计算时，单位时间内炉壁的散热量 H'_{o4}(kcal/h) 可以表示为：

$$H'_{o4}=\sum h_e(\theta_s-\theta_a)F+4.88\varepsilon\left[\left(\frac{T_s}{100}\right)^4-\left(\frac{T_a}{100}\right)^4\right]F \tag{8.79}$$

式中 h_e——对流传热系数 kcal/(m²·h·℃)；

θ_s——炉外壁表面温度（摄氏温度）,℃；

T_s——炉外壁表面温度（热力学温度），K；

T_a——环境大气温度（热力学温度），K；

θ_a——环境大气温度（摄氏温度）,℃；

F——炉外壁面积，m²；

ε——炉外壁表面辐射率。

H'_{o4} 也可以由下式求得：

$$H'_{o4}=\frac{\lambda(\theta_i-\theta_s)}{L}F \tag{8.80}$$

式中 λ——炉壁的传热系数，kcal/(m·h·℃)；

θ_i——炉内壁表面温度,℃；

L——壁厚，m。

换算成1kg废物：

$$H_{o4}=H'_{o4}/M \tag{8.81}$$

式中　M——单位时间内的投料量，kg/h。

【例题8.4】垃圾样品成分分析数据见表8.4，焚烧系统的重要设计及操作参数见表8.5。假设焚烧厂内没有废热回收及冷却设备，辐射热损失为总进入热源的5%，试求总进入热源及热损失的大小。

表8.4　垃圾成分分析

热值/(kcal/kg)	元素分析/%						可燃分/%	灰分/%	水分/%
	C	O	H	N	S	Cl			
1400	47.04	43.65	6.95	1.35	0.12	0.89	38	10	52

表8.5　焚烧系统的重要设计及操作参数

项目	符号	单位	数值
进料速率	v	kg/h	8000
空气预热温度(标准状态下)	t_1	℃	180
空气比	m		2.2
燃烧温度	t_2	℃	900
灰烬中残碳量	n	%	1.00
理论需空气量(标准状态下)	V_a	m^3/kg	1.74
废气产率(标准状态下)	V	m^3/kg	4.74
废气的平均定压比热容	C_{pg}	kcal/(kg·℃)	0.35
灰烬温度	t_a	℃	300
灰烬产量比例	K	%	10
灰烬比热容	S	kcal/(kg·℃)	0.2

解：(1) 总进入热源

① 由垃圾的低位热值带来的热焓：

$$H_1=140\times 8000=1120000\text{kcal/h}$$

② 预热空气带来的热焓：

$$H_2=mV_a t_1 C_{pg} v=2.2\times 1.74\times 180\times 0.35\times 8000$$
$$=1929312\text{kcal/h}$$

总进入热源＝1120000＋1929312＝3049312kcal/h

(2) 热损失

① 废气余热排放所带走的热焓：

$$H_3=Vt_2C_{pg}v=4.74\times 900\times 0.35\times 8000=11944800\text{kcal/h}$$

② 灰烬余热所带走的热焓：

已知灰烬温度为300℃，产量为垃圾进料量的10%，比热容为0.2kcal/(kg·℃)。

$$H_4=\frac{0.1}{1-0.1}\times 0.2\times 300\times 8000=5333\text{kcal/h}$$

③ 辐射热损失：

$$H_5=3049312\times 0.05=152466\text{kcal/h}$$

④ 灰烬残碳量所带走的热焓：

已知碳的热值为 8100kcal/h。

$$H_6=8100\times 8000\times 0.01=648000\text{kcal/h}$$

⑤ 废气中 CO 排放所带走的热焓如下。

题目中未说明 CO 的浓度，已知碳变成 CO 与变成 CO_2 所产生热焓的大小差异为 5954kcal/kg，假设燃烧的垃圾含碳量为 15.68%，而 CO 占 CO_2 的 1%，则废气中 CO 排放所带走的热焓为：

$$H_7=0.01\times(0.1568-0.01)\times 5954\times 8000=69924\text{kcal/h}$$

总热损失$=H_3+H_4+H_5+H_6+H_7=12820523\text{kcal/h}$

【例题 8.5】 如果已知垃圾的低位热值 $H_l=1500$kcal/kg，预热空气带来的热焓为未知数 X，辐射热损失占比为 5%，损失热量为 90kcal/h，假设该厂没有废热回收，预热空气温度为 250℃，假设主要热损失为辐射热，并假设大气温度为 20℃及废气平均定压比热容（标准状态下）为 0.35kcal/(m^3·℃)，废气产量为 5m^3/kg，试推算预热空气带来的热焓及燃烧温度。

解： 已知辐射热损失为 90kcal/h，占 5%，则：

总进入热源=90/0.05=1800kcal/h

因此，预热空气带来的热焓为 300kcal/h。

可依简化的热平衡方程式来计算燃烧温度：

$$1800=90+5\times 0.35(T-20)$$

$$T=996℃$$

【例题 8.6】 已知：空气比 $m=2$，烟气平均比热容（标准状态下）$C_{pg}=0.333$kcal/(m^3·℃)，各种热损失 ΔH 共约 145kcal/h，助燃空气温度为 20℃，垃圾样品的组成分析见表 8.6。试求垃圾的低位热值、废气产率及燃烧温度。

表 8.6 垃圾组成分析

元素分析/%						可燃分/%	灰分/%	水分/%
C	O	H	N	S	Cl			
16.89	12.11	2.57	0.55	0.04	0.89	34.54	10	49.97

解：（1）低位热值

由 Dulong 公式求得垃圾的高位热值：

$$\begin{aligned}H_h&=8100\text{C}+34250(\text{H}-\text{O}/8)+2250\text{S}\\&=8100\times 0.1689+34250\times(0.0257-0.1211/8)+2250\times 0.0004\\&=1731\text{kcal/h}\end{aligned}$$

因此，低位热值：

$$H_l=H_h-600(W+9\text{H})$$

$$=1731-600\times(0.4997+9\times0.0257)$$
$$=1292\text{kcal/h}$$

(2) 废气产率

理论需空气量（标准状态下）为：

$$V_a=\frac{1}{0.21}\left[(1.867C+5.6(H-\frac{O}{8})+0.7S\right]$$
$$=\frac{1}{0.21}\left[\left(1.867\times0.1689+5.6\times\left(0.0257-\frac{0.1211}{8}\right)+0.7\times0.0004\right]\right.$$
$$=1.87\text{m}^3/\text{kg}$$

烟气量（标准状态下）为：

$$V=(m-0.21)V_a+\frac{22.4}{12}\left(C+6H+\frac{2}{3}W+\frac{3}{8}S+\frac{3}{7}N\right)$$
$$=(2-0.21)\times1.87+\frac{22.4}{12}\times\left(0.1689+6\times0.0257+\frac{2}{3}\times0.4997\right.$$
$$\left.+\frac{3}{8}\times0.0004+\frac{3}{7}\times0.0055\right)$$
$$=3.35+1.23=4.58\text{m}^3/\text{kg}$$

(3) 求燃烧温度

$$T=\frac{H_1-\Delta H}{VC_{pg}}+T_0=\frac{1292-145}{4.58\times0.333}+20=772℃$$

习 题

1. 简述热处理定义。热处理技术主要有哪些？
2. 简述废物焚烧定义。
3. 名词解释：燃烧效率、燃烧室热负荷、炉床燃烧率、焚烧“3T”原则、空气比。
4. 试写出焚烧烟气量计算公式。
5. 焚烧系统的基本设施有哪些？
6. 焚烧炉有哪些类型？试叙述其功能及优缺点。
7. 焚烧进料与排灰设备有哪些？
8. 焚烧烟气中的主要成分和产生原因。
9. 若已知空气比 $m=2.1$，烟气平均比热容(标准状态下) $C_{pg}=0.333\text{kcal/(m}^3\cdot℃)$，各种热损失 ΔH 共约 150kcal/h，助燃空气温度为 20℃，垃圾样品的组成分析见表 8.7，试求垃圾的低位热值、废气产率及燃烧温度。

表 8.7 垃圾组成分析

元素分析/%						可燃分/%	灰分/%	水分/%
C	O	H	N	S	Cl			
47.04	43.65	6.95	1.35	0.12	0.89	38	10	52

10. 简述废物热解的定义及其优缺点。

第 9 章

固体废物焚烧处理系统

9.1 焚烧处理的进料与排灰

典型的焚烧系统处理流程如图 9.1 所示，涉及的主要设备包括前处理设备、进料设备、焚烧炉、热回收/冷却设施、空气污染控制设备和仪器控制与烟气监测设备等。

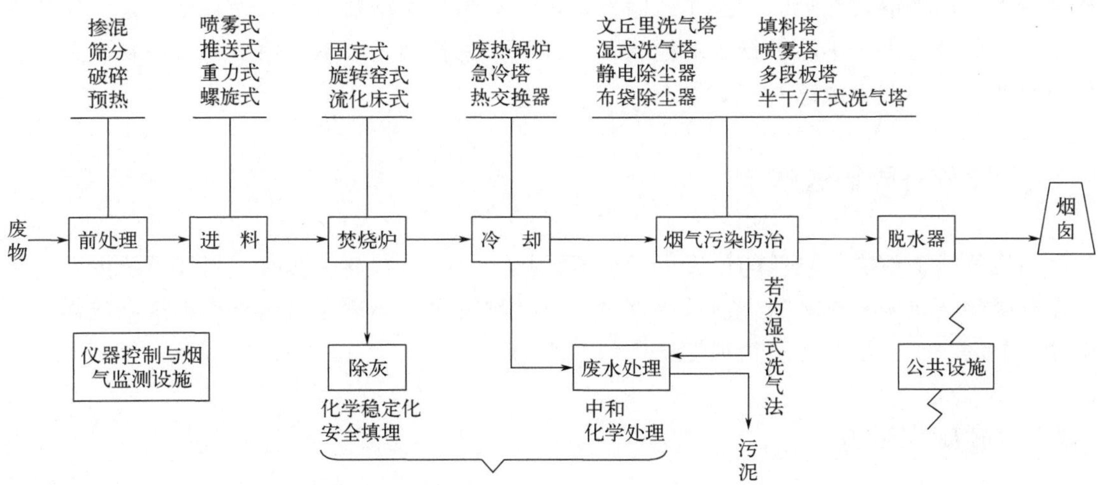

图 9.1　典型的焚烧系统处理流程

下面首先介绍进料与灰渣的排除（排灰）。

废物的进料和灰渣的排除对焚烧系统是非常重要的，如果进料和排灰不顺利，可能会影响焚烧操作和燃烧效率，甚至需停炉检修。进料和排灰同属于固体物料输送设备，有着极相似的功能需求和操作维修方式，因此以下各设备的具体说明可同时作为进料和排灰的参考。

9.1.1 带式输送机

带式输送机主要利用两侧的辊轴以带动中间的输送带，输送带上浮的废物或灰渣随此带移动至进料槽或贮存槽中。它广泛用于非精密的运料系统，当要求的进料速率不太严格时，焚烧系统中常用带式输送机来运送废物或灰渣。

9.1.2 推杆式输送机

此设备利用油压或类似动力推动轴杆，并以连接该杆的横板推挤前方的物料或废物。使用此种输送设备应注意焚烧炉与废物间必须有间歇性隔离时间。先将废物置入推杆前的贮存室，并关闭该室上方的进料门，炉门开启后，推杆将废物推入炉内，推杆拉回时，炉门再关上，重新回到原来空的贮存室状态，等待下一批进料。此推料设施适用于间歇性的序批式操作。

9.1.3 抓斗式输送机

该输送机常用于一般废物的进料系统中，或者作为大型机械式焚烧炉的配套进料设备。抓斗被上方的起重机吊起，从而能上下左右移动。一般操作时，抓斗从废物贮坑抓取废物，由控制室人员操作起重机的移动，将废物投置在炉上方或侧方的倾斜槽中，废物接着在重力作用下滑移至炉内。抓斗式输送机可被认为是大型焚烧系统中最简单且方便的进料设备，但其受限于不易进行自动控制，大都靠人为控制，故不适用于连续进料场景，或是对废物进料率较为敏感的焚烧炉。

9.1.4 箕斗升降输送机

当废物或灰渣需从较低的位置（如地下贮坑）运送至较高位置时，焚烧系统中常采用箕斗升降输送机来进行运送。输送废物时，该类型输送机不适合运送形状不规则或体积过于庞大的废物，较适合运送物理性质均匀的废物。

9.1.5 螺旋供给器

无论是排灰还是进料，螺旋供给器均是极为普遍的一种物料供应设施，尤其是在流化床焚烧炉中，因其处理对象多为类似颗粒状的物料，采用此类型供给器的频率较高。在螺旋输送机内的槽或管中设有螺旋轴或旋转轴，以输送物料。输送物与螺旋面及槽面间产生的摩擦损失很大，而且螺旋叶片与槽面间还会损伤输送物，特别是当输送物料中含有矿石、金属、砂等带有锐角的硬物时，接触部分会显著磨损。不过，因其是在密闭箱中搬运的，不必担心物料散逸。有时将气体在密闭槽内循环，也可在输送中实现脱色、干燥和冷却等。螺旋叶片的搅拌作用可增强输送效果。螺旋叶片与槽的间隙在 3～5mm。输送机长度较短时，螺旋轴在槽两端设有轴承结构；反之，长度较长时，为了避免轴弯曲，应在槽的中间设置轴承。有时为了便于输送，也常采用变螺距的设计方式。不同设计的螺旋供给器如图 9.2 所示。

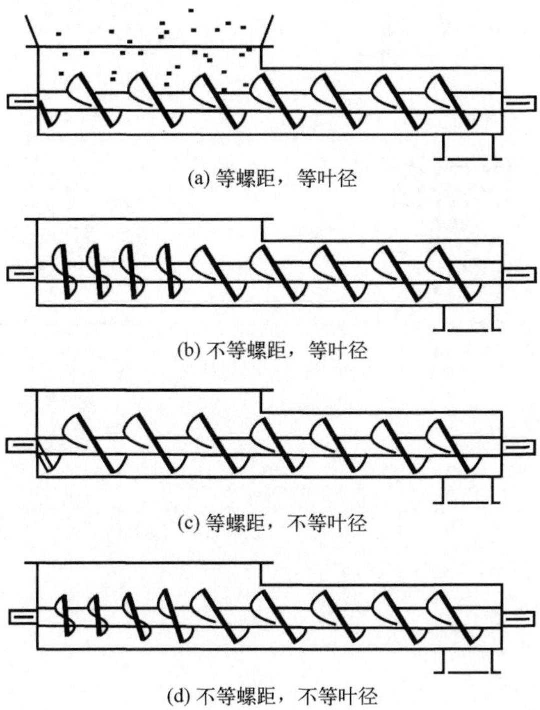

图 9.2　不同设计的螺旋供给器

9.1.6　旋转供给器

焚烧系统为运送颗粒较小的废物或灰渣，经常选择旋转供给器。由于具有定量供料的优势以及易于操作维修，此种供给器更适用于排灰系统，甚至可直接作为排灰控制阀。不同型式的旋转供给器见图 9.3。

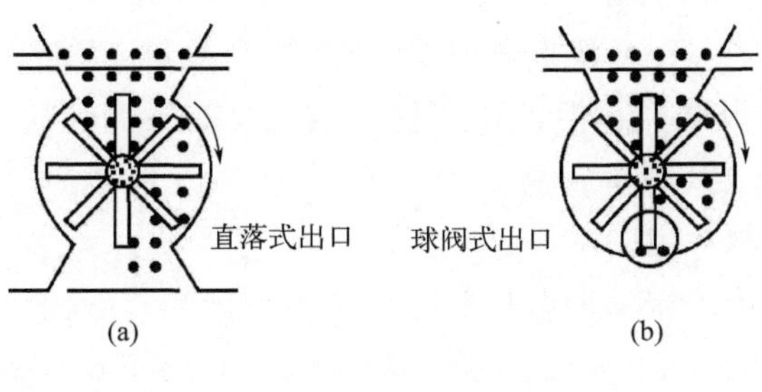

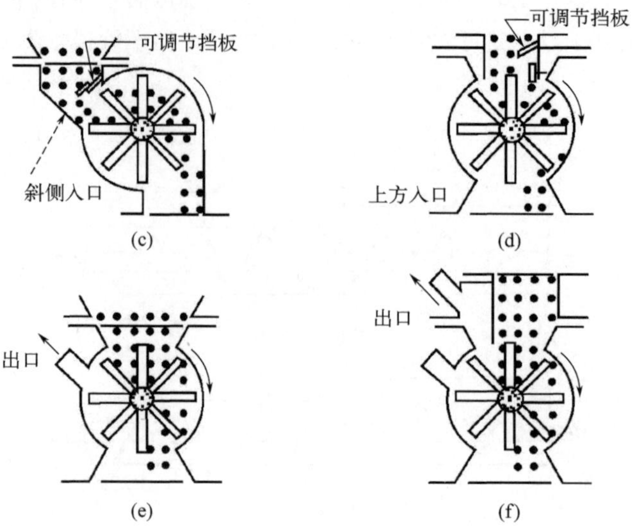

图 9.3 不同型式旋转供给器

9.2 焚烧炉

9.2.1 固定炉床式焚烧炉

9.2.1.1 固定炉床式焚烧炉的特点

固定炉床式焚烧炉中，废物在近乎固定状态（fixed state）的炉床上燃烧。从燃烧反应的传质与传热角度来看，此种类型焚烧炉的焚烧强度（即单位炉床面积上废物的燃烧速率）不会太高。如果炉内没有大量空气或没有较长的停留时间，将无法弥补燃烧的不足，即燃烧“3T”原则中的湍流程度不佳，因此固定床焚烧炉的特性在于强调炉子的耐用性与进料废物性质的宽广性，而不在于燃烧效率高低或燃烧速率快慢。另因此类型焚烧炉的炉床特色，废物极似处于混烧状态，故烟气中粉尘的排放量比其他炉型低。然而，操作控制不佳往往会导致较高的一氧化碳排放，因此在处理有害废物时必须配备空间较大的二次燃烧室，或通入更多的过剩空气。

综上所述，固定炉床式焚烧炉的优点为：a. 可同时处理物理性质不均的各种废物；b. 所需补充的燃料较少；c. 可将废物内的烃类化合物转化成气体，并使之完全燃烧；d. 颗粒物排放量较低。其缺点包括：a. 可能会生成具有致癌性的裂解副产物；b. 对大件物品的处理能力差；c. 燃烧效率不高。

9.2.1.2 固定炉床式焚烧炉类型

固定炉床式焚烧炉依炉床的形态与功能不同，可分为一般固定炉床式(general type)、机械炉床式(mechanical-grate type)、多炉床式(multi-hearth type)、控气式(controlledair type）焚烧炉。虽然有这样的分类，但在工程设计与实际应用中，部分焚烧炉难以用上述分类方法来硬性区分，例如，有的焚烧炉可能既具备机械式炉床，又采用控气式布风方法。

（1）一般固定炉床式焚烧炉

此类焚烧炉的炉床为构造简单的平板床，多为单一炉室，也称为模组式固体焚烧炉，其炉内构造如图 9.4 所示。其由耐火砖或耐火泥构成。有时为了提高燃烧效果，会在炉床两侧或下方加装布风装置，以增加气体扰动程度与氧气供应，从而提高燃烧速率并降低不完全燃烧物的产生。另外，有的炉床以炉条构成，一方面有利于灰渣直接落至下方的灰渣贮坑，另一方面有利于炉下方的通气。由于此类焚烧炉的构造极为简单，故一般用于处理性质不复杂的废物。废物进入焚烧炉后处于堆积状态，其中的废物燃烧也属于堆积燃烧的一种，焚烧温度维持在 600～700℃之间。

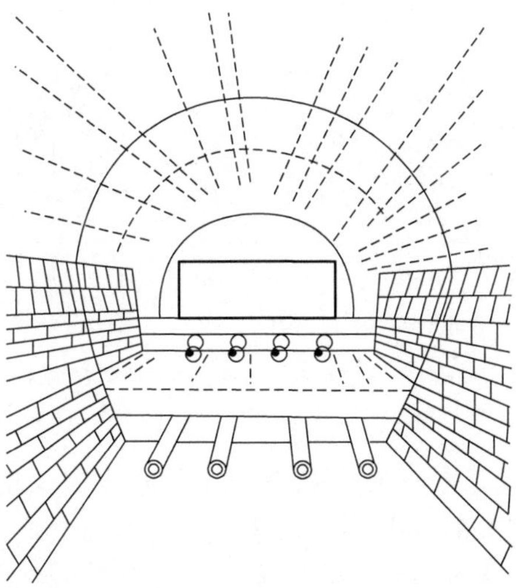

图 9.4　一般固定炉床式焚烧炉的炉内构造

（2）机械炉床式焚烧炉

机械炉床式焚烧炉是利用炉条的前后或回转的移动来输送废物，在这个过程中，由于输送和搅翻同时进行，且在适宜的燃烧温度下，因此垃圾得以干燥、气化，从而燃烧变为气体与灰渣。炉内温度需控制在 700～950℃之间，若废物热值过低，需喷油助燃，使炉温控制在 700℃以上。因利用机械炉床式焚烧炉可燃烧未经前处理的废物，所以其也称为混烧焚烧炉。依其不同的机械运动方式，可细分成摇滚式、阶梯往复式、逆动式、台阶式、履带式及滚筒式几种类型（图 9.5）。

在焚烧炉的燃烧过程中，炉床是最为重要的部分。此部分构造因制造厂商的不同而各有创意与设计，形态也各异，但重点在于：

① 如何使水分高的垃圾有效燃烧；

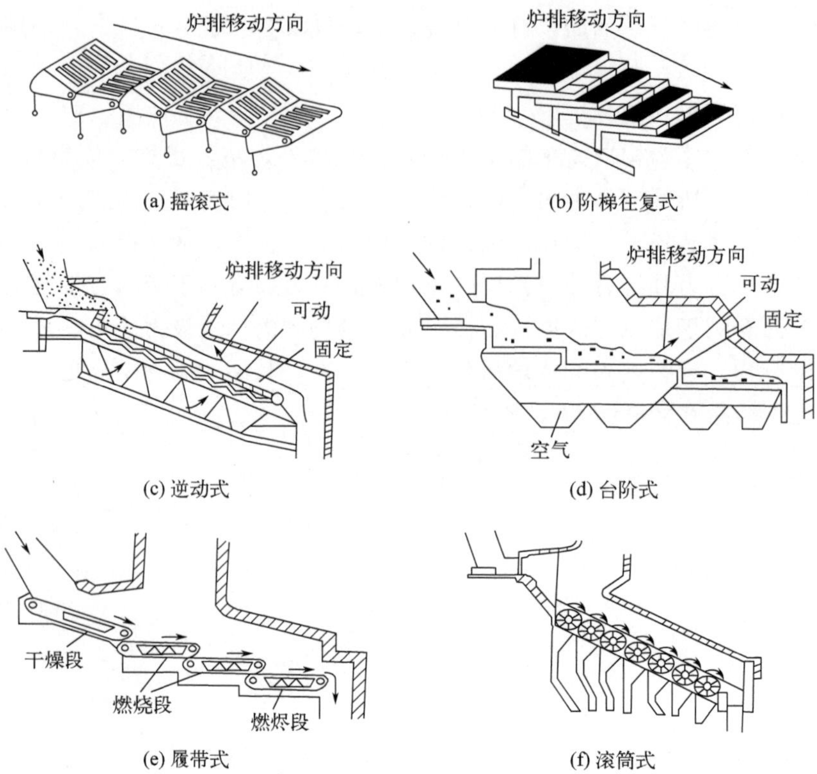

图 9.5 机械炉床式焚烧炉种类

② 如何顺利地移送垃圾，同时使垃圾在炉床上移动时又能有搅拌及翻转的功能，故除应配备能使其易干燥及着火的设备外，还应设计具有摇动或回转功能的设施。

此类焚烧炉大多数采用连续进料，连续焚烧的燃烧过程如下：

① 将废物倒入贮存槽内，其容量为 2～3d 的废物处理量（按处理能力计算）。

② 用附有抓斗的起重机将废物置入投入口，投入口处应经常保持装满垃圾状态，以防多余的空气进入炉内。

③ 废物在重力作用下慢慢滑落于炉床上，然后缓慢地向下移动。下方会送入从废物贮存槽抽取并经预热器预热的热空气。炉床通常保持 3°的倾斜角，以实现废物移送功能。因此，炉床从上到下依次分为未燃烧层、燃烧层及灰层，由于新废物不断补给，可保证燃烧持续进行。

④ 燃烧后的灰烬在冷却槽中冷却后，再由输送带排出。采用混烧方式时，可经磁选机回收废铁后，运往填埋场进行处置。

机械炉床式焚烧炉的燃烧稳定温度维持在 850～1000℃之间，通过搅拌与混合，可使垃圾中的水分易于蒸发，燃烧气体在燃烧室的停留时间为 1～2s。

为估计燃烧室燃烧负荷及燃烧效率，确定燃烧室所需体积 V 时，必须考虑低位热值与燃烧室热负荷的比值（即 Q/VHR），以及燃烧气体停留率与气体停留时间的乘积

(*GT*)，并取两者中的较大值。其计算公式如下：

$$V=\max\left(\frac{Q}{\mathrm{VHR}},\ GT\right) \tag{9.1}$$

$$G=\frac{MW}{3600r} \tag{9.2}$$

式中 Q——每小时垃圾预热空气及辅助燃料所产生的低位热值，kcal/h；

VHR——燃烧室热负荷，kcal/(m^3 · h)；

G——废气体积流率，m^3/s；

T——气体停留时间，s；

M——燃烧室废气产生率，kg 气体/kg 垃圾；

r——燃烧室气体的平均密度，kg/m^3；

W——垃圾处理率，kg/h。

典型机械炉床式焚烧系统见图 9.6。

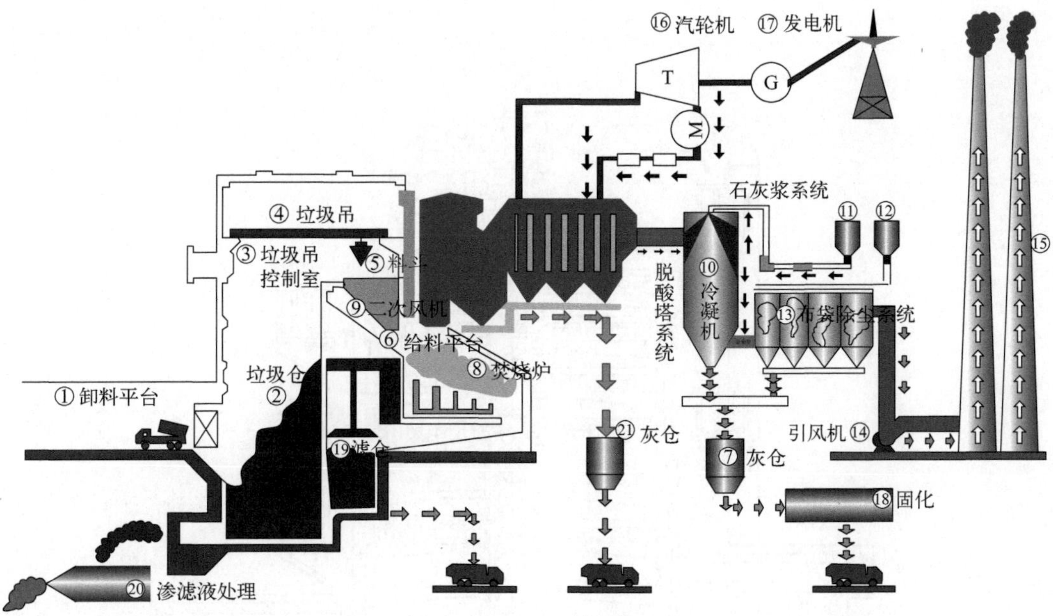

图 9.6 典型机械炉床式焚烧系统

(3) 多炉床式焚烧炉

多炉床式焚烧炉多采用两个或两个以上的燃烧室，且采用过剩空气方式。按燃烧室的几何形状，可分为直线式炉与曲回式炉两种。主燃烧室的主要功能是点火、蒸发及焚烧固体废物，二次燃烧室可提供足够的空气及停留时间，以确保燃烧完全。燃烧室之间以挡板隔离，挡板的位置及大小皆经过特殊设计，可以增加气体垂直及水平方向的湍流程度。

多炉床式焚烧炉是一种极为类似搅拌槽的固定床式焚烧炉，其仅适用于焚烧污泥，其结构如图9.7所示。多炉床式焚烧炉是一种垂直的圆柱形设备，其内部设有耐火衬里，外部为钢制结构，内部有许多水平的、由耐火材料构成的炉膛，自上而下布置有一系列水平的绝热炉膛，一层一层叠加，一般多炉床式焚烧炉可含有4～14个炉膛，从炉子底部到顶部有一个可旋转的中心轴。每个炉膛上设有搅拌装置，即搅拌臂，在搅拌臂上布置有一定数量的搅拌齿，通常齿长在100mm左右。通过转动中心轴可以耙动污泥，使之以螺旋形运动通过炉膛，一般每一炉膛内的污泥厚度保持在120mm左右。辅助燃料的燃烧器也位于炉膛上。污泥在炉膛中由上而下逐层下落。从整体焚烧过程来看，可将炉膛分为三个部分：上部为干燥区，绝大部分污泥的水分从该部分中蒸发，顶部两层起污泥干燥作用，温度在425～760℃，可使污泥含水率降至40%以下；中部几层为污泥焚烧区，温度可达760～925℃，该层还可进一步分为上中部挥发分气体及部分固态物燃烧区和下中部固定碳燃烧区域；下部为缓慢冷却区，主要起冷却并预热空气的作用，温度为260～350℃。值得说明的是，当多炉床式焚烧炉的中心轴转速足够快时，污泥在各炉层中会像在混合槽中一样，处于剧烈搅动状态，此时的燃烧现象便偏离了固定床式焚烧炉的本质。换言之，只有当中心轴搅拌速度较慢时，多炉床式焚烧炉才能名正言顺地归入固定床式焚烧炉范畴。

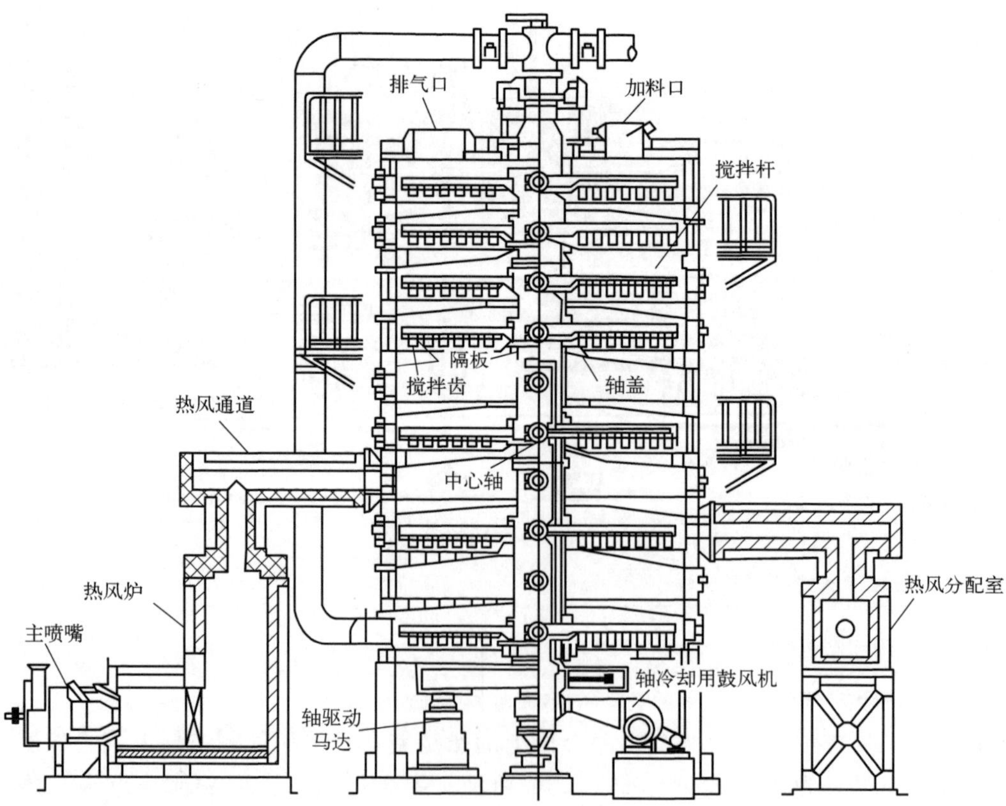

图9.7 立式多炉床式焚烧炉

(4) 控气式焚烧炉

控气式焚烧炉是先以低于理论空气量的空气，在炉体内第一燃烧室的固定炉床上燃烧，使可燃分分解为可燃性气体，残渣由炉床下端排出，可燃性气体再送至第二燃烧室，并供应充足空气，使可燃性废气完全燃烧。

控气式焚烧炉一般包括两个圆筒状的、内部设有耐火砖的、由碳钢制成的燃烧室（图 9.8）。第一燃烧室内呈阶梯形，每个阶梯间装有输送杆，便于废物及灰渣的移动。每个燃烧室至少设置一个辅助燃烧器，以维持炉内温度。为了避免不完全燃烧气体外泄，炉内的压力应略低于炉外，第一燃烧室底部装有空气孔管，以吸取炉外的空气。第一燃烧室内氧气含量低于完全燃烧所需量时，以热解方式初步分解废物中有机化合物，此时无法完全燃烧，灰渣内的碳含量甚至会高达 30%。第一燃烧室内的温度应控制在 760～980℃之间，第二燃烧室的温度应控制在 900～1100℃之间。

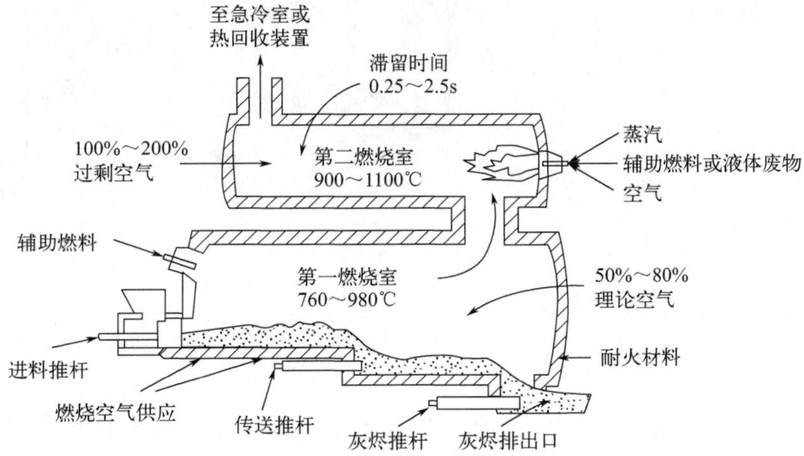

图 9.8 典型的控气式焚烧炉

9.2.2 旋转窑焚烧炉

9.2.2.1 旋转窑焚烧炉的特点

典型旋转窑焚烧系统如图 9.9 所示。旋转窑焚烧炉的炉膛通常稍微倾斜且具有转动的功能，除了可进行废物输送外，还可使废物混合得更加均匀，提高其焚烧效率。由于炉膛内衬耐火材料，通常其热容量设计值为 2.5×10^5 kcal/m^3，操作温度通常为 600～1000℃。旋转窑焚烧炉的进料速率通常控制在可使炉内废物量占炉体体积的 30%以下。固体废物在旋转窑焚烧炉内的停留时间，取决于窑体转速、炉膛长度与直径的比值以及炉体的倾斜角。旋转窑焚烧炉所处理的废物多为工业废物，除了重金属、水或无机化合物含量高的不可燃物以外，各种不同状态（固态、液态等）及形状（颗粒状、粉状、块状等）的可燃性废物皆可送入旋转窑焚烧炉内焚烧。这些适用于旋转窑焚烧炉处理的废物种类甚多，许多剧毒物质（如多氯联苯、化学试剂等）也可使用该焚烧炉处理。

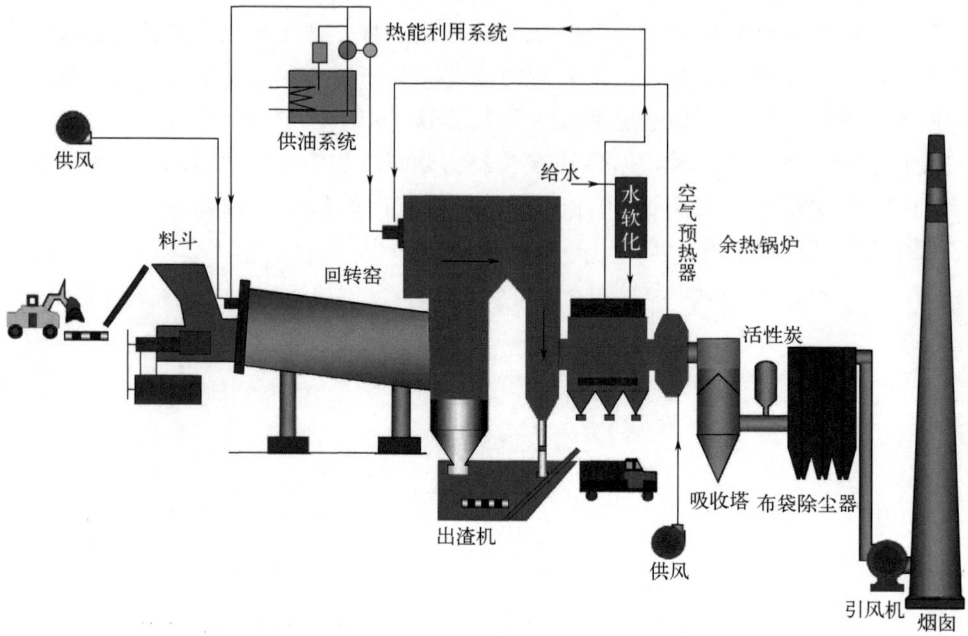

图 9.9 典型旋转窑焚烧炉系统

旋转窑焚烧炉的主要功能是将一般废物及有害废物转化成气相产物，以固体废物为例，在旋转窑内基本上可分成干燥、热解及焚烧三个步骤。所产生的气体可能含有部分未完全燃烧的有害气体产物，因此，必须再于后燃烧室中，使其在高温（1000～1300℃）氧化状态下完全燃烧。气体产物在后燃烧室中的平均停留时间通常设计为 1～3s。

该焚烧炉的优点为：a. 可以处理各种不同的固体、液体废物；b. 可以处理熔点低的物质；c. 可以分别接受固体及液体进料；d. 可以将筒状或块状固体废物直接送入窑内处理；e. 窑内气体湍流程度高，气固接触良好；f. 窑内固体废物停留时间可以通过调整转速加以控制；g. 窑内温度可达 1200℃以上，可以有效摧毁多数有害物质。

该焚烧炉的主要缺点为：a. 投资成本高；b. 球状及筒状物体可能会快速滚落至窑炉末端，无法实现完全焚烧；c. 对过剩空气需求高，排气中粉尘含量高；d. 整体焚烧系统的机械性零件复杂，维修费用高。

9.2.2.2 旋转窑焚烧炉类型

旋转窑焚烧炉根据燃烧机制、操作温度、气体与固体废物流动方向，可分为同向流动式旋转窑焚烧炉、逆向流动式旋转窑焚烧炉、干灰式旋转窑焚烧炉、熔渣式旋转窑焚烧炉 4 种。

（1）同向流动式旋转窑焚烧炉

同向流动与逆向流动式旋转窑的区别在于燃烧器的配置不同，燃烧器与固体废物进料口在同一侧时称为同向流动式旋转窑，如图 9.10 所示。目前，绝大多数的旋转窑焚烧炉为同向流动式，主要原因是，同向流动式炉形设计不仅适用于固体废物的输入及前置处理，同时也可以增加气体的停留时间。另外，由于气体和固体是同向流动的，炉内能较好地保持气固间不同温度的焚烧条件，即废物刚进入炉内时，需较高温度的气体加热，以蒸发其中的水分。焚烧炉内燃烧与温度分布情况如图 9.11 所示。

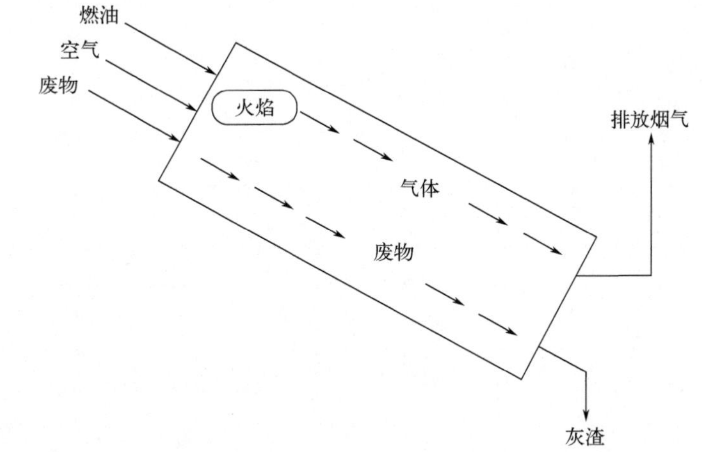

图 9.10　同向流动式旋转窑焚烧炉内气固间流动情形

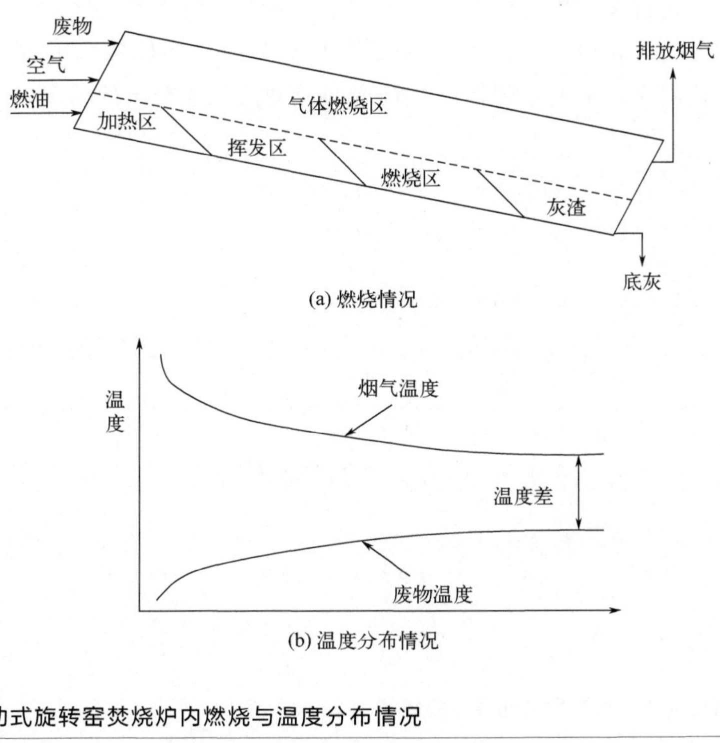

图 9.11　同向流动式旋转窑焚烧炉内燃烧与温度分布情况

（2）逆向流动式旋转窑焚烧炉

逆向流动式旋转窑焚烧炉气固间流动情形如图 9.12 所示。逆向流动式设计的传热效率较高，气固接触情况较好，但是由于气、固体的相对速度较大，排气所带走的粉尘量也较多。逆向流动式旋转窑较适用于湿度大、可燃性低的污泥，因为逆向流动的设计可提供较好的气、固体混合及接触，以提高其燃烧速率。

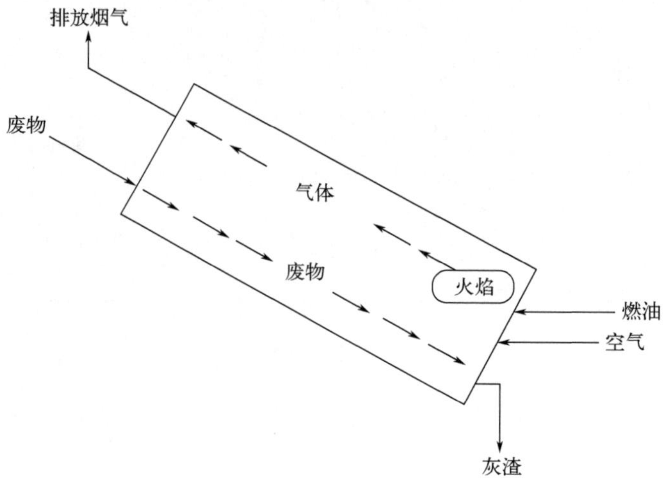

图 9.12　逆向流动式旋转窑焚烧炉气固间流动情形

逆向流动式旋转窑焚烧炉的传质及传热效果均较好，但却因此增加了进料及排气系统的复杂性，其温度曲线如图 9.13 所示。由于燃烧火焰是在固体废物的排出端，故易造成固体停留时间调整困难，常发生固体废物被逆向流动的气体带出的情况。

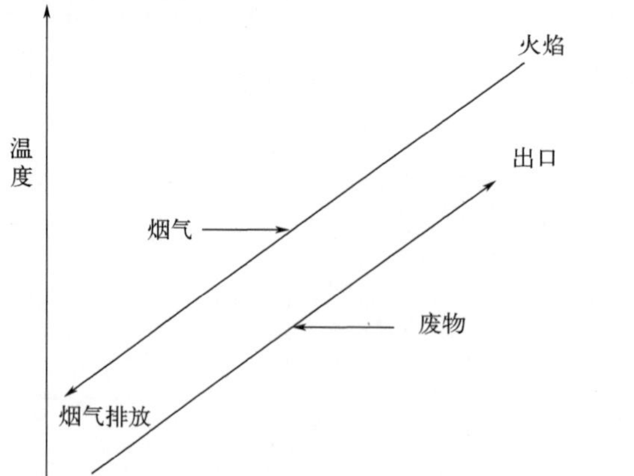

图 9.13　逆向流动式旋转窑焚烧炉内的温度曲线

(3) 干灰式旋转窑焚烧炉

干灰式旋转窑焚烧炉的炉内温度低于1000℃，因此废物无法熔融，仍以灰渣的形式存在。

(4) 熔渣式旋转窑焚烧炉

熔渣式旋转窑焚烧炉内的灰渣处于高温熔融状态，有别于一般的干灰形态。

熔渣式旋转窑焚烧炉与干灰式旋转窑焚烧炉的差异在于操作温度不同，熔渣式旋转窑可于1200～1430℃之间操作，而干灰式旋转窑的操作温度较低，在650～1000℃之间。熔渣式旋转窑因操作温度较高，大部分灰渣呈熔融状态，燃烧程度较高。干灰式旋转窑因操作温度较低，炉内灰渣尚未熔融，仍为固体形态的灰渣。废物中的惰性物质，除熔点高的金属及其化合物外，皆在窑内熔融，因此焚烧比较彻底。熔融的流体由窑内流出，急速冷却后凝固。由于这种类似矿渣或岩浆的残渣透水性低、颗粒大，同时可包容有毒的重金属化合物，其毒性比干灰式旋转窑所排放的灰渣低。熔渣式旋转窑焚烧炉较其他类型焚烧炉有更复杂的内部构造及一、二次燃烧室界面，其对耐火材料的要求也更为严格。所以，其维护费用及建造成本均高于其他类型的焚烧炉。同时，如果温度控制不当，窑壁上可能会附着不同形状的矿渣，熔渣出口也易堵塞。如果进料中含低熔点的钠、钾化合物，熔渣在急速冷却时，还可能会产生物理爆炸的危险。实际操作中，往往将砂混入进料中以提高其固体残渣的熔点。

9.2.2.3 操作特性

影响旋转窑焚烧炉燃烧效率的主要因素有燃烧温度、停留时间、过剩空气量及气固混合程度等。这些因素并非独立变量，如过剩空气量高可以提高混合程度，但会降低燃烧温度及气体停留时间；旋转窑的转速降低会延长固体的停留时间，但是也会影响固体与气体的接触。因此必须妥善调整这些因素，才能达到焚烧完全的目的。

(1) 燃烧温度

干灰式旋转窑焚烧炉内的温度通常维持在650～1000℃之间。如果温度过高，窑内固体容易发生熔融；温度太低，反应速率慢，易造成燃烧不完全。熔渣式旋转窑焚烧炉通常控制在1200℃以上，二次燃烧室的温度则维持在1100℃以上，但是不宜超过1400℃，以免产生过量的NO_x。

通过控制进料的热值和水分含量，可控制旋转窑的温度。如果热值足够高，可维持所需的焚烧温度，则进料量为基本控制因素；如果热值太低，必须添加辅助燃油以维持炉温，则过剩空气量成为旋转窑温度的控制因素之一。

(2) 过剩空气量

旋转窑废液燃烧器的过剩空气量应控制在10%～20%之间。如果过剩空气量太低，火焰易产生烟雾，火焰太高则易被吹至喷嘴之外，可能会导致火焰中断。旋转窑中的总过剩空气量通常维持在100%～150%之间，以促进固体可燃物与氧气的接触，部分旋转窑甚至会注入高浓度的氧气。二次燃烧室的过剩空气量约为80%。

(3) 固体停留时间

适宜的固体停留时间也是完全焚烧的必要条件之一。一般而言，固体在旋转窑内的停留时间应在2～5h，具体停留时间可用下列公式估算：

$$t=0.19\times\frac{L}{D}\times\frac{1}{SN} \tag{9.3}$$

式中　t——固体停留时间，min；

L——旋转窑长度，m；

D——旋转窑内径，m；

S——旋转窑倾斜角度；

N——旋转窑转速，r/min。

旋转窑焚烧炉的进料体积设计占内部总体积的5%～15%，其停留时间很短（在1h以内）。旋转窑倾斜角一般在1°～5°之间，倾斜角越大，越有利于物质的传送。焚烧炉所处理物质的单位体积越小，炉的倾斜角就必须越大。对于进料量小的焚烧炉，其转速为1～3r/min，对于进料量大的焚烧炉，其转速为0.5～1.5r/min。旋转窑有多种不同的长度与直径比例，可实现对停留时间的调控。

（4）气体停留时间

由于一般有机蒸气在870℃以上的温度下1s内就可以完全反应，而部分有机氯化物则需在1100℃下反应1s以上才可完全分解，因此一般旋转窑的二次燃烧室在体积设计上，通常需满足气体停留时间达到2s的要求。炉体内的废气有旋刮作用，为避免细小的微粒被废气带走，焚烧废气的流速必须控制在165～1000m/min之间，固体微粒越小，流速就应越低。焚烧炉的长度与直径也必须加以调整，以适应所设计的废气流速。废气的流量取决于燃料燃烧、水分蒸发及其他反应所产生的气体。

（5）气固混合程度

旋转窑的转速是决定气固混合程度的主要因素。在旋转时，若炉内固体废物的阶梯面高于剪切线，固体废物就会掉落而产生混合效果。转速增加时，离心力也随之增加，同时固体在转窑内的搅动及抛掷程度加大，固体和气体的接触概率也随之增加。反之，下层固体和气体的接触机会减小，反应速率及燃烧效率降低。加快转速虽然可加速焚烧，但转速过大时粉状物易被气体带出，排气处理设备的容量负荷须相应增加，投资费用也随之增高。

（6）二次燃烧室内的气体混合

二次燃烧室内，氧气与可燃性有机蒸气的混合程度取决于燃烧产物与二次空气的相互流动方式以及气体的紊流程度。紊流程度可由气体的雷诺数判定：当雷诺数低于10000时，紊流与层流同时存在，此时混合仅依靠气体的扩散，效果不好；雷诺数越高，紊流程度越高，混合效果越好。一般来说，二次燃烧室的气体流速在3～7m/s。增大气体流速虽可增加混合程度，但若流速过大，气体在二次燃烧室内的停留时间会缩短，不利于反应完全。

9.2.3 流化床焚烧炉

9.2.3.1 流化床焚烧炉的特点

流化床焚烧炉是将废物置于流化床中，如流体般被搅拌、混合，待基本完全燃烧后再进行排放。此处所指的“如流体般的作用”常需借助床（或炉）内的流化介质，如砂或石灰石。燃烧空气从粒子床底部的空气分散板高速通入，使粒子床形成流化状态（气泡式流化床），或直接将粒子带出（循环式流化床）。在循环式流化床的设计中，空气流速通常较高，足以将固体粒子吹离燃烧室，然后通过旋风分离器实现粒子与气体的分离，分离后的固体粒子再回流至燃烧室。流化床焚烧炉的操作温度通常在450～850℃，其操作温度上限一般取决于流化床介质（固体粒子）的软化点（约1400℃），过剩空气量通常为20%～50%。

流化床焚烧炉主要用于污泥及切碎的固体废物的焚烧。为了使废物在流化床内均匀分布，并且能于流化床内顺利取出残留物，固体废物通常需先进行筛选，或将其碾碎至粒径100mm以下。流化床焚烧炉可提供较高的空气/固体比值，较高的传热效率，气相及固相均有较高的紊流混合机会，且流化床内的温度较为均匀，还可直接向其中加入石灰或碳酸盐来中和酸性气体。

流化床焚烧炉与其他类型焚烧炉的不同特性包括：a. 燃烧温度在750～900℃之间；b. 高燃烧效率与破坏去除率；c. 炉内兼具焚烧与除酸作用，可一起完成；d. 可直接向炉内加入酸气吸收剂（如石灰石）；e. 低污染排放，无须除酸等后处理设施；f. 炉内传热效率高，易布置传热管；g. 布风方式极具弹性。

综上所述，流化床焚烧炉的优点有：a. 在低过剩空气量下仍能维持高燃烧效率，以有效破坏有害物质；b. 在炉内即能去除或抑制酸气的产生，无须配备除酸后处理设施；c. 可动零件不多，操作维修容易；d. 气、固相混合均匀，床中温度分布均匀；e. 操作温度低，停留时间及接触时间长；f. 进料速率变化对系统影响较小；g. 可处理含水量高的污泥和固体废物。其缺点有：a. 废物需进行前处理，固体粒径需破碎至100mm以下；b. 操作技术要求较高；c. 炉床材料易被冲蚀。

流化床燃烧（若只处理固体废物）基本上属于反应器中的气固两相反应类型，因此气固两相的流动状态会因气体流速的不同而存在明显差异，如图9.14所示。这种状态的差异会导致实际流化床焚烧炉的操作性能及应用领域有所不同。例如，气泡式流化床焚烧炉中，由于气泡存在“短路”现象，其气固接触效率不如循环式流化床焚烧炉，因此其燃烧效率也低于循环式流化床焚烧炉。

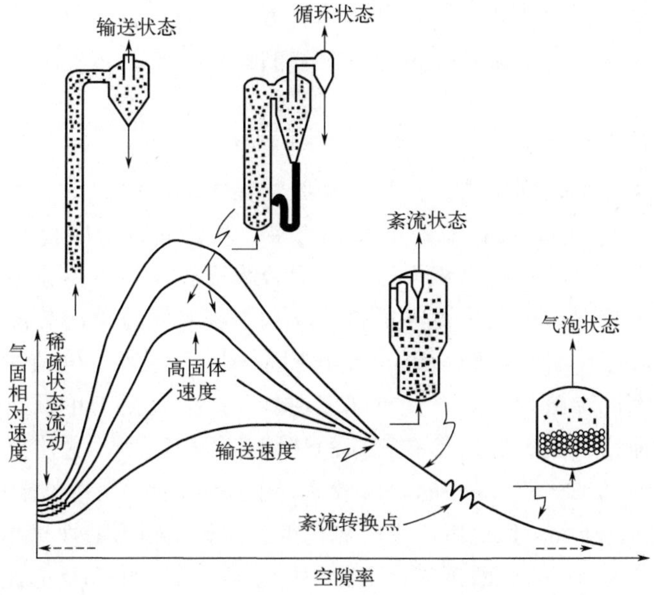

图9.14 流化床焚烧炉的流化状态分布

9.2.3.2 流化床焚烧炉的类型

流化床焚烧炉大致可分为气泡式流化床焚烧炉与循环式流化床焚烧炉。其中，气泡式流化床又可细分为浅床式与深床式；循环式流化床又可细分为单一固体粒子式及多种固体粒子式。

（1）气泡式流化床焚烧炉

气泡式流化床早在几十年前就应用于化学及食品工业中，用于颗粒状物体（如染料、塑料、水泥、煤、食品等）的催化反应或干燥处理。后来，其逐渐被用于煤的燃烧以及城市污泥和废液的焚烧。气泡式流化床拥有一个直立的长方形或圆筒形燃烧室，燃烧室内充满粒状惰性固体，其既可作为传热介质，又能维持稳定的固体存量（砂为最常用的介质）。空气从床底的分散盘均匀地进入炉内，当空气流速高于固体的最小流化速度时，粒子床会悬浮起来。由于空气穿过粒子床时会产生气泡，所以此类炉床被称为气泡床。粒状固体流速气泡上升、产生及破灭的影响，会不停地翻滚，如同沸腾的液体。气泡床中的空气流速度多控制在最低流化速度的 6 倍以上，流速越高，气体带走的粉尘量越多。但气体流速不能超出固体的平均飞离速度，否则整个固体床就会被吹走。

浅床式流化床焚烧炉是指静止床深与炉床直径的比值小于 1 的焚烧炉类型，其常用的静止床深在 15～30cm。这种炉子不太注重燃烧效率与脱硫效果，更看重操作的便捷性、进料的灵活性以及其他方面特性（如焚烧炉材质）。另外，它适用于处理较大颗粒（粒径＞200mm）物料，因此其通气速度（约 2.5m/s）一般比深床式更大。由于处理的颗粒较大，浅床式流化床焚烧炉内产生的气泡也较大，若床过深，则易导致气泡短路和固体粒子循环不畅。这种类型的焚烧炉多应用于中小型工厂，或是在流化床焚烧炉技术不够成熟的领域及相关从业者中使用。而深床式流化床焚烧炉是目前应用最广泛的流化床焚烧炉，其静止床深在 70～110cm（或静止床深/炉床直径＝1～2），通气速度（或流化速度）在 1.2～2.5m/s。该类型焚烧炉以砂与石灰石作为流体介质，脱硫效果与燃烧效率是其设计与运行时的核心考量因素。此外，它在进料种类方面也具有较强的适应性，这一点与几乎无任何进料弹性的浅床式流化床焚烧炉形成了鲜明对比。目前，大多数中大型的流化床焚烧炉属于深床式。

（2）循环式流化床焚烧炉

循环式流化床焚烧炉是利用高速空气带动废物在循环回路中进行燃烧反应。其中的空气流速在 3.5～10m/s 之间，在该流速下，绝大多数粒状固体物质会被气体带走。由于湍流程度高，空气与固体物质接触面积大，相互混合程度较高，传热速率及燃烧速率较气泡式快，循环式流化床焚烧炉适用于被有机物污染的土壤等颗粒物的焚烧处理，或污泥焚烧处理等。如图 9.15 所示，快速流动的空气可使固体粒子悬浮于气流中并被输送，因此，气固两相常处于所谓的稀疏相状态，其空隙度在 0.9 以上。由于单颗固体粒子被外围气流充分包围，且相对速度较大，所以具有较高的气固热传质能力，这使得该种床体拥有极高的燃烧效率（97%～99.5%）、良好的脱硫效率以及优异的 NO_x 控制效果。另外，其在进料种类方面的弹性也相当大。焚烧后产生的氯化氢、硫氧化物等酸性气体可被直接注入炉中的石灰石中和，生成氯化钙、硫酸钙等稳定的中性盐类。由于中和反应速率很快，排气中不含酸性气体，可省去对酸性气体去除系统的投资。二次空气从不同高度进入主燃烧室，使得燃烧室内的反应呈现阶梯式燃烧状态，这有助于抑制 NO_x 的产生，并降低 CO 的排放量。

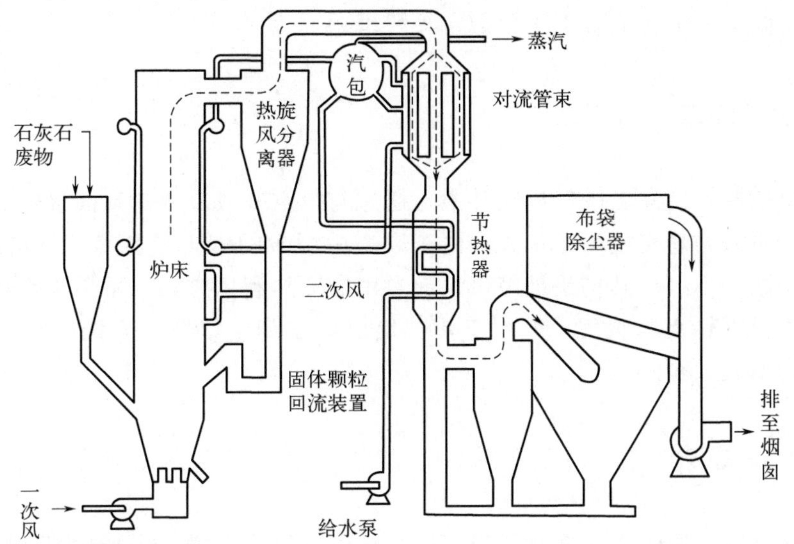

图 9.15 循环式流化床焚烧炉

9.3 焚烧处理的冷却与热回收

高温烟气从焚烧炉中排出后，考虑到后处理设施的材质耐温稳定性与运行效率，以及能源回收的经济效益等问题，必须立即接入冷却或废热回收系统。实际应用中通常采用2种处理方式：a. 直接冷却，该系统规模较小，热回收无经济效益，此外，当烟气中含有过多的腐蚀成分以及有毒有害废物时，大都采用直接冷却方式；b. 废热回收，当烟气废热总量较大时，该系统可显著提升能源利用的经济效益，且能克服腐蚀问题，整体效益上仍较为合理。

腐蚀或冲蚀是极重要的选择因素，由于废物燃烧所产生的850～1050℃高温废气，除挟带大量灰尘外，也含有氯化氢及硫氧化物等有害气体。这些气体都具腐蚀性，加上含金属碱化物的飞灰附着，更加快了设备的腐蚀。这种金属腐蚀与金属表面的温度密切相关，一般而言，金属表面温度在200～300℃时，其腐蚀速率最小，如温度不在该范围内，其腐蚀速率会急剧增加。因此为了保护炉体后的废气管道及洗涤塔与集尘器等设备，废气在离开炉体后，需先降温至180～250℃。一般以空气或水来冷却，根据焚烧炉处理容量大小、处理流程繁简程度的不同，大致可分为空气直接冷却法、间接冷却法、喷水冷却法及废热锅炉四种。

9.3.1 空气直接冷却法

利用送风机将冷空气强制吹进高温废气中，通过冷热气流的混合，使废气冷却。吹入的冷空气量约为废气量的 3 倍，这会导致焚烧炉下游的集尘器、洗涤设备、引风机以及排烟管道的容量随之增加，而且电力消耗也相对提高。

9.3.2 间接冷却法

采用热交换器，使高温废气流经其中，通过与冷空气或冷水进行间接热交换而实现冷却。此种方式所需的热交换面积很大，由于废气中所含的烟尘量甚高，易造成堵塞现象，且容易造成腐蚀。不过，其仍是最简单、最常用的废热利用方式，可用于预热一次空气以及为厂区员工提供热水与暖气。但由于热交换器易受烟尘堵塞及腐蚀影响，设备的可靠性、耐用性均不太理想。

9.3.3 喷水冷却法

在焚烧炉体内设置喷水冷却室，当高温废气流经冷却室时，会与喷嘴高压喷出的水雾接触，水分吸收热量成为水蒸气，从而实现废气的冷却。喷水量视废物的低位热值而定，每吨垃圾需喷 $1\sim2m^3$ 水，废气也因含大量水蒸气，体积增加了 30%～50%。这不仅会导致洗涤设备、集尘器、排烟管道等的容量随之增加，还容易造成腐蚀，从而缩短设备使用年限。喷水冷却式焚烧炉基本无法有效回收热能。

9.3.4 废热锅炉

在焚烧炉燃烧室后设置锅炉来冷却废气，所产生的蒸汽经利用后，会凝结成水，再由泵浦送回锅炉循环使用。采用锅炉冷却法的焚烧厂，设备费用虽高于其他冷却方式，但由于冷却过程中没有空气和水分混入，废气量及废气性质均得以保持稳定，从而延长机械寿命，减少故障发生，提升操作可靠度。同时，锅炉冷却法可以回收大量热能，降低运营成本，因此绝大多数中大型垃圾焚烧炉均采用锅炉冷却法，以回收能源。

9.4 焚烧产生污染物的机制及控制

焚烧炉排气中含有粒状污染物、一氧化碳、氮氧化物、重金属、酸性气体与毒性有机氯化物等污染物质，因此焚烧炉的设计和操作，必须考虑其污染的形成原因、反应机制与相关资料，以便在操作过程中控制污染物产生量。另外，污染物形成后，根据其废气特性，还可利用空气污染控制设备加以去除。

9.4.1 粒状污染物

9.4.1.1 形成原因

焚烧过程中产生的粒状污染物大致可分为 3 类：

① 废物中的不可燃物：在焚烧过程中，较大粒状残留物变为底灰排出，而部分小尺寸颗粒物则随废气排出炉外，成为飞灰，飞灰排出量取决于炉子操作条件（送风量、炉温等）、颗粒物尺寸和形状及颗粒物密度，一般产生的颗粒物粒径$>10\mu m$，极易通过空气污染控制设备去除，这些粒状污染物的主要成分为SiO_2、Al_2O_3、CaO及微量金属元素。

② 部分无机盐类：其可在高温下气化排出，于炉外遇冷凝结成颗粒物，或二氧化硫气体在低温下与水滴结合，形成硫酸盐雾状微粒等。

③ 未燃烧完全所产生的炭颗粒与煤烟（通称为soot）：其粒径在$0.1\sim10\mu m$之间，由于所产生的颗粒非常微细，很难用空气污染控制设备去除，可以在高温下氧化去除。

9.4.1.2 反应式

$$C(s)+O_2(g)\longrightarrow CO_2(g)+8100kcal/kg \tag{9.4}$$

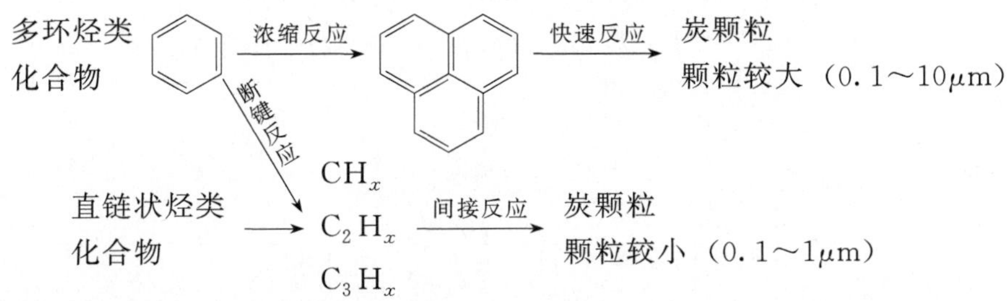

(9.5)

炭颗粒的消耗率q可用下式计算：

$$q=\frac{P_{O_2}}{1/k_s+1/k_d} \tag{9.6}$$

从而推导出废气停留时间t_b为：

$$t_b=\frac{1}{P_{O_2}}\left[\frac{d_o}{0.13\exp\left[\left(-\frac{35700}{R}\right)\left(\frac{1}{T}-\frac{1}{1600}\right)\right]}+\frac{d_o^2}{5.04\times10^{-5}T^{0.75}}\right] \tag{9.7}$$

式中　P_{O_2}——氧气分压，atm，1atm=101325Pa；

k_d——扩散速度常数，$k_d=4.35\times10^{-6}\times T^{0.75}/d_o$；

R——气体常数，1.986kcal/(kmol·K)；

T——反应温度，K；

d_o——soot的粒径，cm；

k_s——反应速率常数，$k_s=0.13\exp\left[\left(-\frac{35700}{R}\right)\left(\frac{1}{T}-\frac{1}{1600}\right)\right]$；

q——炭颗粒的消耗率，$g/(cm^2\cdot s)$。

9.4.1.3 控制设备

固体废物焚烧系统中常用的除尘设备有旋风分离器、静电除尘器、布袋除尘器、文丘里洗涤器、填料洗涤塔等。

9.4.2 一氧化碳

9.4.2.1 形成原因

一氧化碳是废物或燃料不完全燃烧的产物。一氧化碳燃烧所需的活化能很高，可通过炉内高温氧化反应及水煤气反应将其去除。

9.4.2.2 反应式

$$C_6H_{10}O_5(s)\xrightarrow{\Delta}CH_4(g)+2CO(g)+3H_2O(g)+3C(s) \tag{9.8}$$

$$CO(g)+1/2O_2(g)\longrightarrow CO_2(g)+3035kcal/kg \tag{9.9}$$

$$CO(g)+H_2O(l)\longrightarrow CO_2(g)+H_2(g)+446kcal/kg \tag{9.10}$$

一氧化碳氧化反应动力学公式：

$$-\frac{df_{CO}}{dt}=12\times10^{10}\exp\left(-\frac{1600}{RT}\right)f_{O_2}^{0.3}f_{H_2O}^{0.5}\left(\frac{P}{R'T}\right)^{1.8} \tag{9.11}$$

式中 f_{CO}，f_{O_2}，f_{H_2O}——CO、O_2 与 H_2O 的摩尔分数；

R——气体常数，1.986kcal/(kmol·K)；

R'——气体常数，82.06atm·cm^3/(mol·K)；

t——反应时间。

$$\frac{(f_{CO})_f}{(f_{CO})_i}=\exp(-kt) \tag{9.12}$$

$$破坏去除率=\left[1-\frac{(f_{CO})_f}{(f_{CO})_i}\right]\times100\% \tag{9.13}$$

式中 $(f_{CO})_i$——燃烧前 CO 的摩尔分数；

$(f_{CO})_f$——燃烧后 CO 的摩尔分数。

动力学常数：

$$K=-\frac{df_{CO}}{dt}=12\times10^{10}\exp\left(-\frac{1600}{RT}\right)f_{O_2}^{0.3}f_{H_2O}^{0.5}\left(\frac{P}{R'T}\right)^{1.8} \tag{9.14}$$

若采取较为保守的经验式进行估计，可选用 Morgan 式：

$$-\frac{df_{CO}}{dt}=1.8\times10^{13}f_{CO}f_{O_2}^{0.3}f_{H_2O}^{0.5}\left(\frac{P}{R'T}\right)\exp\left(-\frac{25000}{RT}\right) \tag{9.15}$$

则动力学常数：

$$K=12\times10^{10}\exp\left(-\frac{1600}{RT}\right)f_{O_2}^{0.3}f_{H_2O}^{0.5}\left(\frac{P}{R'T}\right)^{1.8} \tag{9.16}$$

由上述公式可得，氧气含量越高，越有利于将 CO 氧化成 CO_2。不过上式均为理论式，实际焚烧过程中夹杂的炭颗粒，继续进行燃烧反应时仍可能产生 CO。因此焚烧炉的二次燃烧室最终设计温度在 1000℃，废气停留时间为 1s 左右较为理想。

除此之外，当利用焚烧炉燃烧有机氯化物时，这类物质化学性质稳定，燃烧过程中往往会伴随 CO 及中间燃烧产物的生成。由于中间燃烧产物（包括二噁英、多环芳烃等）的废气分析难度较大，因此通常以 CO 的含量来判断燃烧反应的完全程度。

9.4.3 酸性气体

9.4.3.1 形成原因

焚烧所产生的酸性气体，主要包括 SO_x、HCl 与 HF 等，这些污染物直接由废物中的 S、Cl、F 等元素经焚烧反应而形成，例如含氯的 PVC（聚氯乙烯）塑料会形成 HCl，含氟的塑料会形成 HF，而含硫的煤焦油则会产生 SO_2。据国外研究，一般都市垃圾中的硫含量为 0.12%，其中有 30%～60%转化为 SO_2，其余则残留于底灰中或被飞灰所吸收。此外，若废物中含有 CaO，会有助于提升脱硫效果，可在流化床式焚烧炉内加入石灰或石灰石，以减少硫氧化物的产生量。

9.4.3.2 反应式

① 燃烧过程中酸性气体的形成：

$$S+x/2O_2 \longrightarrow SO_x \tag{9.17}$$

$$H\cdot+\cdot F \longrightarrow HF \tag{9.18}$$

$$H\cdot+\cdot Cl \longrightarrow HCl \tag{9.19}$$

② 燃烧过程中酸性气体与 CaO 的反应式：

$$2HCl+CaO \longrightarrow CaCl_2+H_2O \tag{9.20}$$

$$SO_2+CaO \longrightarrow CaSO_3 \tag{9.21}$$

$$CaSO_3+1/2O_2 \longrightarrow CaSO_4 \tag{9.22}$$

现有的焚烧炉或多或少存在 SO_2 污染的共同问题，尤其是在日趋严格的环保法规要求下，更需要良好的除硫设备，常见的烟气脱硫技术有干式洗烟法、半干式洗烟法、湿式洗烟法等。而流化床焚烧炉较为突出的特性之一便是它能将燃烧反应和脱硫处理合并于床内一起完成，在适当的操作条件下，流化床焚烧炉的 SO_2 排放量都可达到现行欧美法规标准。影响此脱硫效果的两个重要因素是炉床温度与 Ca/S 值。Ca/S 值约为 3.0 时，气泡式流化床焚烧炉的脱硫效率可达 95%；而对于循环式流化床焚烧炉，只要 Ca/S 值在 1.5 左右，即可达到 95%的脱硫效率。

9.4.4 氮氧化物

9.4.4.1 形成原因

在焚烧处理过程中，氮氧化物主要有燃料氮氧化物与热力氮氧化物两种类型。燃料氮氧化物主要由燃料或废物中含有的氮元素与氧气反应产生；热力氮氧化物主要由燃烧气中的氮气与氧气在高温条件下反应产生。

9.4.4.2 反应式

(1) 热力 NO_x 产生机制

① 高温且空气充足、停留时间长的反应机制：

$$N_2+\cdot O \longrightarrow NO+N\cdot \tag{9.23}$$

$$N\cdot+O_2 \longrightarrow NO+O\cdot \tag{9.24}$$

② 空气不足时的反应机制：

$$O\cdot+N_2+M \longrightarrow N_2O+M \tag{9.25}$$

$$O\cdot+N_2O \longrightarrow 2NO \tag{9.26}$$

$$H\cdot+N_2O \longrightarrow NH+NO \tag{9.27}$$

(2) 燃料 NO_x 产生机制

$$N+x/2O_2 \longrightarrow NO_x \tag{9.28}$$

焚烧产生热力 NO_x 的动力学平衡公式：

$$K_p=\frac{(NO)^2}{(N_2)(O_2)}=21.9\exp\left(-\frac{43400}{RT}\right) \tag{9.29}$$

式中 R——气体常数，1.986kcal/(kmol·K)；

T——绝对温度，K；

(NO)，(N_2)，(O_2)——NO、N_2、O_2 的分压，atm。

N 转化成 NO 的转化率可由下式计算：

$$Y=\frac{2}{\frac{1}{Y}-\left[\frac{2500}{T\exp\left(-\frac{3150}{T}\right)}\times\frac{N_{fo}}{C_{O_2}}\right]}-1 \tag{9.30}$$

式中 Y——N 转化成 NO 的转化率；

T——绝对温度，K；

N_{fo}——N 完全转化成 NO 的浓度，mol/cm^3；

C_{O_2}——排气中残余氧气浓度，mol/cm^3。

令

$$A=\frac{2500}{T\exp\left(-\frac{3150}{T}\right)}\times\frac{N_{fo}}{C_{O_2}} \tag{9.31}$$

则

$$Y=\frac{2}{\frac{1}{Y}-A}-1;\ Y=\frac{-(A+1)+\sqrt{(A+1)^2+4A}}{2A} \tag{9.32}$$

$$热力\ NO_x\ 浓度=Y\times N_{fo} \tag{9.33}$$

对于氮氧化物而言，其产生浓度的高低，需要考虑废物或燃料中的氮含量、过剩空气量、废气停留时间、焚烧炉的操作温度与炉内废物的湍流程度等因素。以城市垃圾焚烧炉为例，废物的氮含量约 0.4%，采用机械炉床式焚烧炉，燃烧室热负荷为 20×10^4kcal/(m^3·h)，操作温度在 750～1050℃，过剩空气量约为 100%（空气比 2.0），氮氧化物实际排放浓度在 75×10^{-6}～200×10^{-6}（按 10% O_2 折算）。需要说明的是，通过理论式求得的值为平衡状态下的结果，而实际的排放浓度往往低于理论计算值。

降低废气中 NO_x 浓度的方法有还原二段燃烧控制法、干式法、湿式法等。其中，还原二段燃烧控制法的第一段为控制空气量（约为理论所需空气量的 5%），使燃烧处于不完全状态并形成还原性氛围，第二段中补充剩余约 95%的所需空气，确保燃烧完全。

9.4.5 重金属

9.4.5.1 形成原因

废物中的无机物含有金属元素，这些金属元素一部分在炉内形成底灰，另一部分则因受热挥发而被炉气带走，之后随温度降低而冷凝。这些金属元素冷凝后，可能形成极为均匀的微小颗粒物，也可能附着在飞灰颗粒上。前者的粒径通常在 1μm 以下；后者多凝结于微小颗粒物表面。由于这类颗粒物的比表面积更大，其金属浓度会高于大颗粒物。此外，因小颗粒物难以去除，会增加空气污染控制的难度。另有部分金属在炉内参与反应，生成氯化物、硫化物或氧化物，这些化合物的挥发性比原金属元素更强，同样会通过冷凝形成微小颗粒物。不过，金属元素最终转化为底灰残留物、飞灰或烟的过程，会受到废物组成、空燃比、炉内温度及炉气流速等因素的影响。

9.4.5.2 反应过程

① 重金属在焚烧炉系统中的演变过程见图 9.16。

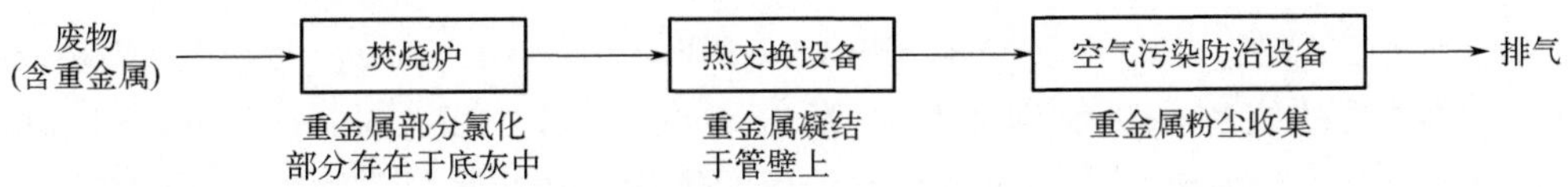

图 9.16 重金属在焚烧炉系统中的演变过程

② 重金属的炉内反应式如下：

$$M + \begin{matrix} S^{2-} \\ Cl^{-} \\ O^{2-} \end{matrix} \longrightarrow \begin{matrix} M_x S_y \\ M'_x Cl'_y \\ M''_x O''_y \end{matrix} \qquad (9.34)$$

式中 M——重金属物质。

重金属物质转化成为底灰残留物、飞灰或烟等形态存在。受废物组成、炉内温度、空燃比与炉气流速等因素影响，排出气体中的重金属物质浓度会有所差异。表 9.1 是各种重金属及其他化合物的挥发度，其中砷的蒸气压大于 760mmHg，故多以蒸气状态存在。

表 9.1 各种重金属及其他化合物的挥发度

名称	沸点/℃	蒸气压/mmHg		类别
		760℃	980℃	
汞(Hg)	357	—	—	挥发
砷(As)	615	1200	180000	挥发
镉(Cd)	767	710	5500	挥发
锌(Zn)	907	140	1600	挥发
氯化铅($PbCl_2$)	954	75	800	中度挥发
铅(Pb)	1749	3.5×10^{-2}	1.3	不挥发
铬(Cr)	2672	6.0×10^{-3}	4.4×10^{-5}	不挥发
铜(Cu)	2567	9.0×10^{-3}	5.4×10^{-5}	不挥发
镍(Ni)	2900	5.6×10^{-10}	1.1×10^{-6}	不挥发

要降低重金属的排放浓度，需从改善尾气污染控制设备着手，目前比较成熟的改善方式是以增强干式处理流程的吸附作用为出发点。在干式处理流程中，于布袋除尘器前喷入活性炭或于尾气处理流程尾端使用活性炭滤床，除了加强对汞等重金属的吸附作用外，对尾气中的微量有机化物（如二噁英）也有吸附作用。在干式处理流程中也可喷入化学药剂与汞反应，如喷入雾化的抗高温液体螯合剂，可达到 50%～70%的去除率。还可在布袋除尘器前喷入 Na_2S 药剂，使其与汞发生反应生成 HgS 颗粒，从而被除尘系统去除。

9.4.6 毒性有机氯化物

9.4.6.1 形成原因

焚烧炉通常会产生的毒性有机物主要有二噁英（dioxins）与呋喃（furans）。二噁英即聚氯二苯-对-二噁英（PCDD，polychlorinated dibenzo-p-dioxins），是包含 75 种相关化合物的一类物质的统称，呋喃则是指聚氯二苯-呋喃（PCDF，polychlorinated dibenzo-furans），是包含 135 种相关化合物的一类物质的统称。在这些化合物中，又以 2,3,7,8-四氯-对-二苯-对-二噁英（2,3,7,8-tetrachloro-p-dibenzo-p-dioxin）的毒性最强。PCDD 与 PCDF 的主要形成机制可能包括：a. 废物中本来存在的毒性物质的残留；b. 由多氯联苯（PCB）等结构相近的氯化物分解或组合形成；c. 有机物与氯化物作用而成；d. 飞灰与氯化物在低温下经催化或组合而形成。高温焚烧是控制 PCDD 与 PCDF 的最终手段，在 925℃以上，这些毒性有机物即开始被破坏，充足的空气与废气在高温区的停留时间，可以再降低其破坏温度。

9.4.6.2 反应式

产生二噁英及呋喃的化学反应式见图 9.17。

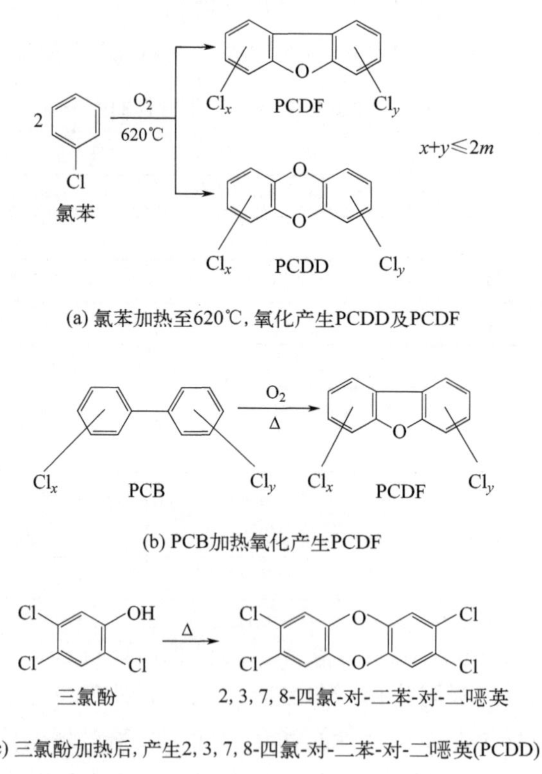

图 9.17 产生二噁英及呋喃的化学反应式

根据相关资料，城市垃圾焚烧炉在未采取控制措施时，排气中的 PCDD 与 PCDF 浓度在 20～500ng/m^3（标准状态，按 12% CO_2 折算）。一般而言，控制 PCDD 与 PCDF 最彻底的方式是通过高温焚烧去除，估计在 925℃下，废气停留时间在 2s 以上，可有效去除这类物质。此外，还有研究认为 PCDD 和 PCDF 是下游降温设备中，温度降至 500～700℉［1℉=(5/9)℃］时所形成的。下游控制设备有两种控制方式：

① 焚烧废气可在 250～350℃之间，利用 TiO_2 系白金催化剂破坏 PCDD 和 PCDF，空塔速度控制在 2500～5000h^{-1}，破坏去除率达 99%。

② 焚烧废气可在 200℃下，在反应器内按 0.2～0.6g/m^3（标准状态）的浓度喷入粉状活性炭，用来吸附 PCDD 和 PCDF，并利用布袋除尘器收集活性炭去除 PCDD 和 PCDF，去除率可达 95%。

9.5 焚烧炉产生的灰渣及其处理

9.5.1 焚烧灰渣的物理化学性质

焚烧系统所产生的固体灰渣，主要包括底灰和飞灰。底灰是焚烧后由炉床尾端排出的残余物，主要含有燃烧后的灰分、燃尽的可燃物及固定碳，通常需加水聚冷后排出，其中金属物质可转化为金属氧化物或其盐类，从而留存于底灰中。飞灰是指由焚烧尾气污染控制设备所收集的细微颗粒，主要为有机碳燃烧产物。一些无机成分在高温下相互结合，部分因高温熔融而相互黏结，因而产生大小不同的颗粒物，其受炉内气流的搅动，随废气带出成为飞灰，其中往往含有炭粒及重金属。在我国固体废物管理上，明确将焚烧飞灰划入危险废物的范畴，在处置前必须进行固化/稳定化处理。

灰渣的主要成分如表 9.2 所列。

表 9.2 灰渣的主要成分

灰渣种类	类别	主要成分
底灰	不可燃物	砂土、陶瓷、玻璃等
	氧化物	SiO_2、CaO、Fe_2O_3、Al_2O_3
	未燃物	碳、有机物质
	重金属化合物	$PbCl_2$、PbO、PbS、$CdCl_2$、CdO、CdS
	微量物质	PAH
飞灰	氧化物	SiO_2、CaO、Fe_2O_3、Al_2O_3
	重金属	Hg、Pb、Cd 等的化合物
	可燃物	炭粒
	反应添加物	$Ca(OH)_2$ 等
	反应生成物	$CaCl_2$、CaF_2、$CaSO_4$
	微量有害物	PAH、PCDD、PCDF

注：PAH 为多环芳烃。

9.5.2 焚烧灰渣的处理处置方式

根据各国的技术分类，可将焚烧灰渣的处理处置分为填埋方式与资源化再利用方式两种。

9.5.2.1 填埋方式

底灰盐度高，若重金属含量低，则不易浸出，此时底灰可与垃圾共同进行卫生填埋处置，或用作垃圾卫生填埋场的覆土。

如底灰的灼热减量很低，采用填埋方式一般不会产生臭味问题，但考虑到灰底中可能含有不完全燃烧产物，且存在重金属渗出风险，仍以卫生填埋方式为宜。

当混合灰渣或飞灰中重金属含量较高时，则需先固化处理后再进行卫生填埋。

9.5.2.2 资源化再利用方式

焚烧底灰中的主要成分有 SiO_2、CaO、Fe_2O_3、Al_2O_3 等，可作为炉窑的主要原料，以陶制固化方式制成红砖、地砖，或加以玻璃化（熔融化）制成骨材，也可作为填充材料、路基材料、水泥原料、混凝土混合材料、污泥调理剂，加以直接利用。

9.6 城市垃圾焚烧实例分析

深圳市垃圾焚烧厂是我国首例配备现代化城市生活垃圾处理设施的场所，该厂隶属于深圳市市政系统管辖。厂区占地面积为 $2\times10^4m^2$，建筑面积为 $7000m^2$。首期工程安装了两台马丁型焚烧炉，单台设计处理能力为 150t/d，总处理能力达 300t/d。该厂于 1985 年 11 月破土动工，1988 年 6 月试车成功，同年 11 月正式投产。项目总投资 4729 万元，其中进口设备投资为 510 万美元。

城市垃圾由专用车辆运至厂内，经地磅称量后，卸入容量为 $2000m^3$ 的垃圾池中。在池顶装有两台抓斗式起重机，可用于垃圾的倒垛、拌和以及送料。起重机操作室与垃圾池密闭隔离，采用遥控式操作。将垃圾自各炉的垃圾料斗投入炉内，料斗的料位通过工业电视观测并进行控制。投入的垃圾量可自动计量，并打印记录结果。

焚烧的工艺流程如图 9.18 所示。料斗中的垃圾由滑槽下落至焚烧炉的送料器上，此送料器依据燃烧控制盘的指令做往复运动，将垃圾输送至与水平地面呈 26°夹角的炉排，通过炉排的活动，可使垃圾依次进入干燥区、燃烧区和燃尽区。经充分燃烧后，不含有机质的垃圾灰渣由炉排端部的圆筒落入充满水的推灰器内，在此熄火降温后，被推至振动运送带。于是，灰渣中的金属物质会因振动而分离外漏，通过磁选机，可将铁件吸出，另行处理。

焚烧过程中产生的灰分，粒径较大者会受气流的离心作用而自行落入灰斗中，再通过不同途径进入灰池；细小的粉尘和喷入烟道的石灰末（人工加入，用以中和氯化氢）则随烟气进入静电除尘器，最后也被送入灰池中。这里所沉积的灰渣可用作垃圾填埋场的覆盖土。

用于焚烧的空气由鼓风机自垃圾池上方抽取，经两次预热（先由蒸汽式空气预热器加

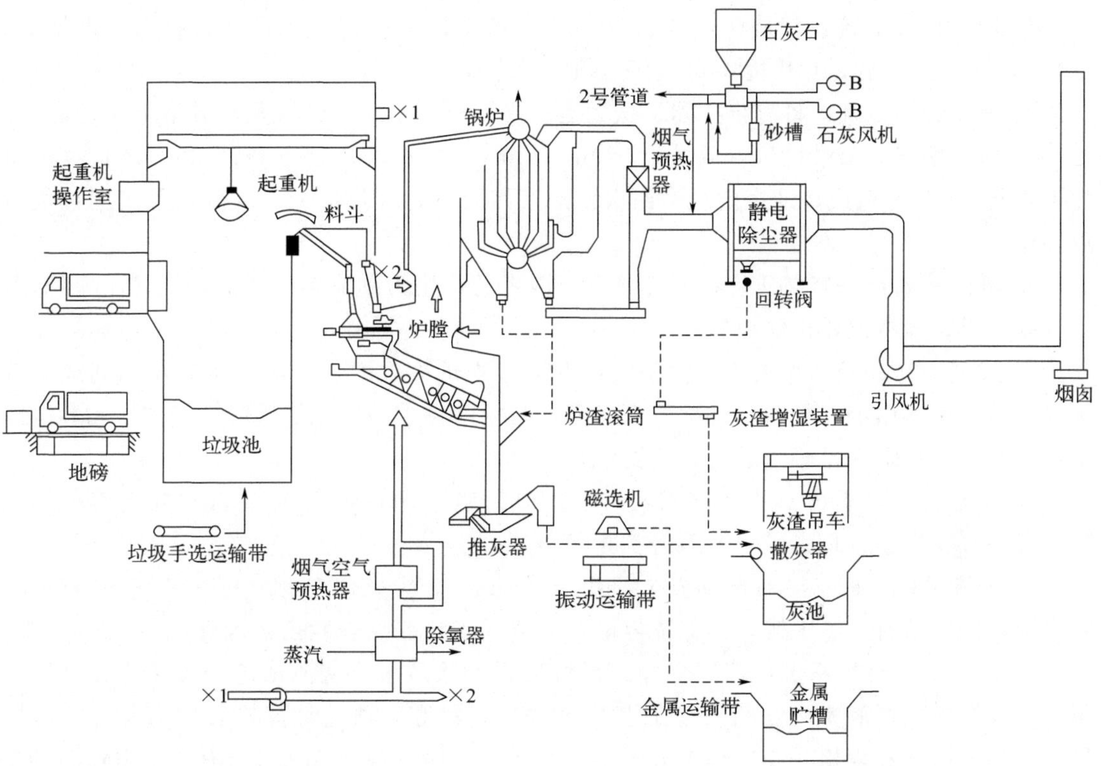

图 9.18 焚烧工艺流程

热至 160℃，再经烟气式空气预热器升温至 260℃）后，以 4kPa 的风压由炉排下方吹进炉膛。未经加热的二次空气则直接由鼓风机出口引出，通过设在炉膛拱处的两排喷嘴吹入炉内，其风量可根据燃烧情况加以调节。

燃烧过程产生的高温烟气（800～900℃）流经废热锅炉，通过热交换放热后降温至 380℃左右，再经烟气式空气预热器的热交换过程，进一步降至电除尘器所需求的工作温度（250～280℃），进而得到净化，净化后的烟气由引风机通过烟囱排入大气。

在废热锅炉内，垃圾焚烧产生的热量被转换成可利用的蒸汽。锅炉的蒸发量与垃圾的热值和处理量有关。这些蒸汽主要用于发电，同时还需为部分设备（包括蒸汽式空气预热器、除氧器、静电除尘器、灰斗拌热装置等）以及周边的热用户等提供热源，剩余部分则通过高压蒸汽冷凝器加以回收。

蒸汽轮机发电机组的功率为 500kW，与市网系统并网运行。当电炉运行时，全厂动力消耗不足 400kW，尚有余量 100kW 可并入网内，若两炉同时运行，全厂动力消耗为 750kW，所亏部分由电网补充。

垃圾焚烧的主要工艺包括以下 12 套系统。

① 垃圾接收系统：垃圾接收系统配备了由 5 段输送机组构成的人工分选装置，以及量程为 20t 的称量设备，能自动计算并打印记录。

② 垃圾储运系统：设有垃圾池（容积为 2000m^3）、桥式抓斗吊车、监视料斗料位的

工业电视等，并配备自动计量和打印装置。

③ 垃圾焚烧系统：焚烧炉主体包括料斗、送料器和内部的炉排、炉膛等。燃烧时，当炉温升到600℃后，垃圾能够自燃而无须喷油作助燃处理。

④ 炉渣运输系统：备有推灰器、振动运输带、磁选机、灰渣坑及灰渣吊车等设备。

⑤ 通风系统：由鼓风机（风量为 $520m^3/min$）、风管（管径为 1m）和引风机（风量为 $1440m^3/min$）组成，助燃空气经两次预热，因而对燃烧热值低、水分含量高的垃圾有重要作用。

⑥ 蒸汽系统：备有高压、低压冷凝器，前者的作用为调节高压蒸汽，使其压力稳定，后者则用于处理蒸汽轮机的尾气。

⑦ 烟气冷却、处理和热能回收系统：在废热锅炉中，配备有热交换器及烟气式空气预热器，可使高温烟气冷却，并配备石灰喷入装置（供中和氯化氢等酸性气体）和静电除尘器。此外，在烟气排管中还设有监测仪表。

⑧ 发电和配电系统：备有背压式汽轮发电机组（500kW），可供自用并向市电网送电。还备有变压器（1250kVA）及开关柜等电器。

⑨ 电源系统：配备一台柴油发电机组（200kW），突发停电时，可在 7s 内自行启动并供电；同时装有应急电源，以保证停电时的照明和自控仪表能正常运行。

⑩ 计算机及自控系统：该厂全部运行管理系统除垃圾、灰渣吊车需现场操作外，均集中布设在中央控制室内运行。各工艺系统的运行状态，通过计算机表现为各种模拟图形、数字、曲线和表格，在屏幕上显示出来。此外，还可根据需要进行有关数据资料的采集和打印工作，并制成报表。在中央控制监测视盘上装有工业电视，用以监视炉膛燃烧情况和锅炉汽包水位。所配置的常规仪表系统带有微机处理的单回路调节器，可对工艺系统的各项运行参数及设备的运行情况进行调节、控制和记录。全套设备从垃圾焚烧到发电并网的整个过程，均可自动运行。

⑪ 运行管理系统：所有操作人员除需对所分管的设备进行巡视和现场记录外，大多集中在中央控制室通过观察仪表了解情况。当设备运行出现异常时，报警系统会立即发出蜂鸣信号，同时指示灯显示故障位置，并指示相关人员进行判断和调节处理。

⑫ 废液处理系统：在垃圾渗滤液收集罐中，装有成套的提升、过滤、加压及雾化设施，可将其喷入炉膛进行高温处理。另外，在设备间还装有下水管网系统，可将焚烧炉所排灰渣连同锅炉排出的废水输往单独的废水处理厂进行处理。

除以上各种装置系统外，还装有锅炉给水系统、冷却水系统、液压系统、压缩空气系统以及通信系统等专门设施。

垃圾焚烧处理的成套设备主要有：进料的称量、贮备和供给设施，焚烧炉及其辅助配套设施，灰渣处理、废液处理、烟气处理等相关设施。下面对焚烧炉、废热锅炉和静电除尘器分别加以说明。

（1）焚烧炉

采用马丁型活动式炉排（即机械炉排）垃圾焚烧炉，炉宽约 3m，炉床长约 6.5m，由于这种炉型的燃烧室在设计时考虑了较长的干燥区，由连续多年的运行情况可知，其非常适合焚烧含水率高达 50%和低热值（3300kJ/kg 左右）的深圳城市生活垃圾。另外，此炉排下方风室的配置和各风室风门的设计均有独到之处，当垃圾在炉排上面移动时，依次经过干燥、燃烧和燃尽三个阶段，从而得以彻底燃烧。

（2）废热锅炉

此炉为由烟气冷却系统、热能回收系统与垃圾焚烧炉排共同组成的有机整体。其炉膛下部为用耐火砖砌筑的轻型炉墙，后拱用吊砖和耐火材料做成。考虑到垃圾较难燃烧，需要有较高的着火温度，所以未设水冷壁。在炉墙下段与垃圾直接接触的部分，采用了高硬度、耐磨损、耐腐蚀的碳化硅砖，其上段则采用了氧化铝砖。

此炉的主要技术参数如下：型号为双筒自然循环式，采用底部支承方式；常用最大蒸发量为 13.1t/h，最大连续蒸发量为 15.72t/h；最高使用蒸汽压力为 1.8MPa，常用蒸汽压力为 1.6MPa；最高使用蒸汽温度为 209℃，常用蒸汽温度为 203℃。

（3）静电除尘器

该设备属高效率除尘设备，其运行可靠、维护简单且电耗较低。在此除尘器的放电极与静电极之间有一高压静电场，当烟气通过时，荷电的尘粒在电场力的作用下向集电极、放电极移动，并沉积在其表面使之得到净化。所沉积的灰尘则通过定期振动而被打落、汇集入灰池中。

此除尘器的主要参数如下：流通面积为 $30m^2$；处理烟气量为 $3000m^3/h$；设计除尘器效率为 98.75%；允许工作温度为 200～300℃。

本工艺技术的主要特点表现在以下几个方面：

① 无害化程度高：垃圾经过焚烧处理，其中的病原体被彻底消灭；所产生的有害气体和烟尘经过净化处理可达标排放。

② 减容效果好：垃圾经过焚烧，其中的可燃烧成分被高温分解，体积大大减小，减容量可达 80%～90%，是各种处理垃圾技术中减容最多的技术。

③ 可实现垃圾资源化：垃圾焚烧产生的高温烟气，其热能可转化为能用于发电或供热的蒸汽，实现了废物资源化的处理目标。

④ 减小占地面积，缩短运输距离：垃圾焚烧厂本身占地面积小，焚烧又可节省垃圾贮存或存放的垃圾占地需要。

深圳市生态环境监测站曾多次对全厂大气、噪声、烟道气、水质等进行采样分析，其测定结果表明，SO_2、NO_x、飘尘和悬浮物的日平均和任意一次测定的浓度均达到一级标准，但 HCl 的日平均浓度超标。

对垃圾焚烧厂的技术经济进行分析时，首先应着眼于环境效益与社会效益，同时也应适当考虑其经济效益。由于供电、供热以及在灰渣中回收废铁等的效益受垃圾成分、市场价格等因素的影响，难以准确进行计算，下面列出若干数据，可供工作参考。

（1）主要技术指标

垃圾处理量为 150t/d×2；灰渣灼烧减量＜3%（600℃，3h）；排放烟气含 NO_x 量＜430mg/L；锅炉蒸发量为 13.1t/(h·台)×2；饱和蒸汽压为 1.6MPa。

（2）主要经济指标

总投资为 4700 万元；焚烧量为 300t/d；单位处理质量投资为 16 万元/t；1989 年测算成本为 24.62 万元/t；1990 年测算成本为 23.33 万元/t。

（3）该厂对提高经济效益的两点认识

① 垃圾焚烧厂的投资主要是能源回收设备的投资，其投资额度占总投资的 65%以

上，而发电或供热能力则取决于垃圾的热值。若低位热值高于4000kJ/kg，则可向电网送电，热值越高，发电量越多。因此，要想经济效益明显，应力争提高垃圾本身的热值。

② 降低垃圾焚烧厂投资的重要途径是实现设备的国产化，该厂在这方面做出了努力。

习 题

1. 焚烧系统的基本设施有哪些？
2. 请简述焚烧炉的类型。试叙述其功能及优缺点。
3. 焚烧进料与排灰设备有哪些？
4. 请简述焚烧烟气中的主要成分和产生原因。

第10章

固体废物热解处理

10.1 固体废物热解的定义

废物热解是在缺氧或无氧条件下，通过直接或间接加热，使废物中的有机物分解为含有烃类、CO 和 H_2 等可燃性气体、油类及固体残渣（焦炭）等物质的化学过程。从热解的概念可以看出，热解是一个复杂的化学反应过程，是有机物分解与缩合共同作用的化学转化过程，不仅包括大分子的化学键断裂以及异构化，还包括小分子的聚合反应。其反应原理如图 10.1 所示。

$$\text{有机废物} \xrightarrow[\text{无氧或缺氧}]{\text{加热}} \text{可燃性气体} + \text{油类} + \text{固体残渣}$$

图 10.1 热解原理图

用热解法处理固体废物具有下列优点：

① 热解法与焚烧法相比，操作温度较低，可延长耐火材料的寿命，并降低机器维护费用。

② 废气中的悬浮微粒较少，故下游不必设置除尘器或对除尘要求不高。

③ NO_x 产生量少，废气量少。

④ 热解法为吸热反应，故热解过程较易控制。

⑤ 适用于成分不均匀的固体、液体废物。

⑥ 废物成分经浓缩变为固态的残渣或焦炭，可进行回收利用。

⑦ 冷凝的气体若具有经济性，可加以回收；不能冷凝的可燃性气体，可作为其他热源。

热解法处理固体废物具有下列缺点：

① 废物中某些具有热能的成分，会被焦炭带走。

② 必须加装废气燃烧室，以进一步破坏毒性有机物。

10.2 热解对象

热解可以处理固体、液体及污泥等各类废物，具有下列特性的废物更适合用热解法处理：

① 高黏度、高腐蚀性的污泥废物，或因特性变化较大而不均匀，以致无法用液体喷射焚烧炉加以雾化焚烧的液体废物。

②在热解过程中，会部分或全部发生相变的物质，如塑料等。

③ 含高残渣物质，如含高灰分的液体和污泥，或含较轻、较易被废气带走的微粒，其下游必须设置废气处理设施。

④ 含有盐或金属物质的废物，在一般的焚烧过程中会产生熔解或挥发的现象。如含氯化钠、锌、铅等物质，焚烧时会造成耐火材料的破坏、热交换面的积垢及细微的烟雾排放。

10.3 热解设备

热解设备的设计重点在于提供一个缺氧的反应条件，并通过良好的封闭性防止空气进入热解炉或反应床。其中，对于热解炉的封闭要特别关注开口处、旋转结合处及加料口等关键部位的密封性。

热解炉的操作温度通常在300～800℃之间，可用燃烧器直接或间接加热，或以辐射管、电加热器间接加热；依炉床内物质厚度的不同，其停留时间在几分钟至数小时不等。热解炉一般在负压（$-3\sim-1mmH_2O$）下操作，以避免内部废气泄漏。整个系统的氧浓度必须接近零，并控制不超过2%。

常用的热解装置类型有固定床型、移动床型（图10.2）、旋转窑型、流化床型等。其中，固定床热解炉采用立式静态设计，废物在炉栅上分层堆积，完成热解，其结构简单但传热效率较低，适用于小型秸秆、木屑等均质废物的间歇处理；移动床热解炉通过倾斜炉体内旋转刮板推动物料下移，从而实现与高温气流的逆流接触，连续作业下热解气热值较高且焦油产量少，特别适用于破碎后混合生活垃圾的资源化；旋转窑热解炉凭借卧式回转筒体的机械翻滚作用，可使废物在800℃以上的高温区均匀受热，并彻底分解二噁英，专门用于工业污泥、医疗废物等危险废物的安全处置，其微负压运行模式可有效防控有毒物质泄漏；流化床热解炉借助气流使石英砂床层呈沸腾状态，赋予废塑料、细颗粒有机物极佳的传热效率与产物可控性，在450～650℃区间可灵活调控生物油或合成气产率，但原料需进行精细预处理。这四类装置依规模与特性形成互补，固定床（＜50t/d）适用于分布式场景，移动床与流化床（50～500t/d）可满足中大型市政需求，旋转窑（＞200t/d）则适用于高危废物处置。

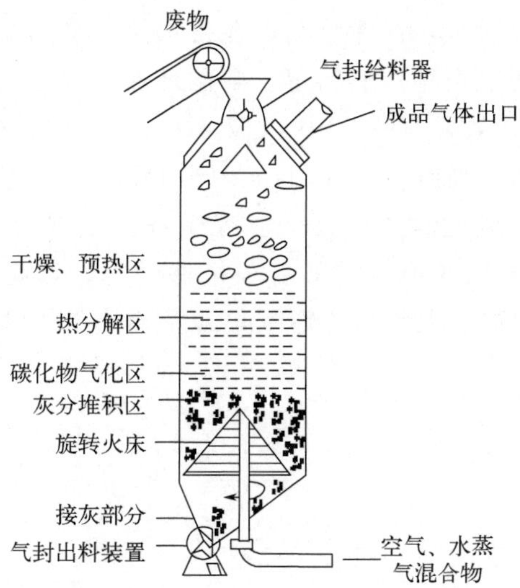

图 10.2 移动床型热解炉

10.4 废轮胎热裂解实例

废轮胎的主要材料为废橡胶，其热值在 9000kcal/kg 以上，并含有钢丝及纤维等成分。废轮胎切成碎片或磨成粉粒状后，除了可以作为水泥窑等高温反应设备的辅助燃料外，也可利用热裂解技术将其分解为燃油、气体及炭黑，并回收钢丝，从而达到减容及资源回收再利用的目的。图 10.3 为废轮胎热裂解系统示意图。将废轮胎预先切为约 2in（1in＝0.0254m）的碎片后，投入进料斗，再由螺旋进料器或振动进料器，将其送入热解炉，并依操作条件控制进料速率。进料设备一般由两道进料阀门构成，以达到气密的条件。热解炉温度介于 237～1000℃之间，一般而言，必须控制在 400℃以上，以维持足够的反应速率，提高产物的热值及再利用价值，并避免炭黑过多生成。由表 10.1 可知，当热裂解温度提高至 800℃时，焦炭比例降低为 29%，较 500℃时显著降低，且产气比例自 6%提高为 31%，其热裂解产油比例自 600℃后随温度升高而略微降低。当热裂解温度达到 237℃以上时，轮胎碎片因受热开始挥发出烃类化合物气体，并抽至急冷塔，将含碳数较高的气体冷凝并送至回收设备，低碳原子数的成分未于急冷塔内冷凝，则抽出至后端的冷凝器以回收轻油。轻油可添加在汽油中以提高辛烷值，重油则可部分取代燃料油以节约资源。热解产物中所含油分经冷凝回收后，剩余气体主要为 H_2、CH_4、CO、CO_2、C_2H_4、C_2H_6 等，其热值因热解炉型式及操作条件而异，在 6.3～88.5MJ/m^3（标准状态），平均热值为 31MJ/m^3（标准状态）。部分设备除了利用燃烧器为热裂解反应提供所需的能量来源外，还会将少量空气送入热解炉底部，使其于底部发生燃烧反应，燃烧放热可为炉上方燃料热解提供能量。而热解产生的气体既可作为热解炉燃烧器的燃料，也可收集后作为锅炉等设备的辅助燃料。轮胎热裂解产生的焦炭中，灰分含量约为15%，并含有钢丝及纤维废物，且尺寸较大，而无法与商业性炭黑产品的质量相比。利用分选设备筛选钢丝及纤维废物，所得焦炭可用作燃料等。美国环保署研究显示，轮胎热裂解设备会排放粒状污染物、挥发性有机物（VOCs），以及半挥发性有机物、SO_2、NO_x 等，其中VOCs主要是从阀门、泵轴、轴封、管件凸缘、压缩机、贮槽等部分的松脱处，或是由腐蚀所造成的破损处所泄漏。因此除了依据作业程序进行正常操作外，也需定期检查维护系统设备，尤其是上述容易松脱或腐蚀的各项机件设备，如此才能有效降低VOCs的泄漏。焦炭会产生粒状污染物，因此需妥善收集及贮存，以免造成厂区作业环境的空气污染。

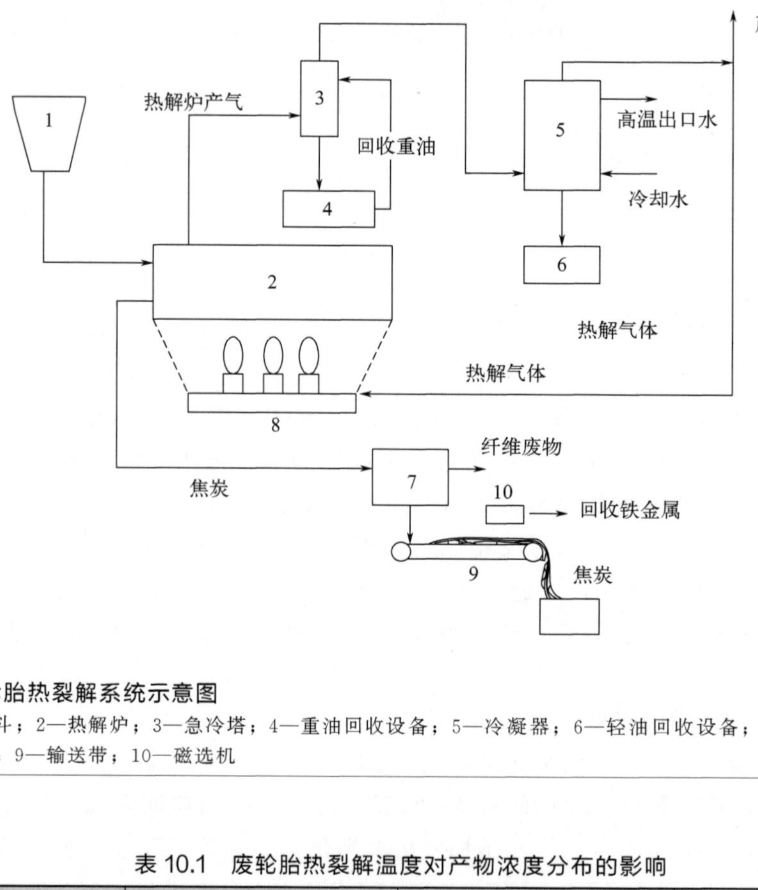

图 10.3　废轮胎热裂解系统示意图

1—轮胎片进料斗；2—热解炉；3—急冷塔；4—重油回收设备；5—冷凝器；6—轻油回收设备；7—固体废物回收设备；8—燃烧器；9—输送带；10—磁选机

表 10.1　废轮胎热裂解温度对产物浓度分布的影响

反应温度/℃	产气比例/%	产油比例/%	焦炭比例/%
500	6	42	52
600	10	50	40
700	15	47	38
800	31	40	29

习　题

1. 简述废物热解的定义及其优缺点。
2. 废物热解设备有哪些？其优缺点分别是什么？
3. 简述热解产物的处理处置方法。

第11章

固体废物熔融处理

熔融处理的显著优势在于对固体废物的减量化效果较好，它不仅能处理多种固态污染物，还可用于处置含重金属、挥发性有机物、半挥发性有机物、多氯联苯或二噁英等的危险固体废物。

11.1　固体废物熔融基本原理

固体废物熔融处理技术也称为玻璃化技术，是利用高温将固态污染物熔化为玻璃状或玻璃陶瓷状物质，借助玻璃体的致密晶体结构，确保固化体的永久稳定。其中，有机污染物会因热解而被摧毁，或转化为气体逸出；而其中的放射性物质和重金属元素则被牢固地束缚于已熔化的玻璃体内。熔融法在高温下进行时，部分重金属挥发量会增加，因此必须考虑废物的种类、共存物质及可能形成化合物的形态等因素，以达到熔融固化的效果。

11.2　固体废物熔融类型

根据熔融设备所利用热源的不同，固体废物熔融处理系统可分为燃料热源熔融系统和电热源熔融系统两大类，根据所使用的炉型差异还可以进一步分为不同的种类，例如，等离子体熔融炉虽然同样采用电热源，但其在工艺上与其他熔融炉存在很大差异。

11.2.1　燃料热源熔融技术

燃料源表面熔融炉是指利用燃烧器燃烧燃料所放出的热量熔化废物（如焚烧飞灰）的熔融炉。按结构不同，其又可分为固定式表面熔融炉和回转式表面熔融炉两种。固定式表面熔融炉主要由供给漏斗、燃烧室、二次燃烧室、熔融渣沉降室等部分构成。在燃烧室安装一个燃烧性能较强的燃烧器，该燃烧器能将燃烧室的温度提升到 1400～1500℃，灰渣燃烧室不提供燃料，只提供助燃空气，其主要作用是使烟气中的可燃物在排放之前完全燃烧。此外，为了保证熔融渣沉降室的温度，保持熔融渣的良好流动性能，在熔融渣沉降室的上部应安置一个辅助燃烧器。回转式表面熔融炉进料在熔融炉内筒与外筒之间所形成的竖形空间中，依靠外筒的旋转作用使进料均匀分布，主要燃烧室顶部的圆筒可以上下移动来调整容积。炉内的温度维持在1300～1400℃，其热量除来源于高热值的废物自燃外，还需使用重油或煤油作为辅助燃料。待处理的固体废物自表面依次熔融，产生的熔融液则持续落入淬冷槽，形成水冷式熔渣。在进料受热、水分蒸发及有机物分解后，进料中的无机物因炉顶及气体辐射热的作用而熔融，产生的 CO_2、H_2O 自熔渣排出口排出，熔融的无机物自排渣口流下。

燃料源熔融炉主要以废物气化后灰渣中残留碳产生的燃烧热作为处理灰渣的热源，一般建于热解气化焚烧炉后的燃烧段下方，熔融处理过程主要分为进料段、燃烧段、熔融段以及熔渣排出段等阶段。热解气化后的高温灰渣（含残留碳10％～15％）进入熔融炉中，并利用炉床喷嘴喷入500℃的预热空气，使残留碳维持燃烧状态，燃烧段借助电加热器维持在800～900℃，至于熔融段则维持在约1300℃。

焦炭床熔融炉是由炼铁炉的技术研发而成的。该炉体为钢皮制造，呈竖形圆筒状，下部呈管状，设有废弃物投入部及熔融段的凸出部。这类熔融炉一般适用于灰渣或含水率为40％污泥饼的熔融处理，为生产较高品质的熔渣，可考虑添加石灰系物质（如粒径在30～100mm的碎石）或高分子系物质（如石灰石）等调整剂。干燥灰渣（或污泥）与焦炭自炉顶的进料斗一并投入后，灰渣（或污泥）经干燥升温，可燃部分先分解产生可燃性气体，于炉体的下部与一次空气接触后，燃烧温度可达1600℃，在二次空气进入后可实现完全燃烧，残余的灰烬则经由焦炭床，形成熔渣后排出。

旋涡熔融炉的主体结构包括旋涡熔融段、熔渣分离段及熔渣排出段等部分，一般是将灰渣与一次空气均匀分散于炉体中，二次空气吹入炉内产生回旋气流，再由燃烧器加热熔融，熔融液在炉内流动，流至炉底后以熔渣形态排出。目前，已开发的旋涡熔融炉包括立型旋涡熔融炉、倾斜型旋涡熔融炉及横型旋涡熔融炉。

11.2.2 电热源熔融技术

电热源电弧式熔融炉主要由炉体容器及提供电弧的电源设备组成，炉体由钢板制成，炉室内配置了耐火砖，上部为耐火炉盖。电极由炉盖贯穿进入炉内，电极可借升降机升降，成为良好的电弧结构。熔融处理过程主要借助电极与炉床的卤素金属间产生的高温电弧（约3000℃）来使灰渣熔融。以电弧炉处理灰渣的主要特性包括：由于温度较高，灰渣中的重金属可完全熔融；排放废气量较少，处理较为容易；需要较为纯熟的操作技巧；电力需求量大，需配合垃圾焚烧的发电设备；熔渣排出口易受损；产生的噪声较大。

电热源电阻式熔融炉是在电极间通入电流，并利用被熔融物的电阻产生热能，以形成熔融现象。目前应用的电阻式熔融炉，主要是用来处理焚烧灰渣及飞灰，一般焚烧灰渣及飞灰在常温状态下不导电，但在熔融状态下则易形成导体。因此，可利用此特性分别研发适用于灰渣与飞灰的熔融炉。灰渣电阻式熔融炉是通过炉中心的矩形盖顶，将电极表面浸渍于熔融液中，由于灰渣中重金属密度较大，所以重金属较易沉在炉底，而与无机熔融液体分离，炉底的熔融物则缓慢冷却固化，并间歇排出炉外。而飞灰电阻式熔融炉则是将位于炉壁的电极置于熔融液中，借助交流电产生的热能，使飞灰产生熔融处理的效果。

电热源技术的应用比较广泛，其处理对象包括可燃性固体物质、惰性固体物质、低热值和高热值的有机物、含水有机物以及污泥等废物。该技术获得的最终产物包括玻璃固化体、净化过的燃气以及来自尾气净化系统的固态或液态废物。该技术的优点在于：适用于多种废物，分解率高，残渣被玻璃包裹而固定化，装置简单紧凑，尾气和粉尘少。其缺点有：水分多的废物必须事先进行干燥，质量大的固体物易沉积，废物中的金属成分会影响电极工作，能耗及安装费用高，存在 PCDD 和 PCDF 残留问题。

11.2.3 热等离子体熔融技术

等离子体通常被认为是除固态、液态和气态之外的物质第四态，是一种含有能量的电离气体。它通过给气体施加足够的能量（通常为气体放电）而发生电离，将电子从中性气体分子和原子中分离。等离子体包含的带电粒子包括自由电子以及正负离子，它们可对施加的电场和磁场产生响应。实验室等离子体一般由放电产生，放电生成的等离子体主要分为两类，即热等离子体和非热等离子体。热等离子体通常为平衡系统，所有物质的温度均超过 10000K，处于局部热平衡状态，如电弧放电。相反，非热等离子体处于热力学和化学非平衡状态，电子温度＞10000K，远大于气体温度（约 300K），如电晕放电和介质阻挡放电。用于固体废物处理的人工等离子体发生器，包括直流或交流电弧等离子体系统、射频等离子体系统、微波等离子体系统等。在直流电弧等离子体中，等离子体焰的中心温度可超过 30000K，而在边缘区域，温度急剧降低，平均操作温度可达 5000K。在射频等离子体射流中，中心通道的温度可达 6000K。

热等离子体技术起源于 20 世纪 60 年代，用于航空飞船外壳材料在 5500℃下的测试。目前，热等离子体技术已经覆盖广阔的工业应用领域，并不断取得新进展。热等离子体熔融处理固体废物，即固体废物在高温条件下发生熔融和致密化，生成玻璃化物质，有害金属可被封闭在固化体中。

图 11.1 为 200kg/h 灰渣等离子体熔融系统示意图，其使用推进器将灰渣推入等离子体熔融炉，并通过等离子炬和炉底电极之间产生的等离子弧将灰渣熔化。熔融炉渣从炉中被排出，并迅速被水射流冷却，产生的废气被二次空气强制冷却到 200℃左右，再通过布袋除尘器排入大气中。等离子体的最大功率为 240kW，等离子体系统包括电源、冷却水泵、等离子气体输入器和等离子炬。焚烧炉中新鲜的灰分约含有 40%的水分，干燥后，含水率小于 20%。在空气等离子环境下，约有 1%的 NO_x 在等离子气体中产生。为抑制 NO_x 生成，炉内应保持还原性气氛，可通过向灰渣中加入烃类材料（如垃圾衍生燃料）实现。

系统的能量平衡和物料平衡如图 11.2 所示。物料平衡中，总输入速率是 225kg/h，其中，烃类材料 15kg/h，其余部分 210kg/h。输出产品为 133kg/h 的炉渣，22kg/h 的金属，65kg/h 的气体产物和 4.5kg/h 的飞灰。部分金属被固定在炉渣中，一部分随烟气挥发。

利用热等离子体熔融处理固体废物，不仅可以使废物减容、减量，而且可以有效摧毁废物中的二噁英，并且可从重金属含量较高的废物中回收重金属，或者将重金属含量较低

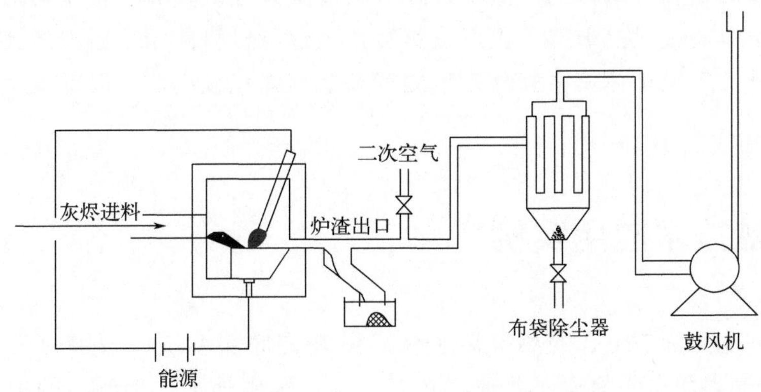

图 11.1　灰渣等离子体熔融系统示意图

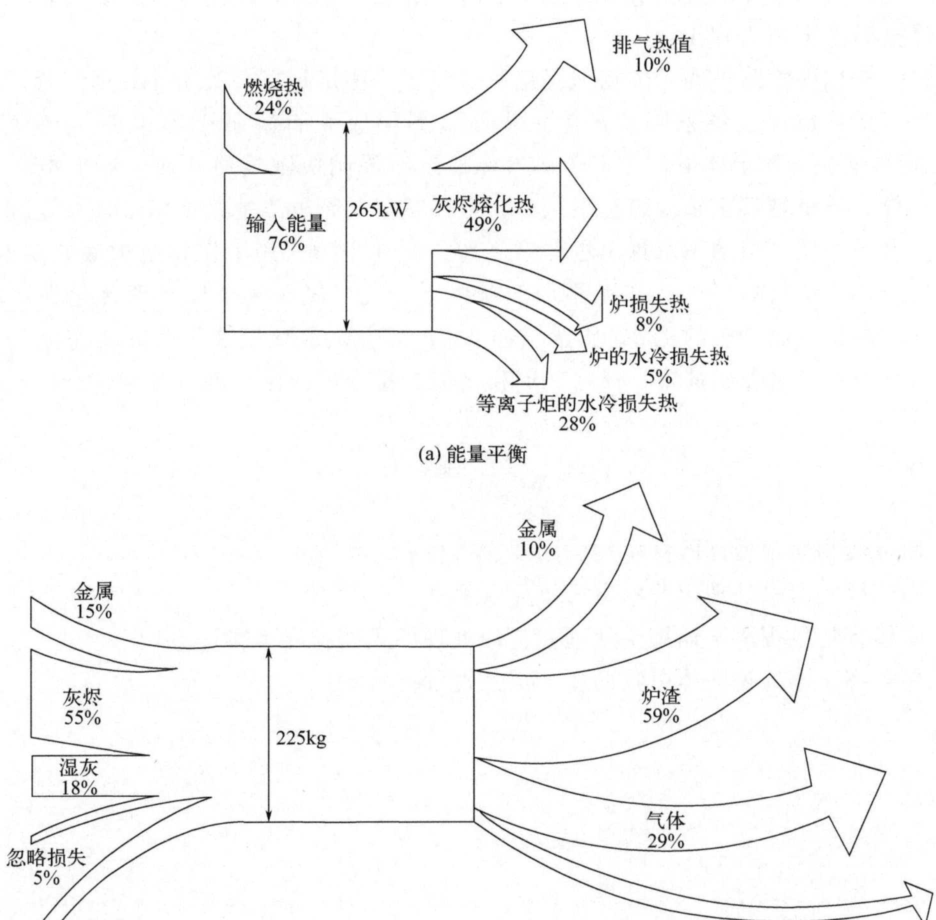

图 11.2　系统的能量平衡和物料平衡

废物中的重金属固定在玻璃体的炉渣中，降低其浸出毒性。热等离子体熔融后得到的炉渣经烧结处理后可以制成微晶玻璃，也可以直接作为建筑材料使用，原因是其具有一定的强度和硬度。另外，等离子体熔融处理产生的气态产物体积较小，可以减少后续气体净化单元的规模和投资。

11.3 熔融技术应用实例

某设计处理能力为 52t/d 的热等离子体熔融焚烧底灰系统，采用的等离子炬功率为 1500kW，烟道气利用布袋除尘器处理，并进行催化脱硝处理，熔融后的炉渣在高压射流水的作用下被迅速冷却，并以颗粒化水渣的形式排出，含有金属的焚烧飞灰在炉床上积累并周期性地通过炉壁上的排放口以干态排出。试验运行 6 个月，试验中观察到，随着通入材料中灰分的增加，单位能耗逐渐减小。二噁英含量的分析结果表明，等离子体处理后的排放物质中不含二噁英，飞灰以及烟道气中的二噁英浓度也极低。与原混合灰分相比，二噁英的降解率已达 99%以上。

此外，中国科学院等离子体物理研究所建成了一座熔炉式等离子体处理装置，用于飞灰处置，其炉体包含进料系统、石墨坩埚、石墨阴极和石墨阳极等组件。该装置采用 100kW 直流电弧等离子体炬，等离子体气体通过石墨阴极轴线通孔注入后放电，形成高温等离子体；能量转移至阳极熔融飞灰后，电弧热量与紫外线能彻底将二噁英等有害物质分解为小分子物质。熔融飞灰排出过程中，重金属在重力作用下沉积至炉底并定期排放，废气经污染消除装置后净化。在无添加剂条件下，飞灰经等离子体处理转化为颗粒状熔渣，体积缩减至原始状态的 1/3，质量减轻 2/3；高温缺氧环境使复杂废物完全分解为简单分子，有毒物质被彻底摧毁；最终玻璃化熔渣的重金属浸出浓度可符合安全标准。

习 题

1. 固体废物熔融处理的技术种类主要有哪些？
2. 固体废物熔融处理工艺的主要单元有哪些？
3. 固体废物热等离子体熔融处理和焚烧处理的主要差异有哪些？
4. 热等离子体处理固体废物的主要工艺过程有哪些？

第12章

危险废物固化与稳定化处理

即便技术水平发展到很高程度，生产中采用了清洁生产工艺以减少废物产生，且在废物管理过程中积极推进资源化利用，仍然会产生各类有毒危险废物。尤其是在废水、废气治理过程中会产生、聚集种类繁多的半固体状残渣、污泥、浓缩液等污染物，这些物质不仅没有利用价值，还具有较高的危险性，因此必须加以无害化处理。目前所采用的方法，是将这些危险废物变成高度不溶性的稳定物质，这就是固化与稳定化。固化与稳定化已被广泛应用于危险废物管理中，它主要应用于以下几个方面：

① 对于具有毒性或者强反应性等危险性质的废物进行处理，使其满足填埋处置的要求，例如在处置液态危险废物时，由于其具有迁移特性，在填埋处置之前必须先经过稳定化处理；

② 其他处理过程所产生的残渣，如焚烧飞灰、放射性物质；

③ 在大量土壤被有害污染物污染的情况下，对土壤进行去污处理。

本章重点介绍危险废物的固化与稳定化处理技术。

12.1 危险废物的特性

根据《中华人民共和国固体废物污染环境防治法》，危险废物是指列入《国家危险废物名录》或者根据国家规定的危险废物鉴别标准和鉴别方法认定的具有危险特性的固体废物。危险废物会对生态环境与公共安全构成严峻挑战：在环境介质污染方面，2011 年云南曲靖非法倾倒铬渣事件，导致周边农田六价铬超标 600 倍，地下水长达 10 年无法饮用；在突发事故风险层面，2019 年江苏省响水化工园区爆炸，便是由硝化废料自燃引发，造成了重大伤亡；在健康危害链条上，含有二噁英等持久性有机污染物的焚烧飞灰可通过食物链富集，诱发致癌、致畸效应。更值得警惕的是，危险废物非法转移与跨境倾倒（如

2022 年广东省查获的含废弃电路板“洋垃圾”）已演变为全球性环境问题。

12.2 固化与稳定化的定义

危险废物固化与稳定化通常有 2 种方式：a. 通过化学转变，将污染物引入某种稳定固体物质的晶格中；b. 借助物理过程，把污染物直接掺入惰性基材中。所涉及的主要过程和技术术语如下：

① 固化：在危险废物中添加固化剂，使其转变为不可流动固体或形成紧密固体的过程。

② 稳定化：将有毒有害污染物转变为低溶解性、低迁移性及低毒性物质的过程。稳定化一般可分为化学稳定化和物理稳定化。化学稳定化是通过化学反应使有毒物质变成不溶性化合物，将其固定于稳定晶格内。物理稳定化是将污泥或半固态物质与一种疏松物料（如粉煤灰）混合，生成一种具有粗颗粒形态且具备土壤状坚实度的固体，再通过运输机械运送至处置场进行处置。实际操作中，这两种过程是同时发生的。

③ 固定化：具有固化和稳定化作用的过程。

④ 限定化：将有毒化合物固定在固体离子表面的过程。

⑤ 包容化：用固化剂/稳定剂凝聚、包容或覆盖有毒物质或危险废物颗粒的过程。

12.3 化学药剂稳定化技术

化学药剂稳定化是利用化学药剂通过化学反应使有毒有害物质转变为低溶解性、低迁移性及低毒性物质的过程。化学药剂稳定化技术以处理重金属废物为主，截至目前，发展了许多重金属稳定化技术，包括 pH 值控制技术、氧化还原电位控制技术、沉淀技术、吸附技术、离子交换技术等。

12.3.1 pH 值控制技术

pH 值控制技术的原理为：加入碱性或酸性药剂，将废物的 pH 值调整到使重金属离子具有最小溶解度的范围，从而实现其稳定化。常用的 pH 值调节剂有石灰石、石灰、氢氧化钠、硫酸、盐酸等。例如，在处理酸性铬泥时可选用石灰石、石灰、氢氧化钠作调节剂，而在处理碱性赤泥时，则可选用硫酸或盐酸作调节剂。

12.3.2 氧化还原电位控制技术

为了使某些重金属离子更易沉淀，常需将其还原为最有利于沉淀的价态。最典型的是把六价铬（Cr^{6+}）还原为三价铬（Cr^{3+}）、五价砷（As^{5+}）还原为三价砷（As^{3+}）。常用的还原剂有硫酸亚铁、硫代硫酸钠、亚硫酸氢钠、二氧化硫。

12.3.3 沉淀技术

沉淀技术的原理是加入沉淀剂，使固体废物中的重金属离子形成沉淀，从而实现其稳定化。常用的沉淀技术有硫化物沉淀、硅酸盐沉淀、碳酸盐沉淀、磷酸盐沉淀、共沉淀、无机螯合物沉淀、有机螯合物沉淀。

12.3.3.1 硫化物沉淀

在重金属稳定化技术中，有三类常用的硫化物沉淀剂，即可溶性无机硫沉淀剂、不可溶性无机硫沉淀剂和有机硫沉淀剂（表 12.1）。

表 12.1 常用的硫化物沉淀剂

硫化物类别		化学式
可溶性无机硫沉淀剂	硫化钠	Na_2S
	硫氢化钠	NaHS
	硫化钙(低溶解度)	CaS
不可溶性无机硫沉淀剂	硫化亚铁	FeS
	单质硫	S
有机硫沉淀剂	二硫代氨基甲酸盐	$[—R—NH—CS—S]^-$
	硫脲	$H_2N—CS—NH_2$
	硫代酰胺	$R—CS—NH_2$
	黄原酸盐	$[RO—CS—S]^-$

（1）无机硫沉淀剂

除了氢氧化物沉淀外，无机硫沉淀也是应用较为广泛的一种重金属药剂稳定化方法。与前者相比，其优势在于大多数重金属硫化物在所有 pH 值下的溶解度远低于其氢氧化物。这里需要强调的是，为了防止 H_2S 的逸出和沉淀物的溶解，仍需将 pH 值保持在 8 以上。另外，由于易与硫离子反应的金属种类有很多，硫化剂的添加量应根据所需达到的指标由实验确定；而且硫化剂的添加应在固化基材添加之前，这是因为废物中的钙、铁、镁会与重金属竞争硫离子。

（2）有机硫沉淀剂

从理论上讲，有机硫沉淀剂有很多无机硫沉淀剂所不具备的优点。由于有机硫化物普遍具有较高的分子量，因而其与重金属形成的沉淀具有相当强的工艺性能，易于沉淀、脱水和过滤等。在实际应用中，它们也显示出了独特的优越性，例如可以将废水或固体废物中的重金属浓度降至很低，适应的 pH 值范围较大等。在美国，这种稳定剂主要用于处理含汞废物，在日本主要用于处理含重金属的粉尘（如焚烧炉飞灰）。

12.3.3.2 硅酸盐沉淀

溶液中的重金属离子与硅酸根之间的反应并不是按单一的比例形成晶态硅酸盐，而是生成一种可看作是由水合金属离子与二氧化硅或硅胶按不同比例结合而成的混合物。这种硅酸盐沉淀在较宽的 pH 值范围（2～11）内有较低的溶解度。这种方法在实际处理中，应用并不广泛。

12.3.3.3 碳酸盐沉淀

一些重金属的碳酸盐溶解度低于其氢氧化物，但碳酸盐沉淀法并没有得到广泛应用，原因在于：当 pH 值较低时，二氧化碳会逸出，即便最终 pH 值很高，其最终产物也只能是氢氧化物而不是碳酸盐沉淀。

12.3.3.4 磷酸盐沉淀

用磷酸盐对重金属危险废物进行稳定化处理的机理主要有吸附作用和化学沉淀作用两种。可溶性磷酸盐（如磷酸钠）的作用机理主要是化学沉淀作用，通过加入磷酸盐药剂及溶剂水，使可溶性的重金属离子转化为难溶或溶解度很低的稳定磷酸盐沉淀，从而达到稳定重金属的目的。而一些磷矿石（如磷灰石）的作用机理则是吸附反应和化学沉淀反应同时进行。相比之下，磷灰石的情况更加复杂。研究表明，磷灰石与铅离子的相互作用属于广义的吸附作用，包括两种主要的机理，即：矿物-水界面的二维加积（表面吸附作用）与固相的三维生长（沉淀作用）。通常所说的吸附作用往往是指表面吸附作用。目前对于磷灰石去除水溶液中铅离子机理的研究较为深入，已有直接的微观证据证明，其机理是以溶解-沉淀作用为主。

12.3.3.5 共沉淀

在非铁二价重金属离子与 Fe^{2+} 共存的溶液中，投加等当量的碱调 pH 值，则有反应：

$$xM^{2+}+(3-x)Fe^{2+}+6OH^{-}\longrightarrow M_xFe_{(3-x)}(OH)_6 \tag{12.1}$$

生成暗绿色的混合氢氧化物，再用空气氧化使之溶解，经络合生成黑色的尖晶石型化合物 $M_xFe_{(3-x)}O_4$（铁氧体）：

$$M_xFe_{(3-x)}(OH)_6+O_2\longrightarrow M_xFe_{(3-x)}O_4 \tag{12.2}$$

在铁氧体中，Fe^{3+} 和二价金属离子（也包括 Fe^{2+}）的比值是 2∶1，故可尝试以铁氧体的形式去除 Mn^{2+}、Zn^{2+}、Ni^{2+}、Mg^{2+}、Cu^{2+}、Cd^{2+} 等。

例如，对于含 Cd^{2+} 的废水，可投加硫酸亚铁和氢氧化钠，并以空气氧化，这时 Cd^{2+} 就和 Fe^{2+}、Fe^{3+} 发生共沉淀而包覆于铁氧体中，从而被永久磁铁吸住，不用考虑氢氧化物胶体粒子不易过滤的问题。

实际上，要去除可参与形成铁氧体的重金属离子，Fe^{2+} 的浓度不必太高。但若要去除 Sn^{2+}、Pb^{2+} 等较难去除的重金属离子，Fe^{2+} 的浓度必须足够高。Fe^{3+} 会水解生成 $Fe(OH)_3$，同时 Fe^{2+} 也易被氧化成为 $Fe(OH)_3$。在此过程中，重金属离子可被捕捉到 $Fe(OH)_3$ 沉淀的点阵内或吸附在其表面上，因此，可得到比单纯用氢氧化物沉淀法更好的效果。据报道，Fe^{2+} 与 Fe^{3+} 的比例在 1∶(1～2) 时，共沉淀的效果最好。

12.3.3.6 无机及有机螯合物沉淀

这是一项正在开发的技术，然而，若溶液中的重金属与某些络合剂结合，生成稳定且可溶的络合物形态，将会给稳定化过程带来困难。若废水中含有络合剂，如柠檬酸盐、葡萄糖酸、氨基乙酸、乙二胺乙酸钠及许多天然有机酸，它们可与重金属离子配位形成非常稳定的可溶性螯合物。这些螯合物不易发生化学反应，很难通过一般的方法去除。这个问题的解决办法有以下 3 种：

① 加入强氧化剂，在较高温度下破坏螯合物，使金属离子释放出来；

② 由于一些螯合物在高 pH 值条件下易被破坏，还可以用碱性的 Na_2S 去除重金属；

③ 使用高粉状有机硫稳定剂时，由于这类物质与重金属可形成更稳定的螯合物，因

而可以从络合物中夺取重金属，并进行沉淀。

所谓螯合物，是指多齿配体以两个或两个以上配位原子同时和一个中心原子配位所形成的具有环状结构的络合物。例如，乙二胺与 Cu^{2+} 反应得到的产物即为螯合物。

螯环的形成使螯合物比相应的络合物具有更高的稳定性，这种效应被称为螯合效应，对 Pb^{2+}、Cd^{2+}、Ni^{2+}、Ag^{2+}、Cu^{2+} 5 种重金属离子都有非常好的捕集效果，去除率均到达 98%以上；对 Co^{2+} 和 Cr^{3+} 的捕集效果较差，但去除率也在 85%以上。螯合的稳定化处理效果优于无机硫沉淀剂 Na_2S，其得到的产物与 Na_2S 处理所得产物相比，能在更宽的 pH 值范围内保持稳定，且从有效溶出量试验的结果来看，还具有更高的长期稳定性。

12.3.4 吸附技术

处理重金属废物的常用吸附剂有活性炭、黏土、金属氧化物（氧化铁、氧化镁、氧化铝等）、天然材料（锯末、砂、泥炭等）、人工材料（活性氧化铝、有机聚合物等）等。研究发现，一种吸附剂往往只对某一种或某几种污染物具有优良的吸附性能，而对其他污染成分则效果不佳。例如，活性炭对有机物的吸附效果最佳，活性氧化铝对镍离子的吸附能力较强，而其他吸附剂对这种金属离子的吸附效果不佳。

12.3.5 离子交换技术

最常见的离子交换剂包括有机离子交换树脂、沸石、硅胶等。用有机离子交换树脂和其他的人工合成材料去除水中的重金属离子通常是非常昂贵的，而且和吸附一样，这种方法一般只适用于给水和废水处理。另外，还需注意的是离子交换与吸附都是可逆的过程，如果满足逆反应的发生条件污染物将会重新逸出。

可以大规模应用的重金属稳定化的方法比较有限，但由于重金属在危险废物中的存在形态各不相同，具体到某一种废物，需根据所要达到的处理效果对处理方法和实施工艺进行有根据的选择，在这方面值得深入研究。

12.4 固化与稳定化技术

依固化剂性质的不同，可将固化技术分成无机物固化、有机物固化及其他固化技术三大类。其中，无机物固化使用的固化剂包括水泥、石灰、石膏等；有机固化使用的固化剂包括环氧树脂、沥青、聚烯烃等；其他固化技术包括玻璃固化、熔融固化，或无机及有机固化剂混合使用。

12.4.1 水泥固化法

水泥固化法的工艺流程如图 12.1 所示，在废物中加入水泥、添加剂，与水混合并经过适当搅拌混合与养护形成类似岩石且具有抗压强度的块状水泥固化体，将污染物包封、稳定于固化体中。水泥的品种有很多，例如普通硅酸盐水泥、矿渣硅酸盐水泥、矾土水泥、沸石水泥等，都可以作为废物固化处理的基材。其中，最常用的是普通硅酸盐水泥(波特兰水泥)。常用的添加剂有飞灰、硅酸钠、膨润土等。大多数无机有害废物均可直接和水泥及其他添加剂混合处理，所以水泥固化法是经常使用的固化处理方法。固化剂中波特兰水泥由 $3CaO \cdot SiO_2$(C3S)、$2CaO \cdot SiO_2$(C2S)、$3CaO \cdot Al_2O_3$(C3A)、$4CaO \cdot Al_2O_3 \cdot Fe_2O_3$(C4AF) 等矿物成分组成。水泥固化剂加水首先会产生如下水合作用，此水合作用具有胶结特性：

$$3CaO \cdot Al_2O_3 + 6H_2O \longrightarrow 3CaO \cdot Al_2O_3 \cdot 6H_2O \tag{12.3}$$

$$3CaO \cdot Al_2O_3 \cdot 6H_2O + 3[CaSO_4 \cdot 2H_2O] + 20H_2O \longrightarrow 3CaO \cdot Al_2O_3 \cdot 3CaSO_4 \cdot 32H_2O \tag{12.4}$$

$$2C3A + C3A \cdot 3CaSO_4 \cdot 32H_2O + 4H_2O \longrightarrow 3\,[C3A \cdot CaSO_4 \cdot 12H_2O] \tag{12.5}$$

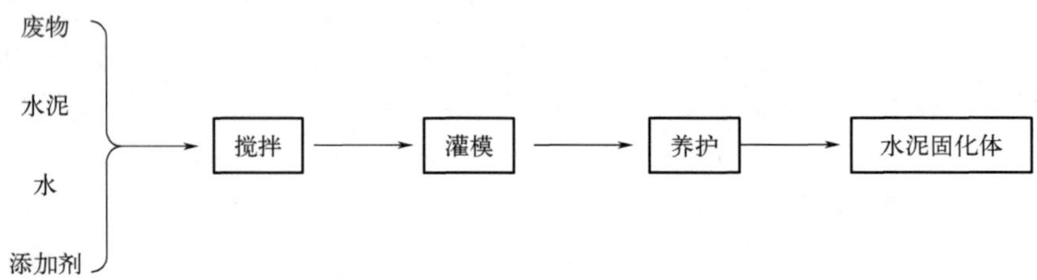

图 12.1　水泥固化法的工艺流程

水泥固化法的主要适用范围是：

① 适用于一般污泥的脱臭与固化；

② 适用于处理含重金属的污泥，并使其固化(视各种重金属的特性，添加不同的化学药剂)；

③ 适用于高含水量、高有机物含量污泥的固化或一般污泥的快速固化；

④ 适用于油基污泥及强酸性废料的固化。

水泥固化法优点为：a. 固化剂价格适中；b. 水泥的混合及操作技术较为成熟；c. 固化处理所需的工具，易于购买；d. 适用于不同化学性质的污泥；e. 其强度及渗透性可以通过调整水泥添加量加以控制。

水泥固化法缺点为：a. 低强度水泥与废物混合，易受酸性渗出液破坏，可能会导致其所固着的废物成分分解并加速渗出污染物；b. 当废物中含有影响固化定形的成分时，需添加较为昂贵的水泥或药剂以改良水泥的凝固及养护性能；c. 增加了废物的体积及质量。

12.4.2　石灰固化法

利用生石灰与磨成细粉的粉煤灰、炉渣、水泥窑灰等物质及水反应，生成类似于混凝土的坚硬物质。由于粉煤灰、炉渣、水泥窑灰等物质本身也是废物，因而可以达到以废治废、共同处理的废物资源化效果。

石灰固化法的优点为：a. 石灰产量大，是极易取得的固化材料；b. 可使固化物的韧性随时间延长而增加；c. 凝固时间短，操作方便。

石灰固化法主要缺点为：a. 增加固化物质量及体积，从而形成另一个处置中需考虑的因素；b. 固化物易受强酸性溶液腐蚀，从而破坏固化结构。

12.4.3 热塑物固化法

此法是利用石蜡、聚乙烯或沥青等热塑性材料在高温下具有可塑性的特性，将废物干燥，再与前述材料在130～230℃的高温下混合，最后使其冷却成型的固化方法。采用热塑物固化法处理的废物，在最终处置前需置入钢桶中或以热塑剂加以覆盖，进一步降低最终产物的渗水性。

热塑物固化法的优点有：a. 不会使固化后的废物体积大幅度增加；b. 内容物的渗出率远低于其他方法；c. 固化后产物对大部分溶液具抵抗性；d. 热塑性物质易与废物良好结合。

热塑物固化法的缺点有：a. 需要较昂贵的设备及较高技术；b. 废物中若含易挥发的物质，操作时需特别小心；c. 通常热塑性物质具有可燃性，因此固化体需要适宜包装；d. 废物需先干燥后，才能与热塑物质混合。

12.4.4 有机聚合物固化法

有机聚合物固化法是将废物与固化剂（有机单体物），在某些催化剂的催化作用下搅拌混合，使有机单体在聚合作用中将废物包覆其中。搅拌混合完成后形成的固化物即聚合物，如同具有弹性的橡皮。目前，常用于此法的固化剂有尿素甲醛树脂和聚乙烯树脂等。

有机聚合物固化法的优点有：a. 不会增加固化后的废物体积；b. 只需极少量固化剂即可使混合物凝固，降低处理成本；c. 可应用于干或湿污泥处理；d. 与其他固定技术相比，产物的密度较小。

有机聚合物固化法的缺点有：a. 废物夹存于固化体中，仅形成松散的结构；b. 因大部分聚合催化剂为强酸性物质，且金属成分易溶于强酸中，故极易随水渗出；c. 有些有机聚合物易被微生物分解，不利于最后的填埋处置。

12.4.5 玻璃固化法

由于玻璃的溶解度极低，且其内部成分的溶出率也很低，因此可将玻璃制造技术应用于处理高危险性、高毒性废物或放射性核废料。将这类废物固定在玻璃材料中的方法，即为玻璃固化法。玻璃固化法的处理对象一般需符合下列条件：

① 不可含有汞（Hg）及砷（As），因汞或砷化合物的蒸气压均高，当加热至数百摄氏度时几乎全部蒸发；

② 含镉（Cd）、锌（Zn）、镍（Ni）的废物中不应含有大量有机物等还原性物质，这是因为镉或锌的化合物易被有机物中的碳还原成金属单质而蒸发；

③ 不含氯化形式的重金属，因镉、锌、铜（Cu）、铅（Pb）的氯化物蒸气压均较高，在约 500℃时即开始蒸发；

④ 不含大量氯化钠等氯化物，单独存在时不会蒸发的重金属化合物若与氯化钠或氯化钙等共存，会促使重金属氯化物蒸发。

玻璃固化法的优点为：a. 最终产物渗水性低；b. 固化剂价格便宜。

玻璃固化法的缺点为：a. 处理过程中需配备加热设备，加热至 1350℃；b. 易造成金属熏烟逸出。

12.4.6 自胶结固化法

本法将少部分（质量分数在 8%～10%）的含硫酸盐或亚硫酸盐废物或脱水污泥作为固化剂，在控制条件下煅烧而形成脱水固化的硫酸钙或亚硫酸钙。将脱水固化产物与大量污泥、废物混合，并外加其他添加剂来进行固化。本法可通过加入石灰来调整固化搅拌物的水分含量，最终产物为坚硬的可塑化物质，不但易于管理且具有低渗透率。

自胶结固化法的优点有：a. 不需要加入大量添加剂；b. 凝固时间短；c. 所处理的废物不需要完全脱水。

自胶结固化法的缺点有：a. 只适用于处理含硫酸钙和亚硫酸钙的废物；b. 煅烧泥渣需要消耗一定的热量。

12.4.7 熔融和烧结固化法

熔融和烧结固化法是将有害废物单独处理，或者加入少量辅助材料或添加剂后，通过熔化或熔烧使其形成固体的处理方法。根据处理过程中物理现象的差异，可分成熔融固化法与烧结固化法两类。

12.4.7.1 熔融固化法

熔融固化法的处理流程如图 12.2 所示。其是将灰渣、污泥等废物单独或混合加热至熔流点（1300℃以上），使其熔化形成流体，所含部分有害物质（如有机物）进一步氧化、重金属挥发，其余无机物则存留于熔融态的熔渣中，产生稳定化/固化作用，最后流出的熔融物冷却后形成稳定化的熔渣，熔渣的主要成分是被处理废物中所含的氧化硅、氧化钙、氧化铝等成分，可作为土木级配料进行再利用。本法无需加入任何添加剂，减容效果佳。熔融处理法虽然反应机制尚未完全清楚，且有耗能、处理费用高的缺点，但在未来垃圾焚烧灰渣的处理上，仍具有较大的发展潜力。利用熔融固化法处理含重金属废物时，需特别考虑挥发性高的 Hg、As、Cd、Pb 氯化物等的挥发逸散问题，其空气污染物治理设施所收集的飞灰可能含有高浓度重金属，应妥善处理后再进行最终处置，一般采用返送回熔融炉再处理的方式进行厂内再处理。

依据熔融过程能源来源、加热方法的不同，可将熔融处理技术进行分类，如表 12.2 所列。其特点为：a. 减容效果好，城市垃圾体积可减小至原来的 1/20 以下，焚烧残渣可

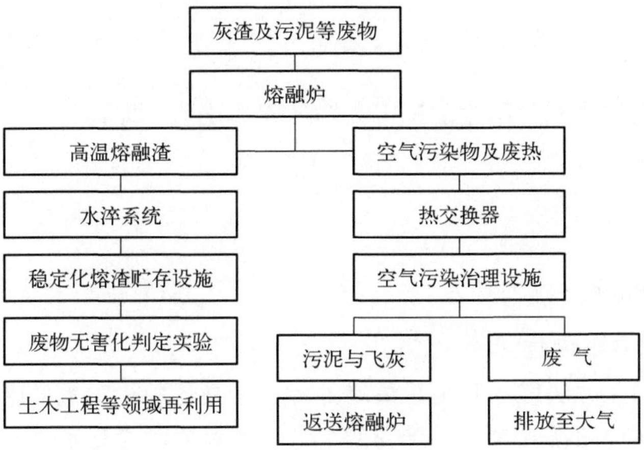

图 12.2 熔融固化法的处理流程

减少至原来的 1/4 以下，因此可延长填埋的使用年限；b. 固化效果佳；c. 熔渣可回收用作土建材料；d. 可采用立型炉，占地小；e. 适用于混合型废物；f. 废气产生量少，为焚烧法的 1/10～1/2，废气中的 NO_x、SO_x、HCl 含量少，但在高温条件下可能会有重金属的挥发问题；g. 单位质量废物处理能源消耗比其他技术高。

表 12.2 废物熔融处理技术的种类

热源	加热方式	温度	适用废物	回收物利用
燃料	焦炭 重油	＞1600℃ 1400～1600℃	污泥、城市垃圾焚烧残渣、压缩垃圾块、涂料残渣等	隔热材料、道路材料、可燃气体、土建材料
电源	电弧 微波 热等离子体	1450～1550℃		道路骨材、土建材料

12.4.7.2 烧结固化法

烧结固化法的处理流程如下：将各种含重金属的废物经过称重和调整配比并添加稳定剂等添加剂后，经研磨机研磨、混合机混合及射出机射出成型后，置于 950～1375℃高温炉中烧结，烧结过程中原本为粉体状的废物粒子由于表面熔解与反应等作用而相互黏合，产物经降温后成为稳定无害化的产品。

12.5 固化与稳定化处理效果的评价指标

通常采用以下物理、化学指标来评定固化与稳定化产物的优劣。

12.5.1 增容比

增容比是指固化体体积与固化前有害废物体积的比值，即：

$$c_i = \frac{V_2}{V_1} \tag{12.6}$$

式中 c_i——增容比；

V_2——固化体体积，m^3；

V_1——固化前有害废物的体积，m^3。

增容比是评价固化方法好坏和衡量最终处置成本高低的一项重要指标。它的大小实际上取决于掺入固化体中的盐含量和可接受的有毒有害物质的含量水平。

12.5.2 抗压强度

为使固化体能安全贮存，其必须具有基本的抗压强度，否则会出现破碎和散裂，从而增加暴露的表面积和污染环境的可能性。

对于一般的危险废物，经固化处理后得到的固化体，如需进行处置或装桶贮存，则对其抗压强度的要求较低，控制在 10～50kg/cm^2 即可；如用作建筑材料，则对其抗压强度要求较高，应大于 100kg/cm^2。

12.5.3 浸出率

浸出率是指固化体浸于水中或其他溶液中时，其中有害物质的浸出速度。固化体中有害物质对环境产生的污染，主要是由有害物质溶于水而造成的。因此，可用浸出率的大小来预测固化体在贮存地点或运输过程中可能会发生的情况。浸出率的计算公式如下：

$$R_{in} = \frac{a_r/A_0}{(F/M)t} \tag{12.7}$$

式中 R_{in}——单位表面积的样品每天浸出的有害物质的浸出率，g/(d·cm^2)；

a_r——浸出时间内浸出的有害物质的质量，mg；

A_0——样品中有害物质的质量，mg；

F——样品暴露的表面积，cm^2；

M——样品的质量，g；

t——浸出时间，d；

12.6 含重金属污泥的水泥固化实例

图 12.3 为含重金属污泥的水泥固化工艺流程。

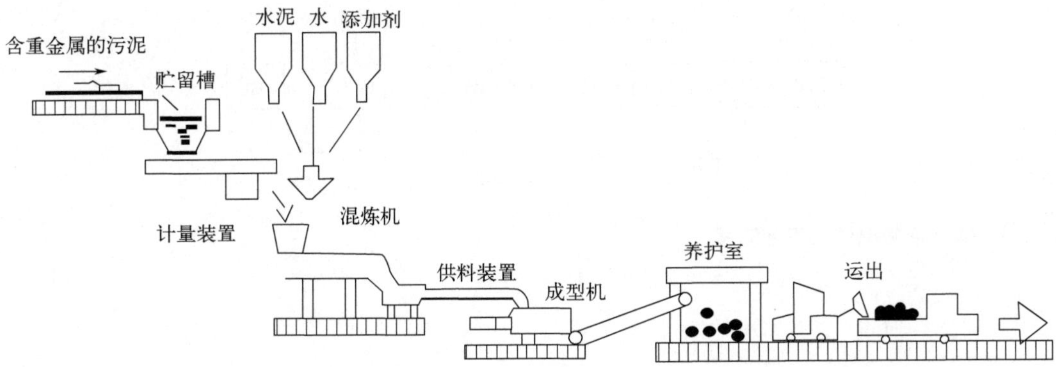

图 12.3 含重金属污泥的水泥固化工艺流程

将欲固化处理的污泥通过计量装置以一定质量比与水泥、添加剂、水共同投入原料混炼机中，经搅拌混合均匀，然后通过供料装置去成型机，再将成型的坯体养护，使之形成具有一定强度的固化体，用于填埋或其他方式的再利用。

电镀污泥固化，采用 44～500 号硅酸盐水泥，水灰比 0.47～0.88，水泥与废物配比 0.67～4.00，固化产品抗压强度 59～301kgf/cm^2（1kgf/cm^2＝98.0665kPa），铅、铬、镉浸出浓度均低于浸出毒性鉴别标准。

日本对含汞浓度为 381mg/kg 的泥渣进行了水泥固化，配料比为水泥：汞渣：石灰：砂：水：75%硫铵＝4：2：0.85：4：4：0.6，固化产品抗压强度 285kgf/cm^2，经 28d 浸出，浸出液中汞含量仅为 0.001mg/L。

含砷泥渣的水泥固化处理常利用普通硅酸盐水泥。固化含砷 240mg/kg 的砷渣，水灰比为 0.50～1.19，水泥砷渣比 0.67～4.00，固化产品抗压强度达到 45～306kgf/cm^2，浸出液中砷含量为 0.001mg/L。

12.7 砷铁渣的常温固化实例

重金属冶炼渣多为含铁废渣，此外还含有 Cu、Pb、Zn、Cd、As、Ni、Sb、Hg 等金属。含砷量较高的含铁废渣称为砷铁渣。图 12.4 为砷铁渣常温固化工艺流程。采用常温选择性酸浸出方法，综合回收渣中的锌和镉，其浸出率分别为 85%和 97%。然后，在浸出渣中加入石灰、石灰石、碳酸钠等混合固化剂，在常温下使金属固化，以消除砷、镉、锌对环境的污染。

某锌厂对砷铁渣采用了常温固化法，当砷铁渣含 As 为 3%～8%、含 Fe 为 25%～28%、含 Zn 为 15%～25%、含 Cd 为 2%～5%时，在浸出锌、镉后将其常温固化，固化后溶出液 As 含量为 0.17mg/L，满足排放标准。

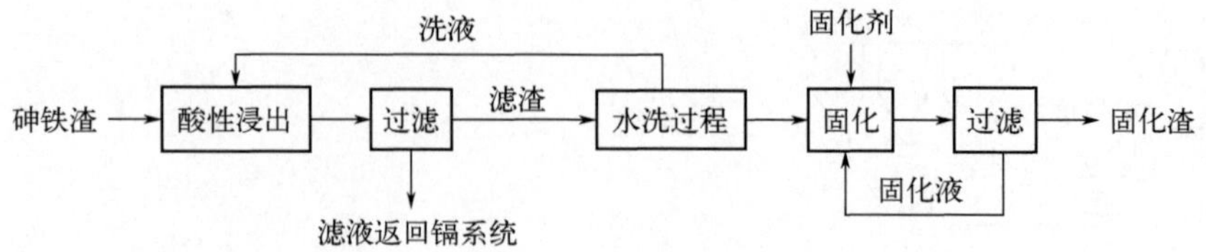

图 12.4　砷铁渣常温固化工艺流程

习　题

1. 名词解释：固化、稳定化。
2. 简述固化与稳定化技术的种类（以固化剂的种类区分）。
3. 简述含重金属废物的化学稳定化技术种类。
4. 固化与稳定化处理效果的评价指标有哪些？如何表示？

第13章

固体废物填埋处置

根据目前世界各国的技术水平，尽管可以采用各种先进的污染防治技术，但要实现固体废物100％的回收利用，仍存在难以突破的技术局限，最终总会残留一部分暂时无法进一步处理利用的废物。为了防止日益增多的各种固体废物对环境和人类健康造成危害，需要给这些废物提供一条最终出路，即解决固体废物的最终归宿问题，必须进行最终处置。最终处置是指将固体废物经物理、化学、生物处理和回收利用后，最终置于符合环境保护要求的场所或者设施中，不再对固体废物进行回取或其他任何操作的过程。处置的目标是使固体废物最大限度地与生物圈隔离，以保证其中的有毒有害物质在现在和未来都不会对人类及环境造成不可接受的危害。从这个意义上来说，最终处置是固体废物全面管理的最终环节，是解决固体废物最终归宿的问题。根据处置场所可将最终处置分为陆地处置和海洋处置两大类。海洋处置是基于海洋对固体废物进行处置的方法，它可以分为海洋倾倒和远洋焚烧处置两种方式。陆地处置是基于土地对固体废物进行处置，根据废物的种类和处置的地层位置（地上、地表、地下和深地层），陆地处置可分为土地耕作、工程库贮存、深井灌注、浅地层埋藏和土地填埋等多种方式。本章重点介绍固体废物的填埋处置。

13.1 填埋处置的分类

填埋处置简单地说就是寻找一个适合的空地将废物埋在地面下，其主要功能是将废物与环境安全卫生地隔离开来，或利用土壤中微生物的分解能力将其稳定化。填埋法就是应用工程技术将废物体积降至最小，并局限于适当的范围内，而且每天在其表面覆盖土壤。填埋处置依其处理对象或功能可分为惰性填埋、卫生填埋及安全填埋三类。

13.1.1 惰性填埋

惰性填埋是将原本已稳定的废物，如玻璃、陶瓷、建筑材料废料等，置于填埋场中，表面覆以土壤的处理方法。本质上惰性填埋法所填埋的废物只着重于其对废物的贮存功能，而不注重污染防治（或阻断）功能。

由于惰性填埋场所处置的大都是性质已稳定的废物，因此该填埋方法极为简单，图13.1为惰性填埋场示意图。其填埋所遵循的基本原则如下：a. 根据估算的废物处理量，构筑适当大小的填埋空间，并需筑有挡土墙，在填埋场周围设有围篱或障碍物；b. 在入口处竖立指示牌，指示出废物种类、使用期限及管理人；c. 填埋场终止使用时，应至少覆盖15cm的土壤。

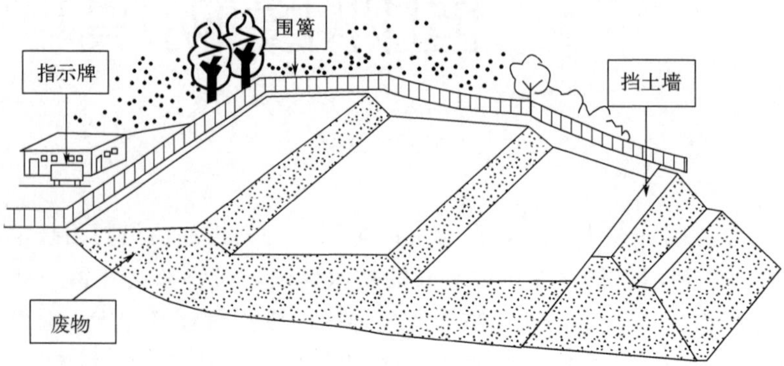

图13.1 惰性填埋场示意图

13.1.2 卫生填埋

卫生填埋指将一般废物（如城市垃圾）填埋于具有不透水材质或渗水性土壤的填埋场中，并设置渗滤液、填埋气体收集或处理设施及地下水检测装置的处理方法，可填埋处置无需稳定化预处理的非稳定性废物。其常用于城市垃圾填埋，此法也是应用最为普遍的填埋法。

图13.2～图13.4是卫生填埋的示意图，其填埋方法需遵循以下基本原则：

① 根据估算的废物处理量，构筑适当大小的填埋空间，并需筑有挡土墙，在填埋场周围设有围篱或障碍物，填埋场应铺设进场道路；

② 在入口处竖立标示牌，标示废物种类、使用期限及管理人；

③ 填埋场需采取防止地层下陷及设施沉陷的措施；

④ 应设置防止地表水流入和雨水渗出的设施；

⑤ 需根据场址地下水流向在填埋场的上下游各设置至少一个监测井；

⑥ 应设有防渗层；

⑦ 需设置灭火器或其他有效消防设备；

⑧ 应设有收集或处理渗滤液的设施；

⑨ 应设有填埋气体收集和处理设施；

⑩ 填埋场在每个工作日结束时，应覆盖15cm以上的黏土，并压实；

⑪ 在终止使用时，应覆盖50cm以上的细土。

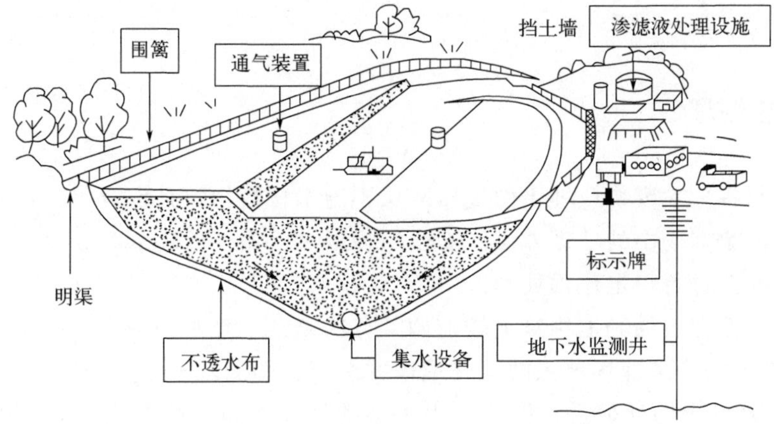

图 13.2　卫生填埋场示意图

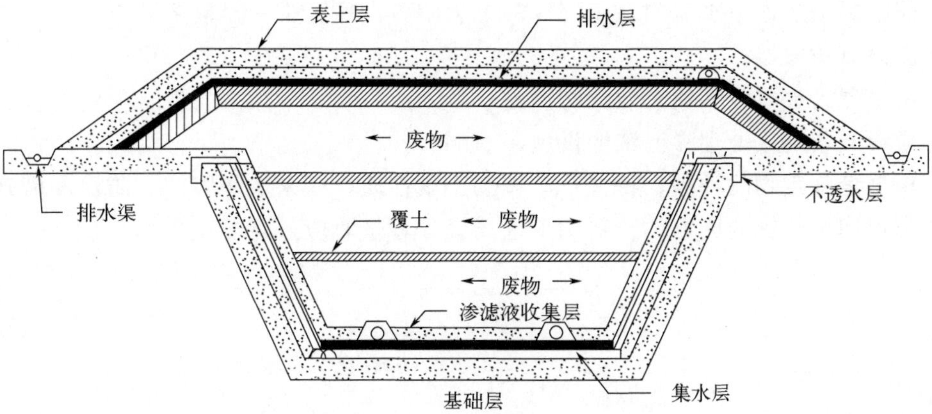

图 13.3　卫生填埋场剖面图

图 13.4　某垃圾填埋场照片

卫生填埋场的建设必须防止对地下水产生污染，不具备自然防渗条件的填埋场必须进行人工防渗。

13.1.3 安全填埋

安全填埋指将危险废物填埋于由抗压双层不透水材料构筑且设有阻止污染物外泄和地下水监测装置的填埋场中的处理方法。安全填埋场专门用于处理危险废物，危险废物进行完全填埋处置前需进行稳定化预处理。

安全填埋不但在填埋场地构筑上较前两种方法复杂，且对处理人员的操作要求也更加严格。图 13.5 为安全填埋场示意图，其填埋方法所遵循的基本原则如下：

① 根据估算的废物处理量，构筑适当大小的填埋空间，并需筑有挡土墙，在填埋场周围应设有围篱或障碍物，填埋场应铺设进场道路；

② 在入口处竖立标示牌，标示废物种类、使用期限及管理人；

③ 填埋场需采取防止地层下陷及设施沉陷的措施，并应有抗压及抗震的设施；

④ 应设有防止地表水流入及雨水渗出的设施；

⑤ 需根据场址地下水流向在填埋场的上下游各设置至少一个监测井；

⑥ 应设有防渗层；

⑦ 需设置灭火器或其他有效消防设备；

⑧ 应设有收集或处理渗滤液的设施；

⑨ 根据危险废物的种类、特性及填埋场土壤性质，应采取防腐蚀、防渗漏措施；

⑩ 当填埋场处置的废物体积达到填埋场设计容量时应进行填埋封场。

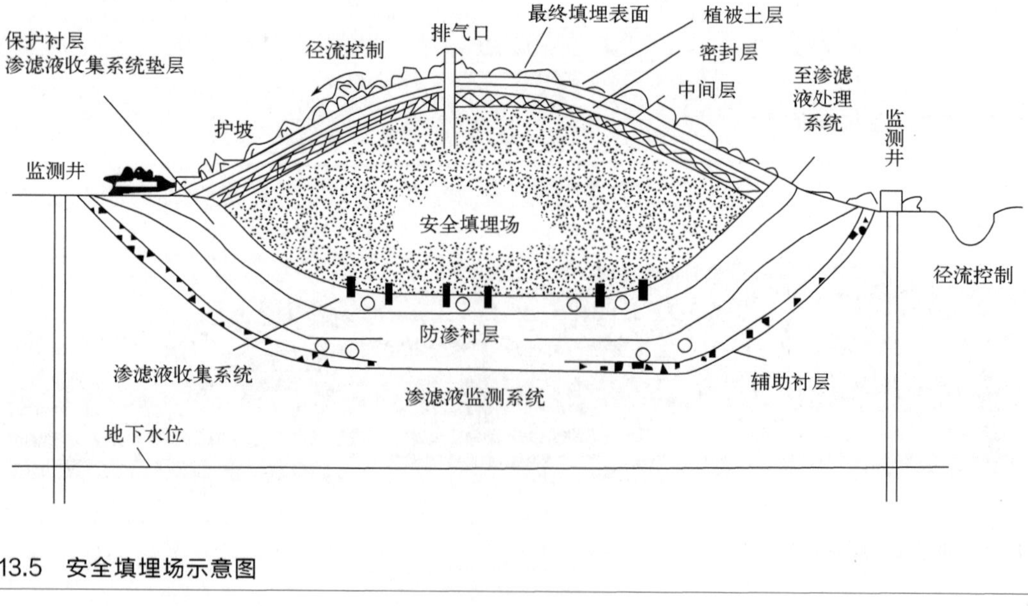

图 13.5 安全填埋场示意图

有些国家规定，安全填埋场需将废物填埋在具有刚性结构的填埋单元内，其目的是借助此刚性体保护所填埋的废物，以免因地层变动、地震，或水压、土压等应力作用破坏填埋场，从而导致废物的失散及渗滤液的外泄。图 13.6 为刚性结构安全填埋示意图。采用刚性结构的安全填埋场，其刚性体的设计需满足以下要求：a. 材质，人工材料可利用混凝土、钢筋混凝土等结构，自然地质可利用天然岩磐或岩石；b. 强度，单轴压缩强度应在 $245kgf/cm^2$ 以上；c. 厚度，填埋场周围的边界墙厚度至少应达 15cm，单体间的间隔厚度至少达 10cm；d. 面积，每一单体的填埋面积不应超过 $50m^2$；e. 体积，每一单体的填埋容积不应超过 $250m^3$。

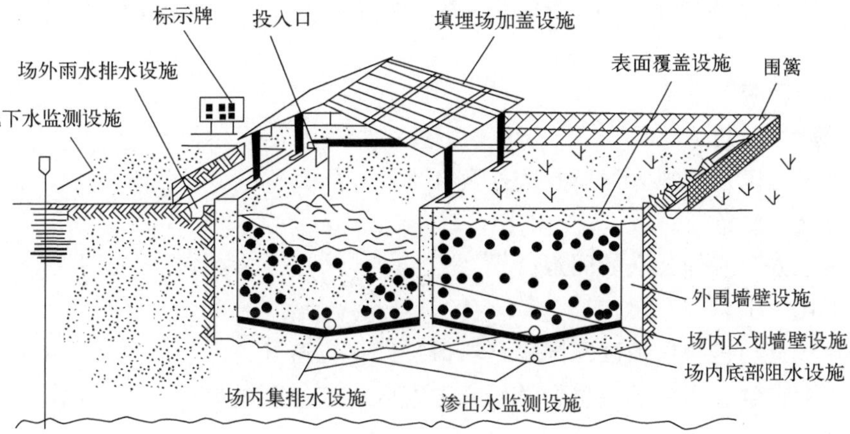

图 13.6　刚性结构安全填埋示意图

不论上述何种填埋场，都至少具有 3 种基本功能，即贮存功能、阻断功能和处理（分解）功能。安全填埋场仅处置不分解的无机废物，提供足够的空间和稳定的结构来贮存所填埋的废物，发挥其基本的贮存功能；卫生填埋场和惰性填埋场除贮存功能外，更注重阻断功能和处理（分解）功能，即必须有适当的阻断功能设计以避免废气和渗出水污染周围的空气或地下水（地表水）。为满足填埋场的上述功能及正常运行需求，建设填埋场时需配备一些设施，包括：一般工程设施，如进出道路、围篱、水电系统、景观绿化等；污染防治设施，如废气和渗滤液收集处理系统、不透水层、覆盖土、地下水监测装置等；填埋场管理设施，如办公室、地磅、指示牌等。

填埋作为废物的最终处置方式，具有一定的优缺点。其优点为：a. 操作简单，成本相对较低，只需较少的设备与管理费，如推土机、压实机、填土机等；b. 弹性大，对于废物量的突然增加，只需增加少量的作业人员与工具设备或延长操作时间；c. 可将废物与环境隔绝，并对废物加以分解，有利于物质循环，操作正确的填埋场可有效保证环境卫生和避免二次污染；d. 可有效利用荒废土地并提高其利用价值，填埋场多可利用山谷、低洼或贫瘠的土地，封场后可整理成绿地公园、高尔夫球场、停车场等；e. 填埋是一种完全的最终处置方式，焚烧虽可大量减少废物的质量和体积，但其产生的灰渣或飞灰仍需进行最终处置。但是填埋处置仍有下列缺点：a. 填埋面积需求大且填埋场不易选定；b. 需要长时间的运行和管理，填埋场封闭停用后仍存在废气、渗滤液和土地利用等问题；c. 填埋场渗滤液处理费用极高；d. 填埋场易出现沉陷问题，恶臭、火灾等也是经常需面临的问题；e. 不良气候条件下操作较困难，如雨季等。

13.2 填埋场场址选择和填埋容量

13.2.1 填埋场场址选择

填埋场的场址选择主要应从社会因素、环境因素、工程因素和经济因素等方面来考虑。

13.2.1.1 社会因素

（1）法律、法规

需同时符合国家和地方的所有法规及标准。

（2）公众、政治

要征得地方政府和公众的同意。

（3）文化、生态

应避开珍贵动植物保护区和国家自然保护区；应避开公园、风景区、旅游区、文物古迹区，以及考古学、历史学和生物学研究考察区；应避开军事要地、基地，军工基地和国家保密地区。

13.2.1.2 环境因素

（1）地表水、地下水

场址应选择在百年洪泛区之外，不与通航水体和饮用水源直接连通，填埋场底部必须在地下水位之上。

卫生填埋场与河流和湖泊的距离宜在 50m 以上，安全填埋场与地表水水域距离不应低于 150m。填埋场还应在地下饮用水水源地主要补给区范围之外，且下游无集中供给水井；安全填埋场地下水位应在防渗层的 3m 以下。

（2）空气、噪声

应尽量避开人口密集区、公园和风景区，减少气体的无组织排放及恶臭对周围环境的影响，并严格控制运输及施工机械的噪声。

卫生填埋场区域与居民区或人畜供水点的距离应在 500m 以上，安全填埋场与居民区的距离应在 800m 以上，并保证在当地气象条件下，对附近居民区大气环境不产生影响。

（3）土地处置

要结合城市的总体规划，综合考虑封场后的景观恢复和土地处置，使之与城市的发展保持协调一致。

13.2.1.3 工程因素

（1）工程规模

要保证有足够的容积，以容纳规划区内、有效服务期间所产生的所有废物。对于卫生填埋场，其使用年限宜在10年以上，特殊情况下，不应低于8年。对于安全填埋场，其场址必须有足够大的可使用面积，以保证填埋场建成后具有10年或更长的使用期，在使用期内能充分接纳所产生的危险废物。

（2）场地的动力学特性

场地应具有良好的动力学特性，填埋场选址应避开下列区域，以保证在施工和运行、管理过程中，填埋场设施及填埋废物保持良好的稳定性：破坏性地震及活动构造区；海啸及涌浪影响区；湿地和低洼汇水区；地应力高度集中、地面抬升或沉降速率异常区；活动沙丘区；尚未稳定的冲积扇及冲沟地区；高压缩性淤泥、泥炭及软土区；其他可能危及填埋场安全的区域。

（3）施工特性

要充分利用当地的自然条件，确定取土和弃土地点，减少土石方运输量，并保证土木机械的施工效率。

（4）交通道路

要保证拥有全天候公路，并有足够的车辆通行能力，不易发生交通堵塞。

13.2.1.4 经济因素

（1）运输费用

在符合有关法规和保证环境安全的前提下，尽量靠近废物产生源，以减少管理和运输费用。

（2）施工费用

包括挖掘、平整、筑路、设施建设及其他施工费用。

（3）运行费用

劳务费、管理费、维修费、能源消耗及其他费用。

（4）征地费用

实际土地费用加上其他相关费用。

在填埋场规划和设计之前必须充分考虑以上因素，并尽量保证所选场址能够满足这些条件。如果由于当地的自然、社会、经济等条件的限制，不能充分满足这些条件，则必须采取相应的工程措施加以弥补，并应对工程措施加以严格论证。在实际工程应用方面，填埋场选址还应满足不同类型填埋场的相关标准和规范。

13.2.2 填埋场容量

填埋场容量是指废物处理量和覆土所需容量的总和，在城市生活垃圾填埋场工程中，通过以下近似计算即可满足设计需求：

$$V_t = \sum_{n=1}^{N} V_n \tag{13.1}$$

$$V_n = (1-f) \times \frac{365W(1+\varphi)}{\rho} \tag{13.2}$$

式中 V_t——总容量，m^3；

V_n——第 n 年垃圾填埋容量，m^3/a；

N——规划填埋场使用年限，a，一般以 8～20a 为宜；

f——体积减小率，一般取 0.15～0.25，一般指垃圾在填埋场中经降解等作用后，其体积发生缩减的比例，与垃圾组分有关；

W——每日计划填埋废物量，kg/d；

φ——填埋时覆土体积占废物体积的比例，取 0.15～0.25；

ρ——废物的平均密度，kg/m^3，填埋场中压实后垃圾的密度可达 $750\sim950kg/m^3$。

通常，填埋场的规模以其总面积来表示，可通过下式估算：

$$A = k \times \frac{V_t}{H} \tag{13.3}$$

式中 A——场址总面积，m^2；

H——场址最大深度，m；

k——修正系数，其取决于两个因素，即填埋场地面以下的方形度与周边设施的占地面积，一般取 1.05～1.20。

【例题 13.1】 某填埋场规划使用 15 年，设废物处理区的平均人口为 25 万人，该区垃圾清运量为 0.95kg/(人·d)，覆土率为 0.21，填埋施工中垃圾体积减小率为 35%。求此填埋场的总容量大小（垃圾的单位容重为 $275kg/m^3$）。

解： (1) 求每日计划填埋废物量 W

$$W = 25\times10^4\times0.95 = 23.75\times10^4\ kg/d$$

(2) 求第 n 年垃圾填埋容量

$$\begin{aligned} V_n &= (1-f)\times\frac{365W(1+\varphi)}{\rho} \\ &= (1-0.35)\times\frac{365\times23.75\times10^4\times(1+0.21)}{275} \\ &= 2.479\times10^5\ m^3/a \end{aligned}$$

(3) 求总容量

$$V_t = V_n \times 15 \approx 3.719\times10^6\ m^3$$

13.3 填埋的基本原理

填埋处理废物（尤其是有机废物）时，是将其填埋在土壤内，通过生物分解及物理化学作用（如水解、溶解、吸附、离子交换、沉淀等）实现转化，其中微生物的生物分解反应起主导作用，最终使废物转化为稳定成分。填埋过程中生物分解反应的速度、产物等具有很强的复杂性，这受到多种因素的影响，包括废物种类、填埋时间、填埋操作（如覆土、滚压等）、填埋场的分解环境特性（好氧性、厌氧性），以及外部环境条件［如温度、pH 值、氧化还原电位（ORP 值）、透气性和含水量等］。对于卫生填埋场来说，其废物自埋入后可分为适应期、过渡期、酸化期、沼气（甲烷）形成期和稳定期，表 13.1 为填埋各阶段的特点。若以简化的观点来看。其生物分解反应可分为好氧分解（适应期＋过渡期）和厌氧分解（酸化期＋甲烷形成期）两个反应期。好氧分解是从填埋开始至填埋数十日内，微生物利用残留的氧气将有机质分解成二氧化碳和水，直至氧气耗尽为止，部分二氧化碳将溶于渗出水中，故呈现渗出水 pH 值偏低的现象。若以通式 $C_aH_bO_cN_d$ 表示有机废物，则废物在此反应期（好氧分解）的氧化分解可用下式表示：

$$C_aH_bO_cN_d+\left(\frac{4a+b-2c-3d}{4}\right)O_2\longrightarrow aCO_2+\left(\frac{b-3d}{2}\right)H_2O+dNH_3 \tag{13.4}$$

表 13.1　填埋各阶段的特点

阶段	特点
适应期	填埋场内含水率上升，微生物逐渐开始进行好氧分解
过渡期	进行好氧分解，O_2 消耗掉，CO_2 含量在废气中逐渐增加，渗出水中含有一些挥发性酸类
酸化期	渗出水中挥发酸比例增多，pH 值下降，重金属溶出增加，ORP 值逐渐下降，废气中出现 H_2
沼气（甲烷）形成期	甲烷气体增加，废气量达到最大值，挥发酸类明显减少，ORP 值最低，pH 值上升
稳定期	形成 CH_4 和 CO_2 比值约为 1∶1 的腐殖质，重金属固化，ORP 值回升，氧气渐增

填埋后数十日到约两年，因填埋层内的氧气已被消耗掉，故在厌氧性和兼氧性微生物的主导下，一些具有水解能力的菌类可利用水解酶将有机质转化成可溶性糖类、氨基酸、脂肪酸等。利用产酸菌可将它们分解成乙酸、丙酸等简单的有机酸，此阶段为酸化期。这些简单的有机酸经由产甲烷菌类转化分解，生成二氧化碳、水、甲烷、氨气等物质，此为甲烷形成期。总之，上述阶段可统称为厌氧分解期。废物在此阶段的厌氧分解反应可用下式表示：

$$\begin{aligned}C_aH_bO_cN_d&+\begin{pmatrix}a-0.25b-\\0.5c+0.75d\end{pmatrix}H_2O\longrightarrow\begin{pmatrix}0.5a+0.125b-\\0.25c-0.375d\end{pmatrix}CH_4\\&+\begin{pmatrix}0.5a-0.125b+\\0.25c+0.375d\end{pmatrix}CO_2+dNH_3\end{aligned} \tag{13.5}$$

好氧分解反应和厌氧分解反应可概略地以图 13.7 中的两个化学式来表示。简单地说，好氧分解需要氧气参与，除转化成稳定物质（不再分解）外，还产生了二氧化碳、水等副产品（含有少量 NH_3）；厌氧分解则以厌氧性或兼性微生物为主导，氧气不参与反应，除转化成稳定物质外，甲烷、二氧化碳、氨气生成量较多（含极少量 H_2S）。由此可知，废物填埋后会产生各种废气和渗出水。一般来说，填埋场真正达到最终的稳定（有机质转化成稳定的腐殖质、土壤 ORP 值回升等）需要 15～20a。填埋场废气持续产生，一般来说，最初 2 年内产气量最高，约在甲烷形成期达到最高点，而在稳定期时，其 CO_2 和 CH_4 的产生量比例约为 1∶1。研究表明，填埋场的产气量和渗出水量主要受废物组成（可分解废物的百分比）和环境因素（如温度、含水率、pH 值等）的影响。通常，含纤维类物质的废物（如纸类、纤维布料、木竹、稻草等）以及含糖类、蛋白质、脂肪等的有机废物可以被分解掉，但是塑料、橡胶、皮革等废物则大部分不可以被微生物分解。理论上，填埋场内含水率越高，微生物活动及生化反应速率就越大。多项研究表明，当含水率在 60%～80%时，填埋场能产生较多气体。温度也会影响微生物的生化反应，填埋场初期温度较高（接近 70℃），接着降至 50～60℃，最后降至 30℃左右。当然，填埋时间也是决定废气组成的主要因素。表 13.2 为填埋废气组成和时间的关系。由表可知，填埋后 2～4 年可使填埋废气中的甲烷气体和二氧化碳气体渐渐达到 1∶1 的水准。理论上，每分解含

1kg COD 的废物，可以产生 0.35m^3 的甲烷气体，而许多资料均显示大部分填埋场的产气量为 10～100L/kg 垃圾。因此根据式(13.4) 和式(13.5) 可以计算出一个已知 $C_aH_bO_cN_d$ 结构的废物经填埋后产生的废气量（理论值）。

$$\text{有机质(废物)} + O_2 \xrightarrow{\text{好氧菌}} \text{二氧化碳} + \text{水} + \text{氨气}$$

$$\text{有机质(废物)} \xrightarrow[H_2O]{\text{产酸菌}} \text{简单有机质} \xrightarrow[H_2O]{\text{产甲烷菌}} \text{二氧化碳} + \text{甲烷} + \text{氨气}$$

图 13.7　好氧分解和厌氧分解过程示意图

表 13.2　填埋废气组成和时间的关系

填埋龄/个月	废气组成百分比/%		
	N_2	CO_2	CH_4
0～3	5.2	88	5
3～6	3.8	76	20
6～12	0.4	65	29
12～18	1.1	52	40
18～24	0.4	53	46
24～30	0.2	52	47
30～36	1.3	46	51
36～42	0.9	50	47
42～48	0.4	51	48

填埋场各阶段各种废气的体积分数见图 13.8。

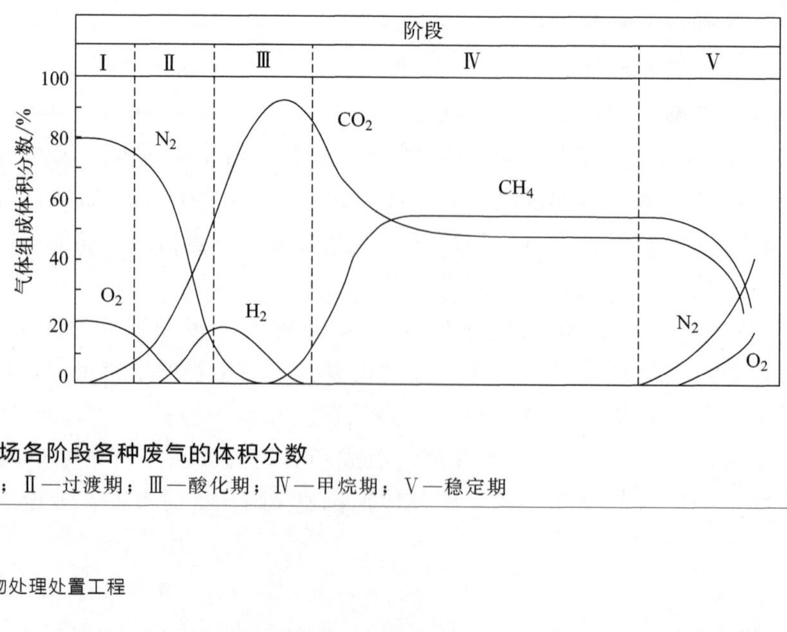

图 13.8　填埋场各阶段各种废气的体积分数

Ⅰ—最初适应期；Ⅱ—过渡期；Ⅲ—酸化期；Ⅳ—甲烷期；Ⅴ—稳定期

13.4 填埋方法、防渗与集排水

13.4.1 填埋方法

在卫生填埋场，废物的填埋作业方式主要有倾弃式(不规则式)、三明治式、单体式 3 种，如图 13.9 所示。

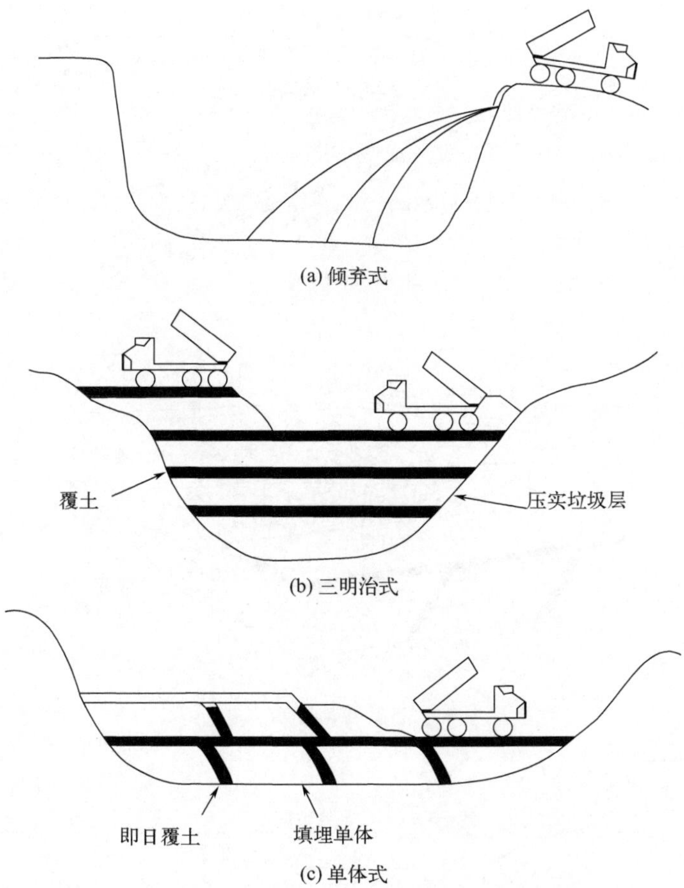

图 13.9 废物填埋作业方式

若按填埋场的地形特征分类，可分为：

① 区域法，对填埋场进行整地后，先建造各类贮存结构（如围堤或挡土墙）、阻绝（水）设施及处理设施（如不透水层和集水管），再分区域填埋废物，由于不挖壕沟，覆土

需全部从场外获取［图 13.10(a)］。

② 壕沟法，即在填埋场内垂直于风向，向内挖掘长数十米（最长可达 120m）、宽 5～10m、深 2～5m 的壕沟或坑洞，设置好贮存和阻绝（水）设施后，将废物填入其中，再依施工进度加以覆土（可用挖出的土方），逐段完成，采用壕沟法填埋废物时，其底部与地下水最高水位应保持 1.5m 以上的距离［图 13.10(b)］。

③ 洼地法，即利用天然山谷、洼地、土坑或采石场，在构筑必要的贮存、阻绝及处理设施后，从洼地下游向上逐层填埋废物，底层的填埋面积较小时可采用三明治式填埋，随着填埋面积逐渐扩大，可改用单体式填埋法［图 13.10(c)］。

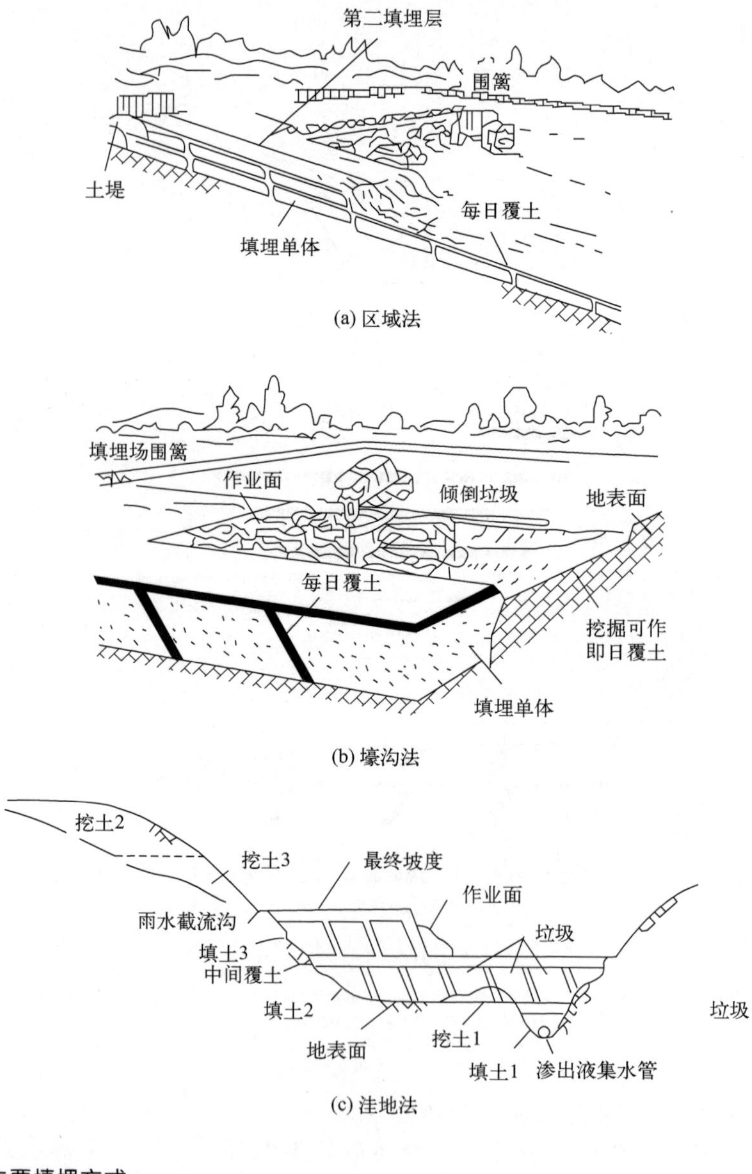

(a) 区域法

(b) 壕沟法

(c) 洼地法

图 13.10　3 种主要填埋方式

在填埋场中，通常会设置高 2～3m、网目尺寸 0.2～0.4m 的围篱，以防止废物飞散并流出场外。此外，还会进行覆土（包括中间覆土和最终覆土），其目的包括防止废物飞散、减少臭味、限制或阻止雨水渗入，以及防止病媒滋生。黏土、泥土或砂质土甚至砾石都可用作覆土材料，单一黏土或含有一定比例黏土的土质是较佳的覆土材料。理想覆土材料的条件包括：渗水系数低但有一定透气性、可压实但不易破裂、含有一定的水分和微生物、具有一定的承载力。例如，卫生填埋场在每个工作日结束时，应覆盖 15cm 以上的黏土，并压实；在终止使用时应覆盖 50cm 以上的细土。

13.4.2 防渗

填埋场须具备贮存、阻绝（水）和处理（分解）三大基本功能。其中，处理功能是指对废物进行分解，并对产生的渗出水和废气进行收集处理；而贮存结构则是指通过适当的土工设施（如挡土墙、堤坝、护堤等），实现承受外力（包括废物质量、水压及设施自重）、防止废物流失、避免场地滑动或沉陷，同时耐废气与渗出水的腐蚀以及防火防爆等功能的土木设施。若填埋场地基稳固，则可采用混凝土挡土墙或加钢板的结构；若地基较为松软，则应以土坝为主。总之，填埋场提供的贮存土木设施应考虑地形、地质、土质、作业方式等因素。通常，填埋场为防止渗出水污染周边地下水和公共水域，需为填埋废物分解创造条件，并在周边（垂直方向）和底部设置阻水设施（防渗系统），阻断渗出水外流。阻水设施以黏土或泥质土和不透水布为主要材料，渗水系数需达到 10^{-7}cm/s 以下，填埋场可依需求采用符合规定的黏土或泥质土等来构筑。人工不透水布多应用在填埋场底部，其具有耐候性佳、防水效果好的特性，铺设不透水布时应注意接缝、锚定的方便性和废物、杂草的刺穿与破坏。为了达到上述目的，除选择适当的不透水布外，还可以限制填埋废物的种类或施用除草剂，并在铺设不透水布前清除尖锐物质，或先铺设一层 10～20cm 的粗砂，也可在不透水布阻水层下方设置直径在 20cm 左右的多孔管，以收集排除附近的地下水。填埋场多采用 HDPE（高密度聚乙烯）膜作为阻水用的不透水布，但 HDPE 膜有时较易被刺破。我国对卫生填埋和安全填埋的防渗系统的防渗层都做了相关规定，具体见《生活垃圾卫生填埋处理技术规范》（GB 50869—2013）和《危险废物填埋污染控制标准》（GB 18598—2019）。

若厚度为 L 的不透水层（土层或不透水布）上可形成一水头损失（即地下水位高差）H（图 13.11），则依据达西定律，其流经此不透水层的通量（单位面积的体积流率）Q/A 与其水力坡降 H/L 成正比，其比例系数可定义为该不透水层的渗水系数 K（cm/s）。

$$\frac{Q}{A}=\frac{K}{100}\times\frac{H}{L} \tag{13.6}$$

式中 H/L——水力坡降，即单位长度的不透水层所承受的水头损失（水位高差）；

Q——渗出流量，m^3/s。

令 $i=H/L$，则式(13.6) 可改写成：

$$\frac{Q}{A}=\frac{Ki}{100} \tag{13.7}$$

图 13.12 为填埋场渗出水的渗出示意图，若不透水层宽度为 W，则式(13.7) 可整理成：

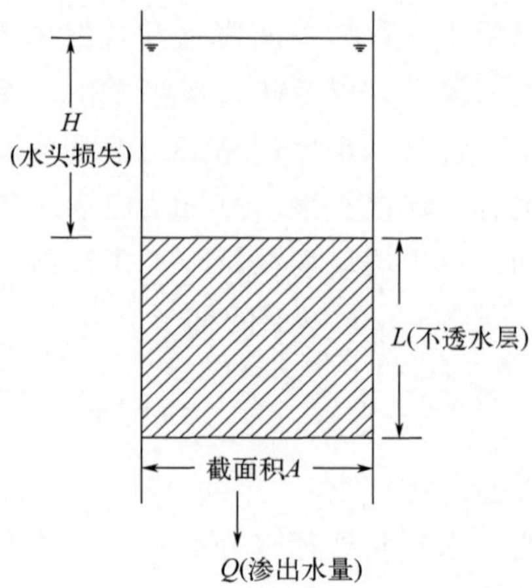

图 13.11　渗出水量示意图

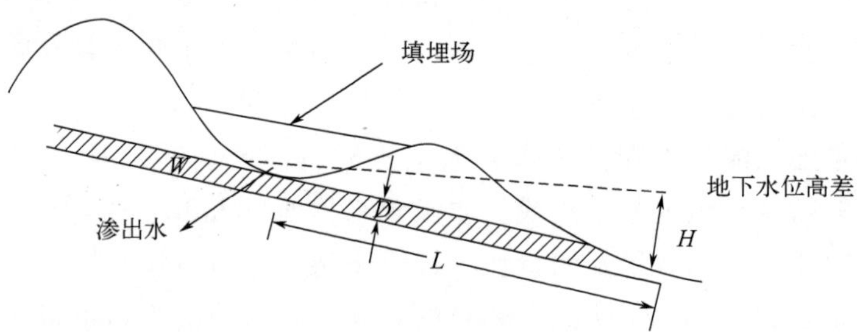

图 13.12　填埋场渗出水的渗出示意图

L 为渗出水流经路径，*D* 为不透水层的厚度，*W* 为不透水层的宽度（阴影部分）

$$Q=\frac{Ki(DW)}{100} \tag{13.8}$$

式中　D——不透水层厚度，m。

若计算单位宽度不透水层的渗水量 $q(q=Q/W)$，则式(13.8) 可再整理成：

$$q=\frac{Q}{W}=\frac{KiD}{100} \tag{13.9}$$

$q(m^3/m\cdot s)$ 便可由式(13.9) 计算。由式(13.9) 或式(13.6) 都可以看出，采用低渗水系数的不透水材料或增加不透水材料的厚度以减小水力坡降，都可以减少填埋场的渗出水量。

【例题 13.2】 某填埋场不透水层的渗水系数为 0.075cm/s，其厚度为 3m，长度为 1500m，已知地下水位高差为 25m，请计算其单位宽度的渗出水量 $[m^3/(m\cdot s)]$。

解： 利用式(13.9) 可得：

$$q=\frac{Q}{W}=\frac{1}{100}\times 0.075\times\frac{25}{1500}\times 3.0=3.75\times 10^{-5}\,m^3/(m\cdot s)$$

【例题 13.3】某填埋场可保持 50cm 的渗出水高度，欲设置一定厚度的黏土层（渗水系数为 5×10^{-7} cm/s），使其渗出水量控制在 $1.5\times10^{-3}\,m^3/d$ 以下，请问此黏土层的厚度至少应为多少？

解：依式(13.7)：

$$Q=\frac{KiA}{100}$$

设黏土层厚度为 D，则（$A=1.0m^2$）：

$$1.5\times10^{-3}=\frac{5\times10^{-7}}{100}\times1.0\times\frac{0.5+D}{D}\times24\times3600$$

$$3.47=\frac{0.5+D}{D}$$

$$D=0.202m$$

13.4.3 集排水

填埋场集排水系统负责收集和排除填埋场附近集水区降雨、周围或底部地下水及涌出水，能有效减少渗出水量。一般来说，降雨中的 36%～80%可能成为填埋场的渗出水，从而增加处理量，也增加了污染附近水体或地下水源的概率。图 13.13 为填埋场渗出水典型的处理流程示意图。通常采用 U 形沟来进行排水（图 13.14），U 形沟中所集得雨水的流速 v（m/s）可以用曼宁公式来计算，即：

$$v=\frac{1}{n}R_H^{\frac{2}{3}}S^{\frac{1}{2}}\tag{13.10}$$

式中　n——粗糙系数，取 0.013～0.015；

S——水力坡降，%，一般为 1%～2%；

R_H——水力半径。

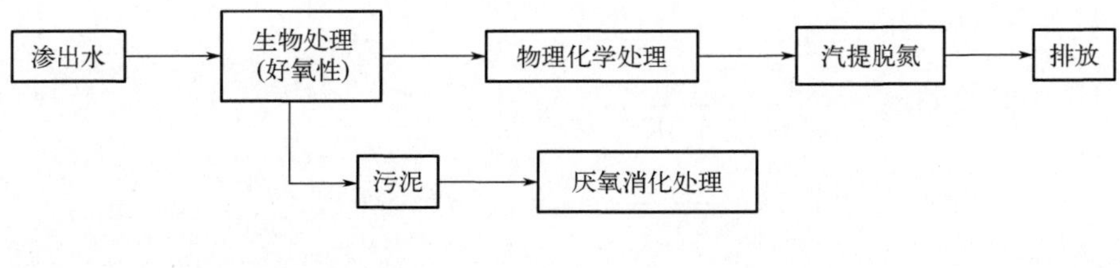

图 13.13　填埋场渗出水典型的处理流程

以 x(高)×y(宽）的 U 形沟来计算，水力半径 R_H 可表示成：

$$R_H=\frac{xy}{2x+y}\tag{13.11}$$

图 13.14 雨水导排 U 形沟

U 形沟的排水量 Q_C 应大于降雨径流水量 Q_R，即：

$$Q_C = A_C v \geqslant Q_R F \tag{13.12}$$

式中 A_C——U 形沟的截面积，$A_C = xy$；

v——收集雨水的排水流速；

F——弯曲系数；

Q_R——降雨径流水量。

降雨径流水量可由降雨强度 I(mm/h)、填埋场范围内的集水面积 A(m^2) 来计算，若 C 为径流系数，则：

$$Q_R = CIA \times \frac{1}{3600} \times \frac{1}{1000} \tag{13.13}$$

若已知径流系数 C 以及安全系数 F 和 U 形沟的宽度 y 和高度 x 的比例关系（如 $y = 2.5x$），则可用式(13.10)～式(13.13) 计算出填埋场排除降雨径流的 U 形沟尺寸。

【例题 13.4】 某 500m×500m 的填埋场（区），降雨强度为 1500mm/a，径流系数为 0.6。请设计一 U 形排水沟，排除其积水。（设 U 形沟的粗糙度为 0.015 且水力坡降 $S=1\%$）

解： 先求降雨量 Q_R：

$$\begin{aligned} Q_R &= CIA \times \frac{1}{3600} \times \frac{1}{1000} \\ &= 0.6 \times \left(1500 \times \frac{1}{365 \times 24}\right) \times (500 \times 500) \times \frac{1}{3600} \times \frac{1}{1000} \\ &= 7.125 \times 10^{-3}\,\mathrm{m^3/s} \end{aligned}$$

设安全系数 $F=2.5$，且式(13.12) 取等号，则：

$$Q_C = A_C v = Q_R F = 2.5 \times 7.125 \times 10^{-3} = 0.0178\,\mathrm{m^3/s} \tag{A}$$

$$A_C = \text{U 形沟的截面积} = xy \tag{B}$$

依曼宁公式：

$$v=\frac{1}{n}R_H^{\frac{2}{3}}S^{\frac{1}{2}}$$

而 R_H＝水力半径＝流动面积/沾湿长度＝$xy/(2x+y)$，$n=0.015$，$S=0.01$，则可得：

$$v=\frac{1}{0.015}\left(\frac{xy}{2x+y}\right)^{\frac{2}{3}}(0.01)^{\frac{1}{2}}=6.667\times\left(\frac{xy}{2x+y}\right)^{\frac{2}{3}} \tag{C}$$

将式(B)、式(C) 代入式(A)，则：

$$xy\times 6.667\left(\frac{xy}{2x+y}\right)^{\frac{2}{3}}=0.0178 \tag{D}$$

又设

$$y=2.5x \tag{E}$$

将式(E) 代入式(D)，得：

$$2.5x^2\times 6.667\left(\frac{2.5x^2}{4.5x}\right)^{\frac{2}{3}}=0.0178$$

$$x^{2.667}=1.922\times 10^{-3}$$

$$x=0.096\text{m}=9.6\text{cm}$$

$$y=2.5\times 9.6=24\text{cm}$$

所以此 U 形沟宽为 24cm、高为 9.6cm。

13.5 填埋场的污染防治

填埋作业时，臭味、污染性气体、易燃或易爆炸气体，以及病媒滋生、有机质腐败等均是必须解决的问题。总之，无论是填埋时期还是封场后，废气、废水（渗出水）的收集、处理和监测都是必须进行的工作。填埋场应在地下水的上、下游至少设置一口监测井。因此，填埋场渗出水量的估算也十分重要。填埋场的渗出水来源除微生物分解外，压实作用、雨水、地表水或地下水渗入填埋层而形成的污水也都是渗出水的主要构成部分。一般来说，降雨中的 50%～60%，甚至 70%～80%均可成为填埋场渗出水中的一部分。渗出水的水量及组成特性，本身就与降雨量、填埋方式和结构、所填埋废物的物化组成特性等因素有关。若以降雨量作为估算填埋场渗出水量的主要依据，渗出水量 Q（m^3/d）可通过以下合理化公式来计算：

$$Q=CIA/1000 \tag{13.14}$$

式中 A——填埋场集水面积，m^2；

C——渗出系数；

I——降雨强度，mm/d。

将式(13.14) 两边同时除以 A，则可定义此单位面积渗水量为平均渗出水量 q [$m^3/(m^2\cdot d)$]。即：

$$q=\frac{Q}{A}=\frac{C}{1000}I \tag{13.15}$$

由式(13.15) 可以看出，平均渗出水量 q[$m^3/(m^2\cdot d)$] 和平均降雨量 I(mm/d) 有

一比例关系，即部分降雨量会变为填埋场的渗出水量。此填埋场的平均渗出水量 q 则可由降雨量 q_0、平均径流量 q_1、平均散发量 q_2 及地基的渗漏量 q_3 加以估算，即：

$$q=q_0-q_1-q_2-q_3 \tag{13.16}$$

若为不透水性地基，则 $q_3=0$，q_0、q_1、q_2、q_3 的单位均为 $m^3/(m^2 \cdot d)$ 或 m/a。

【例题 13.5】 某废物填埋场的集水区面积为 $10000m^2$，已知该区域的年平均降雨量为 2000mm/a，设径流系数为 0.16，且蒸发量为 450mm/a，求其渗出水量 Q（m^3/d）和渗出系数 C。

解： 依式(13.16)（设 $q_3=0$）：

$$\begin{aligned}\text{平均渗出水量}&=q_0-q_1-q_2=2000-0.16\times2000-450\\&=1230\text{mm/a}\end{aligned}$$

故此填埋场的渗水量为：

$$Q=q\times A=1230\times10000\times\frac{1}{1000}\times\frac{1}{365}=33.69\text{m}^3/\text{d}$$

渗出系数可依式(13.14) 计算得到：

$$33.69=C\times\frac{1}{1000}\times2000\times\frac{1}{365}\times10000$$

$$C=0.615$$

由上述公式，可以计算出填埋场的渗出水量 Q(m^3/d)。但通常在填埋场的周围或底部会铺设一些不透水层（如黏土或人造不透水布），故渗出水穿透该不透水层的渗出水量 Q(m^3/s) 与不透水层的不透水特性［即渗水系数 K(cm/s)］以及地下水位高差 i 有关，可依式(13.17) 计算：

$$\frac{Q}{A}=\frac{Ki}{100} \tag{13.17}$$

式中　i——地下水位高差（也称水力坡降）。

i 可表示成：

$$i=\frac{\text{d}h}{\text{d}l} \tag{13.18}$$

式中　h——水头损失，m；

　　l——沿程长度，m。

参考图 13.11，其水力坡度（水头损失）可表示成：

$$i=\frac{H+L}{L} \tag{13.19}$$

式中　L——不透水层厚度。

将式(13.19) 代入式(13.17) 可得：

$$Q=\frac{KA}{100}\left(\frac{H+L}{L}\right) \tag{13.20}$$

假设此穿透不透水层的渗出水量，能在时间 t（s）内从孔隙度为 ε、厚度为 L 的不透水层中向外穿透，则：

$$Q=\frac{\varepsilon AL}{t} \tag{13.21}$$

合并式(13.20) 和式(13.21)：

$$\frac{\varepsilon AL}{t}=\frac{KA}{100}\left(\frac{H+L}{L}\right) \tag{13.22}$$

整理上式，得到渗出水经不透水层向外穿透的时间 t 为：

$$t=\frac{100\varepsilon L^2}{K(H+L)} \tag{13.23}$$

式中 H——填埋场内的水头损失或积水水位，此值通常可设为 0；

K——渗水系数；

ε——土层的孔隙度；

L——不透水层厚度。

假设 K 的单位改为 m/s，则根据式(13.17)，可将渗出水穿透不透水层的速度 $\overline{v}$ 改写为：

$$\overline{v}=\frac{Q}{A}=Ki \tag{13.24}$$

【例题 13.6】 若填埋场内无积水，其渗出水穿透 30cm 砂层（渗水系数为 10^{-3}cm/s）和 60cm 黏土层（渗水系数为 10^{-7}cm/s）分别需要多长时间？

解：依式(13.24)：

$$\overline{v}=\frac{Q}{A}=Ki=K\left(\frac{H+L}{L}\right) \tag{A}$$

因无积水（$H=0$），所以 $i=1$，又：

$$\overline{v}=\frac{L}{t} \tag{B}$$

合并式(A) 和式(B)，可得：

$$t=\frac{L}{K}$$

所以，砂层：$$t=\frac{30}{10^{-3}\times 3600\times 24}\approx 0.347\text{d}$$

黏土层：$$t=\frac{60}{10^{-7}\times 3600\times 24\times 365}=19.03\text{a}$$

【例题 13.7】 某填埋场内水头损失为 1.5m，面积为 4×10^4m^2，其底部设厚度为 60cm 的黏土层（渗水系数 K 为 10^{-7}cm/s，ε 为 0.15）作不透水层。求其穿透此不透水层的渗出水量和穿透时间。

解：渗出水量 Q 可根据式(13.20) 计算：

$$Q=\frac{1}{100}\times 10^{-7}\times\left(\frac{1.5+0.6}{0.6}\right)\times 4\times 10^4$$

$$Q=1.4\times 10^{-4}\text{m}^3/\text{s}=12.10\text{m}^3/\text{d}$$

根据式(13.23) 可计算穿透时间：

$$t=\frac{100\times 0.15\times(0.6)^2}{10^{-7}\times(1.5+0.6)}=0.815\text{a}$$

渗出水的处理首先需掌握渗出水量的估算，其次，渗出水性质、填埋场使用年限等因素，均会影响渗出水处理设施的设计。通常情况下，填埋渗出水（液）中的 COD 值会从填埋初期的几万毫克每升逐渐降至稳定后的数千毫克每升，而BOD值同样会从初期的几千毫克每升甚至几万毫克每升下降至前期稳定阶段的几百毫克每升。一般来说，在填埋初期（5a内）其渗出水的COD值通常在1000mg/L以上，且含高度分解性有机质，即BOD值相对较大（BOD/COD值>0.5），此阶段的生物处理法效果较好，若再搭配部分物理化学处理，则COD去除率更高。填埋中期（5～10年）渗出水中含有较多不易分解的有机质和无机盐类，COD值降低（500～1000mg/L），同时渗出水中的有机成分（可分解）更少，所以BOD/COD值降低（0.1～0.5），COD/TOC值也降低。此阶段的渗出水处理应以物理化学处理为主，如混凝、湿式氧化、汽提脱氮、活性炭吸附等。填埋后期，甚至是封场后，渗出水中的有机成分更少，COD值降至500mg/L以下，BOD/COD值更小（在0.1以下），COD/TOC值<2.0，则更应采用物理化学处理方法，如反渗透法、湿式氧化法等。对于填埋处理过程中产生的渗出水，通常难以针对各阶段有不同的处理方法。理论上，渗出水可按照图13.13的流程处理。

卫生填埋场在废物开始填埋的1.5～2.0a间产气量达到最高，废气以CH_4（沼气）为主。另有CO_2、H_2、H_2S、CO、NH_3等气体，当然也有一些挥发酸类气体，会产生臭味。由于填埋场会产生大量易燃的甲烷（CH_4）气体，因此常出现火灾甚至爆炸的情况。在填埋场中，废气必须先在填埋场的周围、底部或顶层以黏土层或气体的不透水层加以阻断，再借助通气管（可采用多孔HDPE管、钢管或PVC管）或碎石铺设的通气蛇笼导出。这些通气设施可根据填埋作业的进度逐步加长或加高。废气收集后可经此排放，但须加以燃烧处理或回收再利用（经纯化后直接作为燃料使用或发电，如图13.15所示，或回收有用组分作为化工原料）。多孔式通气管和碎石蛇笼如图13.16所示，在卫生填埋场中可根据需求（如填埋场面积大小等）设置。上述垂直集气管的周围再以水平碎石盲沟（导气沟）连接，可构成一集中式的集气系统，此种集气系统收集废气的效率在实际应用中比个别集气方式效率高。集中式集气系统的布置如图13.17所示。上述多孔式集气管的直径多为100mm或200mm，其上设有许多集气孔洞，填埋场的集气管多按一定的间距（50～100m）设置。

图13.15 垃圾填埋场的沼气发电设施照片

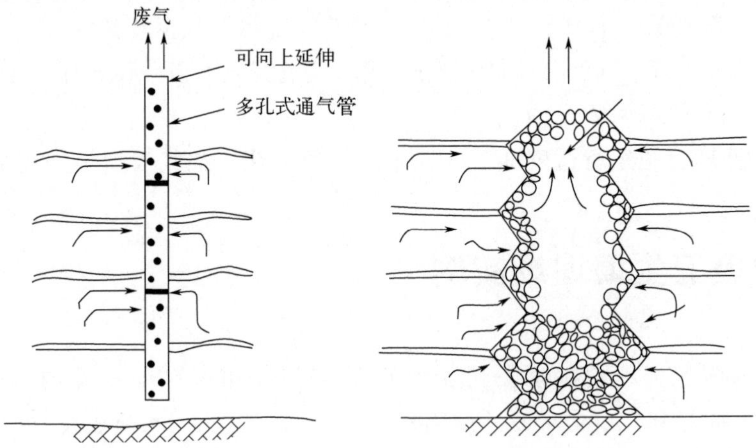

(a) 多孔式通气管　　(b) 碎石蛇笼

图 13.16　多孔式通气管和碎石蛇笼示意图

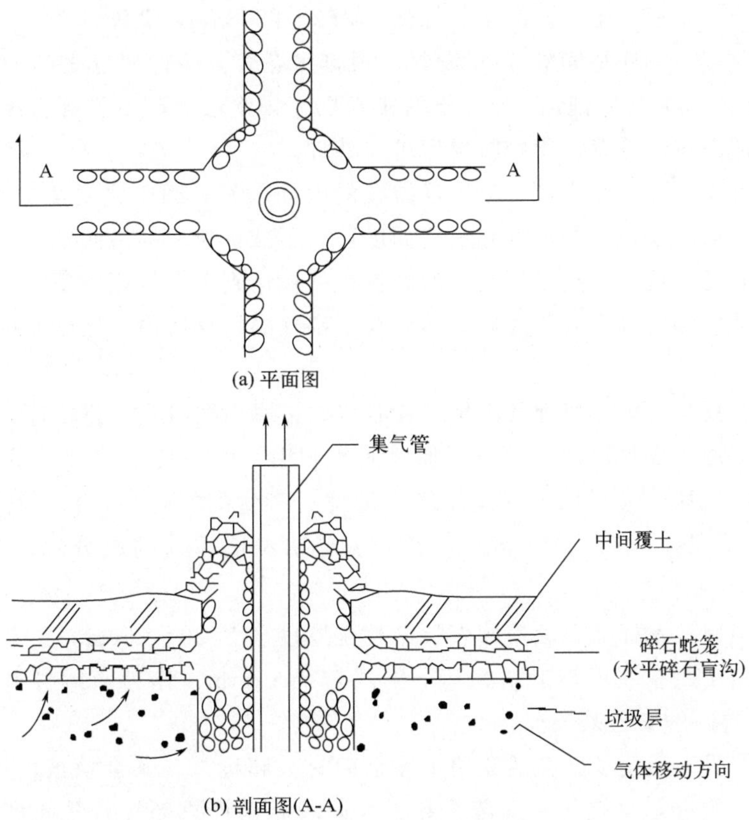

(a) 平面图

(b) 剖面图(A-A)

图 13.17　集中式集气系统示意图

填埋场的臭味问题也应得到重视。填埋场区与污水处理设施是填埋场臭味的主要产生单元，其臭味主要来源于 H_2S、NH_3 和挥发酸类等气体。减少臭味的方法包括：

① 缩小填埋作业面，确保每日完成覆土工作，可在覆土上撒一些炭屑或煤屑以吸附废气。

② 设置废气燃烧或回收设施。

③ 对污水处理设施进行适度加盖，或采用加氯氧化、抽气吸附等方式去除臭味。

13.6 垃圾卫生填埋场实例

北京市北神树垃圾卫生填埋场位于北京市东郊通州区次渠乡境内，总占地面积为 32.5hm^2，填埋能力为 708t/d。设计使用寿命 16 年，于 1996 年建成投产。服务区域以崇文区及部分朝阳区为主。填埋的垃圾来自北京小武基垃圾转运站。工程总投资为 3627 万元，年运行费用 1095 万元，单位成本 50 元/t（不包括折旧）。

该填埋场所处地区地形平坦，地面海拔标高 26.49～28.50m。地面以下深度 0.60～1.80m 以上为人工堆积层、亚黏土填层、局部房渣土；再向下为第四纪沉积层，即重亚砂土层以及轻、中亚砂黏土层；标高 22.69～24.16m 以下为灰色的中、轻亚黏土层；再向下为轻亚黏土、重亚砂土层。静水位标高 23.62～25.33m，埋深 1.9～3.4m。

渗滤液的收集：场底每间隔 60m 设置一根排水花管，每两根管之间分别向花管方向设置 2%坡度，在场底表面铺设 0.3m 厚的排水层，排水层由碎石、砾石组成。垃圾渗滤液经由排水层流向排水花管，集中收集后进行处理。

渗滤液的处理：由于北京市干旱气候持续的时间较长，雨季主要集中在 7～8 月，雨水渗入垃圾的量取决于垃圾的成分和填埋深度。为了减少垃圾的渗滤量，除应尽量缩小作业面积外，同时还需使垃圾在尽可能小的区域内尽快达到最大的填埋高度，并立即加以覆盖。垃圾渗滤液经场底排水管收集后，先贮存于密封的贮存池内，然后通过喷洒回灌于垃圾填埋（堆积）区。

填埋气的收集与处理：填埋气由集气井收集，依靠引风机负压将填埋气从填埋堆体中吸出。填埋气可用于供热、发电。若不加以回收利用，可将其在 1200℃下燃烧 0.3s，以消除其对环境产生的污染。填埋气是垃圾在填埋后产生的气态混合物，其主要成分包括 CH_4、CO_2、O_2、N_2、H_2、CO 等。本填埋场定期对填埋气的成分和产生量进行取样监测。

按照相关填埋技术标准，覆盖的表层密封土厚度应为 20～25cm。鉴于北京市的气象条件，确定使用小武基垃圾转运站的筛下物（粒径 15mm）作为密封材料，密封厚度为 1.0m，以保证更高的安全系数。

根据监测结果，填埋场区生活饮用水除细菌总数超标外，其余植被均符合国家标准；地下水观测井水质有恶化趋势，细菌总数、大肠埃希菌严重超标，总硬度、氟化物也超标；还有部分水样的氨氮、挥发酚、COD_{Mn} 和硫酸盐等也超过标准值，尤其是 1998 年的 COD_{Mn} 值比 1997 年同期水平略有升高，说明水体已被有机物污染。根据垃圾渗滤液的水质监测结果可确定其属于污水范畴，必须进行处理。

13.7 危险废物安全填埋场实例

深圳市红梅危险废物安全填埋场位于深圳经济特区北部山区的石夹坑，占地面积约16.61hm^2。该区远离居民区，其北侧为标高245.8m的高山，最近建筑物在其西南侧400m。在西南、正南和东南方向1.6～3.0km的扇形地带，面积约0.9km^2，建有十几家企事业单位，有住户505家，人口约5500人。该区用水的水源70%来自自来水，另外30%来自地下水。场址紧邻特区二线边界，前方250m为梅观公路，交通运输较为便利。

该工程预计处理处置的废物总体积为2.2×10^4m^3，经稳定化处理后，最终需安全填埋的废物总体积约为2.3×10^4m^3，填埋场的有效容积即按此规模设计。设计的安全填埋场占地面积约4.6×10^4m^2，场地近似正方形。其底部面积2.64×10^4m^2，由北向南设5%底坡（南端标高66m，北端69m），便于场内渗滤液收集。此外，场地地面由东西两侧向中线设2%底坡。在填埋场东西两侧的边坡利用天然山坡修整而成，具有一定坡度；南侧边坡则通过回填土至标高75m的平台形成，其北端筑有高3m、顶宽2m的堆土坝。所有边坡及坝体的回填部分均需分层压实，待密实度达到95%后，再修整为1∶2.5的坡度。

场底部的渗滤液包括位于底部第一防渗层内的排水和通过该防渗层的部分，以及第二防渗层内的排水和通过该防渗层的部分，这两部分的产生量可分别计算得出。

由于本场填埋的入场废物除含有少量挥发性有机物外，既不存在可能产生大量其他填埋气体的生物降解性物质，也不存在可通过相互化学作用而产生气体的物质。因此，场内填埋废物的集排气系统可考虑采用简易结构，即由竖式导气石笼和顶端弯曲、下段周边带有多孔的排气管组成。

填埋场在完成危险废物填埋并达到设计填埋标高后，需进行封场处理，以恢复场地的表面景观，减少大气和降水的入侵，降低渗滤液产量，达到复垦和土地利用的良性循环。此覆盖层依次由土工布层、粗砂导气层、黏土垫层、防渗层、土工布层、砾石疏水层、土工布层、覆盖土层及植被层组成。

填埋场监测系统包括对地表水、地下水、渗滤液和大气的监测。其中，前三者采用定期取样分析方式进行连续监测，而对于大气则采用定期取样分析方式。若未发现渗漏情况，则对液态物和水样的连续监测周期可根据实际情况适当调整。地表水水样分别自排洪沟和雨水管采集；渗滤液样品则分别自主、次渗滤液收集系统采集，然后进行分析。在主、次收集井内设有水位连续记录装置，可以随时监测渗滤液的产生量，并可通过对水位的连续观测，探明井内水位的变化规律。地下水监测方面，在填埋场南端及下游一定距离处设置3个监测井，另在场区北端设置1个监测井作为背景值的监测井，共计4个监测井。监测井采用钻孔机井设套管及过滤层，内置取样泵和水位计，定期监测地下水水位变化，并通过水质测定，判断填埋场是否发生渗漏。

根据本工程的设计特点，其技术经济指标只能与国外的同类工程进行对比，依据表13.3中列出的有关数据，可以认为本工程符合要求，指标基本与国外接近。

表 13.3 危险废物安全填埋场建设工程主要技术经济指标与国外类似工程对比表

项目	深圳红梅填埋场		美国 Chemfix 公司废物处置指标	瑞士桑多库爆炸废物处置指标
	设计指标	实际指标		
危险废物总量/m^3	20 000	20 000	—	25 000
日处理量/(m^3/d)	300	300	600	250
工程造价(直接费用)/万元	1 844	1 537	4 500	17 000
预处理费用/(元/m^3)	509	475.3	≥680	6 800
处置成本/(元/m^3)	363.69	360	350	—
场地边坡坡度	1∶2.5	1∶2.5	≤1∶3.0	—
增容系数	1.1	1.1	1.1	—
处理效果	达标	达标	达标	无害
工程特点	充分利用自然边坡	—	—	水洗工程

习 题

1. 简述填埋处置的种类。

2. 简述填埋场场址选择需考虑的因素。

3. 简述填埋的基本原理。

4. 某填埋场规划使用 20 年，设废物处理区的平均人口为 50 万人，该区垃圾清运量为 0.95kg/(人·d)，覆土率为 0.21，填埋施工中垃圾体积减小率为 35%。求此填埋场的总容量大小（垃圾的单位容重为 300kg/m^3）。

5. 某地区历年的平均降雨量为 2750mm/a，平均蒸发量为 1226mm/a，区域内某填埋场面积 10000m^2，底部铺设不透水层，场内降雨的 25%形成地表径流。试估计渗出水量及渗出系数。

6. 一垃圾卫生填埋场面积为 40hm^2，降雨强度为 10mm/d，渗出系数为 0.3，则一日可排出多少渗出水（以合理化公式推估)？

参考文献

[1]安妮·马克苏拉克．废弃物处理　减少全球废弃物．杜承达，译．北京：科学出版社，2011.
[2]安妮·马克苏拉克．清洁环境　有害废弃物处理技术．郭磊，倪彦彬，译．北京：科学出版社，2011.
[3]白良成．生活垃圾焚烧处理工程技术．北京：中国建筑工业出版社，2009.
[4]北京市垃圾渣土管理处．对话生活垃圾．北京：中国社会出版社，2013.
[5]边炳鑫，张鸿波，赵由才．固体废物预处理与分选技术．北京：化学工业出版社，2005.
[6]柴晓利，楼紫阳，郭强等．固体废物处理处置工程技术与实践．北京：化学工业出版社，2009.
[7]柴晓利，赵爱华，赵由才，等．固体废物焚烧技术．北京：化学工业出版社，2006.
[8]曹阳，刘玉莲．餐厨垃圾处理与利用研究．沈阳：辽宁大学出版社，2013.
[9]岑可法，倪明江，骆仲泱，等．循环流化床锅炉理论设计与运行．北京：中国电力出版社，1997.
[10]陈杰瑢．环境工程技术手册．北京：科学出版社，2008.
[11]陈应强，杨煜强．固废利用百问百答．杭州：浙江工商大学出版社，2011.
[12]陈泽峰．世界垃圾焚烧115年．福州：福建科学技术出版社，2011.
[13]陈震．生活垃圾焚烧发电厂建设运营技术与管理实务．北京：化学工业出版社，2014.
[14]住房和城乡建设部标准定额研究所．生活垃圾卫生填埋技术导则．北京：中国建筑工业出版社，2013.
[15]杜长明．等离子体处理固体废弃物技术．北京：化学工业出版社，2017.
[16]高艳玲．固体废物处理处置与工程实例．北京：中国建材工业出版社，2004.
[17]高艳玲．固体废物处理处置与资源化．北京：高等教育出版社，2007.
[18]龚佰勋．环保设备设计手册——固体废物处理设备．北京：化学工业出版社，2004.
[19]郭远臣，王雪．建筑垃圾资源化与再生混凝土．南京：东南大学出版社，2015.
[20]韩宝平．固体废物处理与利用．武汉：华中科技大学出版社，2010.
[21]何品晶．城市垃圾处理．北京：中国建筑工业出版社，2015.
[22]何晟，吴军，任连海．城市生活垃圾分类收集与资源化利用和无害处理　以苏州为例．苏州：苏州大学出版社，2015.
[23]侯红霞．垃圾能源化利用与管理．石家庄：河北科学技术出版社，2013.
[24]胡桂川，朱新才，周雄．垃圾焚烧发电与二次污染控制技术．重庆：重庆大学出版社，2011.
[25]胡华锋，介晓磊．农业固体废物处理与处置技术．北京：中国农业大学出版，2009.
[26]胡建杭，王华．城市生活垃圾直接气化熔融焚烧技术基础．北京：冶金工业出版社，2008.
[27]黄海峰，陈立柱，王军，等．废物管理与循环经济．北京：中国轻工业出版社，2013.
[28]黄家城，唐文彬．城市固体生活垃圾无害化处理制作墙体材料的研究．桂林：广西师范大学出版社，2015.
[29]寄本胜美．垃圾与资源再生．滕新华，王冬，译．北京：世界知识出版社，2014.
[30]冀海波．农村垃圾综合处理．石家庄：河北科学技术出版社，2013.
[31]冀海波．城市生活垃圾分类处理．石家庄：河北科学技术出版社，2013.
[32]冀海波．垃圾：不要把这些资源放错地方．兰州：甘肃科学技术出版社，2014.
[33]季祥，卢庆华，王蕾．生物质能源及废物利用新技术．长春：吉林大学出版社，2012.
[34]简安刚．垃圾焚烧发电厂安装与运行技术．北京：中国电力出版社，2009.
[35]蒋建国．固体废物处理处置工程．北京：化学工业出版社，2005.
[36]蒋中国．有色冶金中砷污染的监测与控制．成都：四川大学出版社，2014.
[37]金花．乡村垃圾(无害化)处理指南．赤峰：内蒙古科学技术出版社，2012.
[38]焦守田，冯建国．农村垃圾的资源化管理．北京：中国发展出版社，2008.
[39]鞠美庭，李维尊，韩国林，等．生物质固废资源化技术手册．天津：天津大学出版社，2014.
[40]李登新．固体废物处理与处置．北京：中国环境出版社，2014.
[41]李定龙．城市生活垃圾处理处置工程及应用．北京：中国石化出版社，2009.
[42]李定龙，常杰云．工业固废处理技术．北京：中国石化出版社，2013.
[43]李国鼎．环境工程手册：固体废物污染防治卷．北京：高等教育出版社，2003.
[44]李国建，赵爱华，张益．城市垃圾处理工程．2版．北京：科学出版社，2007.
[45]李国学，张福锁．固体废物堆肥化与有机复混肥生产．北京：化学工业出版社，2000.
[46]李鸿江，刘清，赵由才．冶金过程固体废物处理与资源化．北京：冶金工业出版社，2007.
[47]李金惠．危险废物污染防治理论与技术．北京：科学出版社，2003.
[48]李金惠，王伟，王洪涛．城市生活垃圾规划与管理．北京：中国环境科学出版社，2007.

[49]李俊生,蒋宝军．生活垃圾卫生填埋及渗滤液处理技术．北京:化学工业出版社,2014.
[50]李来庆,张继琳,许靖平．餐厨垃圾资源化技术及设备．北京:化学工业出版社,2013.
[51]李文兵,廖燕．垃圾处理百问百答．杭州:浙江工商大学出版社,2011.
[52]李秀金．固体废物工程．北京:中国环境科学出版社,2003.
[53]李秀金．固体废物处理与资源化．北京:科学出版社,2011.
[54]李颖．固体废物资源化利用技术．北京:机械工业出版社,2013.
[55]林宋．餐厨垃圾处理关键技术与设备．北京:机械工业出版社,2013.
[56]刘丹,李启彬．城市生活垃圾处理与处置实践教程．成都:西南交通大学出版社,2008.
[57]刘海春,赵敏娟．固体废物处理与利用．大连:大连理工大学出版社,2014.
[58]刘海力．厨余垃圾的燃烧与热解特性研究．成都:西南交通大学出版社,2015.
[59]刘良栋,陈娟．固废处理工程技术．武汉:华中师范大学出版社,2009.
[60]娄性义．固体废物处理与利用．北京:冶金工业出版社,1996.
[61]陆文龙,崔广明,陈浩泉．生活垃圾卫生填埋建设与作业运营技术．北京:冶金工业出版社,2013.
[62]芈振明,高忠爱,祁梦兰,等．固体废物的处理与处置．2版．北京:高等教育出版社,1993.
[63]聂永丰．固体废物处理工程技术手册．北京:化学工业出版社,2013.
[64]宁平．固体废物处理与处置．北京:高等教育出版社,2007.
[65]P巴苏,S A 弗雷泽．循环流化床锅炉的设计与运行．北京:科学出版社,1994.
[66]庞素琳,黎舒菡,廖天凡,等．城市生活垃圾处理与社会稳定风险评估研究．北京:科学出版社,2014.
[67]彭长琪．固体废物处理与处置技术．2版．武汉:武汉理工大学出版社,2009.
[68]乔治·乔巴诺格劳斯,弗朗克·克赖特．固体废物管理手册．2版．解强,杨国华,译．北京:化学工业出版社,2006.
[69]宋立杰,陈善平,赵由才．可持续生活垃圾处理与资源化技术．北京:化学工业出版社,2014.
[70]宋立杰,赵天涛,赵由才．固体废物处理与资源化实验．北京:化学工业出版社,2008.
[71]沈剑山．生物质能源沼气发电．北京:中国轻工业出版社,2009.
[72]苏国全．工业固体废渣在公路岩土工程中的应用研究．徐州:中国矿业大学出版社,2015.
[73]隋军,熊孟清．生活垃圾处理产业与产业化．广州:广东科技出版社,2010.
[74]孙前进．北京生活垃圾回收处理体系规划与建设．北京:中国财富出版社,2013.
[75]孙秀云,王连军,李健生,等．固体废物处置及资源化．2版．南京:南京大学出版社,2009.
[76]孙秀云．固体废物处理处置．北京:北京航空航天大学出版社,2015.
[77]索菲·泰赫塔．如何处理垃圾．北京:北京联合出版公司,2014.
[78]唐景春．生物质废弃物堆肥过程与调控．北京:中国环境科学出版社,2010.
[79]唐平,潘新潮,赵由才．城市生活垃圾——前世今生．北京:冶金工业出版社,2012.
[80]王敦球．固体废物处理工程．北京:中国环境出版社,2015.
[81]王汉强,沈楼燕,吴国高．固体废物处置堆存场环境岩土技术．北京:科学出版社,2007.
[82]王黎．固体废物处置与处理．北京:冶金工业出版社,2014.
[83]王立章．土壤与固体废物监测技术．北京:化学工业出版社,2014
[84]王琳．固体废物处理与处置．北京:科学出版社,2014.
[85]王拓一,王晓杰．食品加工固体废弃物的资源化利用．长春:东北师范大学出版社,2012.
[86]王罗春,赵爱华,赵由才．生活垃圾收集与运输．北京:化学工业出版社,2006.
[87]王绍文,杨景玲．环保设备材料手册．2版．北京:冶金工业出版社,2000.
[88]汪群慧．固体废物处理及资源化．北京:化学工业出版社,2004.
[89]魏自民,席北斗,赵越．生活垃圾微生物强化堆肥技术．北京:中国环境科学出版社,2008.
[90]吴迪．农村垃圾综合处理技术．天津:天津科技翻译出版公司,2010.
[91]五洲工程设计研究院．生活垃圾焚烧处理工程技术规范．北京:中国建筑工业出版社,2009.
[92]席北斗,夏训峰,苏婧,等．城市固体废物系统分析及优化管理技术．北京:科学出版社,2010.
[93]新井纪男．燃烧生成物的发生与抑制技术．赵黛青,译．北京:科学出版社,2001.
[94]熊道陵,李金辉,李英．废铬资源再利用技术．北京:冶金工业出版社,2012.
[95]徐海云．村镇生活垃圾处理．北京:中国建筑工业出版社,2010.
[96]徐勤,张美兰,苏冬云．固体废弃物填埋作业及设备维修300问．北京:化学工业出版社,2015.
[97]徐建平,盛广宏．固体废物处理与处置．合肥:合肥工业大学出版社,2013.
[98]许晓杰,冯向鹏,张锋,等．餐厨垃圾资源化处理技术．北京:化学工业出版社,2015.
[99]薛强,陈朱蕾．生活垃圾管理与处理技术．北京:科学出版社,2007.
[100]杨国清．固体废物处理工程．北京:科学出版社,2002.
[101]杨慧芬,张强．固体废物资源化．北京:化学工业出版社,2004.
[102]杨慧芬,张强．固体废物资源化．2版．北京:化学工业出版社,2013.
[103]杨建设．固体废物处理处置与资源化工程．北京:清华大学出版社,2007.

[104]杨军．城市固体废物综合管理规划．成都:西南交通大学出版社,2011.
[105]姚凤根,朱水元,何晟．生活垃圾分类指导手册．苏州:苏州大学出版社,2012.
[106]冶金工业信息标准研究院,冶金标准化研究所．现行冶金固废综合利用标准汇编．北京:冶金工业出版社,2011.
[107]庄伟强,刘爱军．固体废物处理与处置．3版．北京:化学工业出版社,2015.
[108]曾现来,张永涛,苏少林．固体废物处理处置与案例．北京:中国环境科学出版社,2011.
[109]战佳宇,李春萍,杨飞华．固体废物协同处置与综合利用．北京:中国建材工业出版社,2014.
[110]张朝升．农村生活垃圾转运技术及应用．北京:中国建筑工业出版社,2014.
[111]张夫道．固废资源化与农业再利用．北京:中国农业出版社,2012.
[112]张汉昌,钱玉树．有害废物污染防治．天津:天津大学出版社,2008.
[113]张红,李纯．国际科技动态跟踪——城市垃圾处理．北京:清华大学出版社,2013.
[114]张立秋．农村生活垃圾处理问题调查与实例分析．北京:中国建筑工业出版社,2014.
[115]张英民．农村生活垃圾处理与资源化管理．北京:中国建筑工业出版社,2014.
[116]张勇,余良谋．固体废物处理与处置技术．新1版．武汉:武汉理工大学出版社,2014.
[117]张玉魁,石桂芳．垃圾填埋场施工与设备调试新技术．北京:中国建筑工业出版社,2014.
[118]赵莹,程桂石,董长青．垃圾能源化利用与管理．上海:上海科学技术出版社,2013.
[119]赵勇胜,董军,洪梅．固体废物处理及污染的控制与治理．北京:化学工业出版社,2009.
[120]赵由才．固体废物处理与资源化技术．上海:同济大学出版社,2015.
[121]赵由才．实用环境工程手册　固体废物污染控制与资源化．北京:化学工业出版社,2002.
[122]赵由才．可持续生活垃圾处理与处置．北京:化学工业出版社,2007.
[123]赵由才,龙燕,张华．生活垃圾卫生填埋技术．北京:化学工业出版社,2004.
[124]赵由才,牛冬杰,柴晓利．固体废物处理与资源化．北京:化学工业出版社,2012.
[125]赵由才,宋玉．生活垃圾处理与资源化技术手册．北京:冶金工业出版社,2007.
[126]周家正．新农村环境污染治理技术与应用．北京:科学出版社,2010.
[127]周菊华．城市生活垃圾焚烧及发电技术．北京:中国电力出版社,2014.
[128]住房和城乡建设部标准定额研究所．生活垃圾卫生填埋技术导则．北京:中国建筑工业出版社,2013.
[129]朱能武．固体废物处理与利用．北京:北京大学出版社,2006.
[130]庄伟强．固体废物处理与利用．北京:化学工业出版社,2001.
[131]庄伟强．固体废物处理与利用．2版．北京:化学工业出版社,2008.